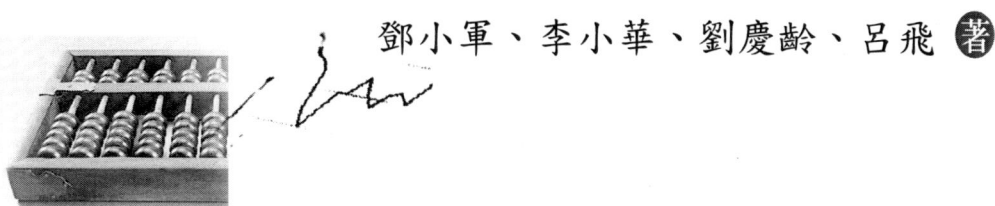

基於隱性財務資本的
財物價值決策研究

鄧小軍、李小華、劉慶齡、呂飛 著

致 恩 師

    謹以此書敬獻可親可敬的恩師干勝道先生！虔誠、默默地對恩師三年嘔心瀝血、無私奉獻的教化大德表示深深的感恩、敬意、謝意！

愚生

序

　　基於隱性財務資本視角構建現代財務價值決策的理論研究框架和我們所處時代的競爭性特徵密不可分。21世紀是知識導向的競爭性時代，區域性組織與組織之間的競爭、國與國之間的競爭、企業和企業之間的競爭、個體和個體之間的競爭……一言蔽之，全體競爭對象之間的競爭突顯在以知識、能力為導向的相關隱性無形資本的競爭方面。隱性無形資本是知識經濟時代最具有競爭價值的核心競爭力，是營利性組織獲取可持續競爭優勢、進行可持續財富價值創造的核心驅動力。傳統的農耕文明、農耕經濟依賴於自然資源稟賦，以犧牲自然資源為代價而驅動繁榮，現代工業文明、工業經濟仰仗於有形實體資本資源要素，以消耗有形實體資本資源來驅動現代工業經濟的發展和現代工業文明的昌盛。而和經濟全球化、信息技術普及化相對應的知識經濟時代，以智力資本、關係資本、客戶資本、聲譽資本、專用投資資本等為內容構成的隱性無形資本則成為我們這個時代推動經濟持續發展、創建當代知識文明的主旋律。

　　資本的全部核心要義在於價值創造、優化和實現。基於財務資本的企業內生財務價值創造、優化和實現是財務學研究的經典核心命題。自1958年莫迪里安尼（Modigliani）和米勒（Miller）推出經典力作《資本成本、公司財務與投資理論》（*The Cost of Capital、Corporation Finance and the Theory of Investment*）提出財務價值創造和資本結構無關論開資本結構和財務價值創造的「杜蘭特大辯論」始，後續研究者在對MM第一、第二、第三定理不斷地修正完善進程中相繼提出了關於資本結構和財務價值創造的資本資產定價模型、MM稅收差異定理、破產成本定理、權衡定理、新優序融資定理、代理成本定理、財務契約定理、信號傳遞定理、公司治理定理、資本產業組織定理、資本風險管理定理等十多種雖研究思路視域、具體內容表述不同但各種理論模型之間相互傳承的資本結構理論體系。這一資本結構理論體系反應著從傳統資本結構理論到現代資本結構理論再到新資本結構理論的演進嬗變。傳統資本結構理論主要包括淨收益理論、營業淨收益理論、折衷理論等；現代資本結構理論主要包括MM理論、破產成本理論、稅差學派理論等；新資本結構理論主要包括優序融資理論、代理成本理論、財務契約理論、信號模型

理論、企業產業組織理論和企業治理結構理論等。① 新資本結構理論可進一步拓展為新優序融資理論（新優序融資理論的產生和權衡理論及其實證檢驗）；以 Leland. H & Pyle. D. H Model, Ross, S. A. Model, Harris. R. S & Litzenherger, R. H Model 為代表的資本結構信號模型；以 Grinblatt. M & Hwang, C. Y Model, Allen, F & Faulhaber. G Model, Welch, I Model 為代表的新股發行信號模型；以 Bhattacharya, S Model, Kumar. P Model, Miller, M. H & Lipton, M Model, John. K & Williams, J. B Model 為代表的股利信號模型；以 Stulz. R. M Model, Harris. R. S & Litzenherger 模型, R. H Model, 伊斯雷爾模型為代表的企業控製權資本結構理論等。②

上述資本結構理論體系在對資本結構和財務價值創造核心命題進行多視角分析解釋的同時也體現出這一理論體系的局限性。這一局限性被斯圖爾特·C. 梅耶斯命名為「資本結構之謎」。梅耶斯在其經典力作《資本結構之謎》（The Capital Structure Puzzle）中對「資本結構之謎」進行了形象的刻畫、描述：「We have only recently discovered that capital structure changes convey information to investors. There has been little if any research testing whether the relationship between financial leverage and investors, returns is as pure MM theory predicts.」③ 事實上，資本結構理論源自企業財務融資決策實踐的客觀需求，財務融資決策實踐的困境客觀上需要資本結構理論的指導。但流派紛呈的資本結構理論體系并沒有實現企業能否通過資本結構的調整來增加公司價值這一資本結構理論體系的核心命題：基於新古典經濟學研究框架的資本結構理論外部研究範式儘管在靜態權衡中提供瞭解開「資本結構之謎」的基本思路，但對財務困境成本或財務拮據成本等隱性財務資本與價值創造大小測度方法的不確定性使得「資本結構之謎」仍然是謎題；基於新製度經濟學研究框架的資本結構理論內部研究範式為開解「資本結構之謎」提供了信息傳遞，但信息不對稱條件下對代理成本等隱性財務資本的財務價值決策仍然顯得蒼白無力；基於行為博弈經濟學研究框架的資本結構理論內外部研究範式試圖通過融合外部研究範式和內部研究範式各自的優勢來進一步透析并破解「資本結構之謎」，但知識經濟時代對企業價值創造貢獻巨大的新要素資本，諸如關係資本、客戶資本、品牌資本等隱性財務資本價值創造度量方式的多樣性和爭議性決定了「資本結構之謎」目前的困境。

可見，基於隱性財務資本來進行財務價值決策有助於分析、解開「資本結構之謎」。

專著《基於隱性財務資本的財務價值決策研究》在構建起隱性財務資本研究框架、財務價值決策概念框架，深入分析財務價值決策的支撐理論基礎上，基於財務價值創造、財務價值估值、財務價值管理三個研究思路，對基於隱性財務資本基本的內容構成，如智力資本、關係資本、客戶資本、聲譽資本、專用投資資本等進行了深入的分析探討，初步構建起隱性財務資本、基於隱性財務資本的財務價值決策等新興邊緣性學科的基本框架。本人初閱後受益不少，認為全書體現了如下的鮮明特點：

---

① 沈藝峰. 資本結構理論史 [M]. 北京：經濟科學出版社，1999：6.
② 沈藝峰，沈洪濤. 公司財務理論主流 [M]. 大連：東北財經大學出版社，2004：8.
③ Stewart C. Myers. The Capital Structure Puzzle [J]. the journal of finance, 1984 (6)：575.

一是創新性。全書堅持以破解「資本結構之謎」為指導，本著「求知、求精、求新」的創新精神，博採眾長以提升專著的研究成果，實現理論研究的創新，可以說這部力作的問世創新性地開拓了破解「資本結構之謎」、基於隱性財務資本進行財務價值決策研究的新思路、新領域，填補了隱性財務資本價值創造研究的財務學空白。

二是針對性。全書不是泛泛空談，它結合中國企業隱性財務資本價值創造和價值管理的實際，突出了理論聯繫實際的要求，對提高中國企業隱性財務資本價值創造和估值能力，實現隱性財務資本決策管理的科學化、績效化必將起到積極的指導作用。

三是系統性。從隱性財務資本的概念、內容、類型、理論支撐及隱性財務資本的價值創造、隱性財務資本的價值估值、隱性財務資本的價值管理，基於智力資本、關係資本、客戶資本、聲譽資本、專用投資資本的財務資本價值創造、隱性財務資本價值估值、隱性財務資本價值管理等方面，系統分析了基於隱性財務資本的財務價值決策基本理論和方法，內容豐富、觀點鮮明、分析精闢，資料翔實，是理論創新和實踐總結的結果。

四是可讀性。本書深入淺出、語言樸實、通俗易懂，體現了良好的學人品質。

毋庸置疑，書中難免存在有些論述有待進一步深化，有些觀點需要進一步探討的情況，但畢竟為隱性財務資本研究領域的進一步研究、基於隱性財務資本進行財務價值決策的進一步研究提供了最基本的分析框架和研究思路，開了一個很好的頭，使人深切感受到一股強烈的開拓創新和求真務實的時代精神，非常難能可貴。我深信，該書對中國企業應用隱性財務資本提升財務價值創造的方式、方法，對提高中國企業隱性財務資本價值估值能力，全面提升中國企業隱性財務資本價值管理績效，實現中國企業隱性財務資本價值管理決策的整合化、科學化、現代化、高效化、績效化必將起到積極的指導和推動作用，故此為序。

干勝道

前　言

　　財務學的核心命題就是基於資本價值創造導向所進行的各種決策。因此，工業經濟時代顯性實體財務資本導向的財務決策就是進行營利性組織的資本籌融資決策，資本投資決策，資本營運決策，以及對資本創造的價值收益依據相關財務政策進行公開、公平、公正的財務分配決策。當然，當企業陷入財務困境發生財務危機不得不進行兼并重組、破產清算時，可能還會進行企業并購財務決策。後工業經濟時代，隨著財務環境的變遷和相關管理理念（比如，戰略管理、VBM 管理、柔性管理、業務流程再造管理、人本行為金融管理、權變管理等）和管理實踐方法（比如，作業成本管理技術、平衡計分卡技術、EVA 和 MVA、導航器管理技術、智力增值系數技術、監視器管理技術、審計測量估值技術、知識資本價值管理技術等）向財務學的導入融合，傳統顯性實體財務資本導向意義上的財務價值決策發生了重大變化。比如，戰略管理與財務學在相互滲透融合過程中對傳統財務學提出的挑戰，互聯網供需鏈環境下對 CFO 職責提出的挑戰，企業組織形式從中小型向企業集團、跨國公司轉換過程中財務管理主體由單一財務理財主體向複雜多樣的利益相關者價值創造主體變遷導致企業職能化結構向流程化結構變化時，對傳統財務學提出的挑戰等。進入知識經濟時代，隨著隱性無形財務資源對企業財務價值創造巨大貢獻度的日益突顯，企業隱性無形財務資本，如智力資本、關係資本、客戶資本、聲譽資本、專用投資資本如何為企業創造出超額的價值收益；如何對智力資本、關係資本、客戶資本、聲譽資本、專用投資資本等企業隱性無形財務資本創造的超值收益進行科學估值；如何對智力資本、關係資本、客戶資本、聲譽資本、專用投資資本等企業隱性無形財務資本實施有效管理，以進一步提升這些隱性無形財務資本的價值創造能力和財務價值創造績效等成為理論研究者和企業實務管理者必須直面并解決的重大課題。

　　理論上源自資本結構理論體系自身無法破解的「資本結構之謎」、財務實踐中源自中國企業經濟效益扭曲的「哈哈鏡效應」、企業價值隱性流失的「漏門效應」、中國央企負責人績效考核時對 WACC 處置的「一刀切效應」等諸多理論研究和管理實踐面臨的巨大挑戰也迫使我們不得不對傳統顯性實體資本導向的財務價值決策進行深深的反思。財務學基於資本價值創造導向進行各種財務決策的核心命題可能更多強調并關注顯性實體資本價值創造，較少考慮甚至忽視知識經濟時代企業隱性無形財務資本巨大的價值創造功能，可能是引發理論上存在「資本結構之謎」，實踐中出現「哈哈鏡效應」「漏門

效應」「一刀切效應」的深層次原因。因此，突顯并強化對企業隱性無形財務資本巨大價值創造能力研究，基於隱性財務資本視角進行財務價值創造決策研究、財務價值估值決策研究、財務價值管理決策研究應該為破解「資本結構之謎」、消除「哈哈鏡效應」「漏門效應」「一刀切效應」提供一個相對可行的分析研究思路、分析研究路徑和分析研究範式。

基於上述研究緣起，我們試圖在分析隱性財務資本研究的理論依據及現實驅動力、隱性財務資本研究的概念範疇、隱性財務資本研究的理論基礎上搭建起隱性財務資本的研究框架；試圖在對財務資本概念體系和財務價值決策基礎進行系統分析的基礎上通過對基於財務資本結構、財務價值決策的深入研究來規範財務價值決策的概念框架；試圖在深入探究財務價值創造理論、財務價值估值理論、財務價值管理理論等財務學理論的前提下構築起財務價值決策理論的研究範式。以隱性財務資本研究框架、財務價值決策概念框架和財務價值決策理論範式為支撐平臺，通過對智力資本、關係資本、客戶資本、聲譽資本、專用投資資本等企業隱性財務資本進行財務價值創造決策分析、財務價值估值決策分析、財務價值管理決策分析來完成專著《基於隱性財務資本的財務價值決策研究》的研究目標。

需要說明的是，對隱性財務資本、如何基於隱性財務資本進行財務價值決策這兩個研究命題，截至目前，國內外現有研究文獻中可資借鑑的直接、現成的研究文獻或資料基本上寥寥無幾，這兩個研究領域呈現空白的研究現狀。因此，這兩個研究命題存在巨大的挑戰性和創新性，尚需要進一步在合乎邏輯的分析性擴張研究中拓展這兩個研究領域。由於我們水平所限，書中疏漏或錯誤難免，懇請專家學者、同行和讀者指教并多提寶貴意見，以便對本專著進一步修改和完善。

鄧小軍、李小華、劉慶齡、呂飛

目 錄

第一章 隱性財務資本研究框架 / 1

　　第一節　研究隱性財務資本的理論依據及現實驅動力 / 1

　　第二節　隱性財務資本概念範疇 / 15

　　第三節　隱性財務資本理論基礎 / 30

第二章 財務價值決策概念框架 / 46

　　第一節　財務資本概念體系 / 46

　　第二節　財務價值決策基礎 / 55

　　第三節　基於財務資本結構的財務價值決策 / 71

第三章 財務價值決策理論 / 78

　　第一節　財務價值創造理論 / 78

　　第二節　財務價值估值理論 / 88

　　第三節　財務價值管理理論 / 97

第四章 基於智力資本的財務價值決策 / 106

　　第一節　智力資本財務價值創造決策 / 107

　　第二節　智力資本財務價值估值決策 / 118

　　第三節　智力資本與財務價值管理決策 / 125

第五章 基於關係資本的財務價值決策 / 132

　　第一節　關係資本與財務價值創造決策 / 132

　　第二節　關係資本與財務價值估值決策 / 140

　　第三節　關係資本與財務價值管理決策 / 146

第六章　基於客戶資本的財務價值決策 / 156

　　第一節　客戶資本財務價值創造決策 / 158

　　第二節　客戶資本財務價值估值決策 / 167

　　第三節　客戶資本財務價值管理決策 / 172

第七章　基於聲譽資本的財務價值決策 / 177

　　第一節　聲譽資本與財務價值創造決策 / 179

　　第二節　聲譽資本與財務價值估值決策 / 183

　　第三節　聲譽資本與財務價值管理決策 / 193

第八章　基於專用投資資本的財務價值決策 / 201

　　第一節　專用投資資本與財務價值創造決策 / 202

　　第二節　專用投資資本與財務價值估值決策 / 209

　　第三節　專用投資資本與財務價值管理決策 / 214

參考文獻 / 217

後記 / 234

第一章　隱性財務資本研究框架

　　財務的本質就是在財務決策活動中通過對企業各種財務資本要素的整合優化決策以適應動態變遷的內外財務環境而為企業創造價值的過程。1958 年，Modigliani 和 Miller 的經典力作《資本成本、公司財務與投資理論》的推出及其經過後續研究者不斷修正完善而形成的資本結構理論體系（即基於對 MM 第一、第二、第三定理的拓展而形成的資本資產定價模式、MM 稅收差異定理、破產成本定理、權衡定理、新優序融資定理、代理成本定理、財務契約定理、信號傳遞定理、公司治理定理、資本產業組織定理、資本風險管理定理等十多種雖然研究思路視域、具體內容表述不同，但各種理論模型之間相互傳承修訂的資本結構理論系統）首次較為系統全面地揭示了企業不同的財務資本結構與企業價值之間的邏輯命題，為企業財務價值的創造和分配決策奠定了堅實的理論基礎，是現代財務價值決策學由定性描述向定量測度轉變的里程碑。然而，肇始現代財務學理論研究標杆的資本結構理論體系對財務價值決策實踐的指導價值相當有限。研究成果表明，資本結構理論體系與企業財務價值決策實踐之間呈現弱相關關係[1]，以至於對資本結構—價值創造邏輯命題的研究和對 IPO、股利分配的研究一樣成為現代財務學至今未能完全解決的謎題。這一謎題產生的原因可能是多樣的，但作為資本結構理論體系基礎的 MM 第一、第二、第三定理對收益相對確定的表內財務資本與企業價值最大化關係的更多研究而忽視隱性表外財務資本與企業價值之間的關係，基於企業內生價值創造視角，無疑是導致「資本結構之謎」的深層次原因。因此，基於隱性財務資本視域來探索性分析財務資本與企業內生價值創造之間的邏輯關係可能是揭開「資本結構之謎」、解決資本結構理論體系與企業財務價值決策實踐之間弱相關關係的可行性思路和途徑，也是財務價值決策科學性、績效性的實踐選擇。

第一節　研究隱性財務資本的理論依據及現實驅動力

一、解開「資本結構之謎」：隱性財務資本研究的理論依據

　　Stewart C. Myers 在其名著《資本結構之謎》（The Capital Structure Puzzle）提出了

---

[1] 劉薇，李桂萍. 國外資本結構理論在公司財務決策中的應用——國外資本結構理論調查研究述評 [J]. 財政研究，2012（11）：61-65.

「資本結構之謎」的基本觀點：「The capital structure puzzle is tougher than the dividend one. …By contrast we know very little about capital structure. we do not know how firms chose the debt, equity or hybrid securities they issue.」① ②「We have only recently discovered that capital structure changes convey information to investors. There has been little if any research testing whether the relationship between financial leverage and investors' returns is as pure MM theory predicts.② In general, we have inadequate understanding of corporate financing behavior, and of how that behavior affects security returns.」③ Myers 認為導致西方現代財務學三大謎題的「資本結構之謎」在於 MM 理論無法理性預期財務槓桿和財務資本投資者預期回報之間到底呈現出什麼樣的關係，且對這種不確定的關係缺少實證檢驗。事實上，資本結構的基本內涵就是財務報表中債務資本和權益資本的財務槓桿比。對不同的公司而言，由於現實中其自身擁有或控制的財務資源要素的多寡不會完全相同，不同公司的融資策略，比如對融資渠道、方式的決策選擇也不會完全相同，因此，不同公司融資截然不同的財務槓桿比都是其特有的。這樣，基於不同融資策略的不同公司的資本結構就會呈現出多樣性。可見，不同公司融資策略的多樣性導致了資本結構的多樣性，從而形成「資本結構之謎」。事實上，正如 Myers 在《資本結構之謎》中拋開「管理者假設」和 Miller 在 1977 年提出的「中性突變理論假設」而考慮財務困境成本、不確定的代理成本一樣，解開「資本結構之謎」的可行思路在於對資本結構中不確定財務資本，即隱性財務資本與企業價值創造之間關係的研究。而這首先應從資本結構理論的演變中理清「資本結構之謎」的產生和形成。

(一) 資本結構理論的演進、嬗變與「資本結構之謎」

沈藝峰（1999）認為資本結構理論經歷了從傳統資本結構理論到現代資本結構理論再到新資本結構理論的演進、嬗變。以 1997 年為時間標誌，將資本結構理論整體上分為新、舊資本結構理論兩個不同發展階段。又以 1952 年為分水嶺，將資本結構理論具體化為 1952 年之前的傳統資本結構理論發展階段、1952—1997 年的現代資本結構理論發展階段和 1997 年之後的新資本結構理論發展階段。傳統資本結構理論主要包括淨收益理論、營業淨收益理論、折衷理論等；現代資本結構理論主要包括 MM 理論、破產成本理論、稅差學派理論等；新資本結構理論主要包括優序觸資理論、代理成本理論、財務契約理論、信號模型理論、企業產業組織理論和企業治理結構理論等。④

在後續研究中，沈藝峰、沈洪濤（2004）又將新資本結構理論進一步拓展為新優序融資理論（新優序融資理論的產生和權衡理論及其實證檢驗）；以 Leland. H & Pyle. D. H Model, Ross, S. A. Model, Harris. R. S & Litzenherger, R. H Model 為代表的資本結構信號模型；以 Grinblatt. M & Hwang, C. Y Model, Allen, F & Faulhaber. G Model,

---

① Stewart C. Myers. The Capital Structure Puzzle [J]. the journal of finance, 1984 (6): 575.
② Stewart C. Myers. The Capital Structure Puzzle [J]. the journal of finance, 1984 (6): 575.
③ Stewart C. Myers. The Capital Structure Puzzle [J]. the journal of finance, 1984 (6): 575.
④ 沈藝峰. 資本結構理論史 [M]. 北京：經濟科學出版社，1999: 6.

Welch, I Model 為代表的新股發行信號模型；以 Bhattacharya, S Model、Kumar. P Model、Miller, M. H & Lipton, M Model、John. K & Williams, J. B Model 為代表的股利信號模型；以 Stulz. R. M Model、Harris. R. S & Litzenherger, R. H Model、伊斯雷爾模型為代表的企業控製權資本結構理論等①。

毛付根、林貽武（1999）認為資本結構理論所要探討的核心命題在於企業融資工具的組合與資本成本及其企業總財務價值之間的相互關係，企業融資工具組合導致企業債務資本和權益資本槓桿比發生變化時（也就是資本結構變動時），企業資本成本首先會怎樣變化進而如何影響到企業總財務價值的變化。一般認為，資本結構理論由傳統的資本結構理論（包括 Net Income Theory，NIT；Net Operation Income Theory，NOIT；The Traditional Theory，TTT）、MM 資本結構理論（包括資本結構無關論、只涉及所得稅的 MM 理論、米勒均衡模型）、融合財務危機成本、代理成本的資本結構理論和基於信息不對等的財務信號理論幾部分構成。②

夏天（2014）對資本結構理論已有研究成果梳理後認為，作為西方現代財務學主要構成理論的資本結構理論的演進發展可以劃分為古典資本結構理論發展階段、現代資本結構理論發展階段、新資本結構理論發展階段、後資本結構理論發展階段四個不同的時期。③ 在古典資本結構理論發展階段形成了 NIT 理論、NOIT 理論和 TCT 理論三種不同的理論；在現代資本結構理論發展階段形成了 MM 資本資產定價理論、MM 稅收差異模型、破產成本模型、靜態權衡理論四種不同的理論；在新資本結構理論發展階段形成了新優序融資模式、代理成本模型、財務契約理論、信號傳遞模式四種不同理論；在後資本結構理論發展階段形成了公司治理和控製權理論、資本產業組織和生命週期理論、風險資本市場管理理論四種不同理論。資本結構理論的未來研究呈現出整合研究趨勢：考慮企業外生財務環境變量，整合不同製度背景下的政治文化等主觀因素來研究資本結構與企業價值創造，以期能夠形成基於資本結構的企業內生價值創造的研究導向。

劉丹青（2005）認為西方資本結構理論發展經歷了早期資本結構理論和現代資本結構理論兩個不同的階段。早期資本結構理論由 David Durand 在總結 1952 年之前西方各種資本結構理論流派的不同觀點後提出的由淨收益理論、淨營業收入理論和傳統理論構成的資本結構理論體系；現代資本結構理論以 MM 理論的提出為標誌，將財務破產成本、代理成本和收益不確定的風險債務等因素導入 MM 理論而對其修正完善，就形成了靜態均衡理論；同時，企業籌資的啄序理論、不對稱信息理論也從不同視域對 MM 理論進行了修正。基於理論借鑑思路，西方資本結構理論規範的實證研究方法、邏輯嚴謹的研究範式等無疑具有啟示性，但立足於中國上市公司資本結構特徵和影響因素、中國上市公司資本結構與價值創造績效分析，西方資本結構理論對中國上市公司價值創造的解釋能

---

① 沈藝峰，沈洪濤. 公司財務理論主流 [M]. 大連：東北財經大學出版社，2004：8.
② 毛付根，林貽武. 會計大典（第9卷）：理財學 [M]. 北京：中國財政經濟出版社，1999：9.
③ 夏天. 資本結構理論發展歷程述評 [J]. 商業時代，2014（9）：62-63.

力比較弱。①

郭穎（2004）將資本結構界定為企業特有的長期融資方式的組合，資本結構理論的研究對象就是在資本結構影響價值創造的前提下來錨定最佳資本結構的存在性和確定性，以實現最佳資本結構對應企業價值最大化的財務價值決策的命題。郭穎認為資本結構理論應以 MM 理論的提出為里程碑，靜態平衡理論、債權激勵理論、信息傳遞示意理論、財務控製權理論對 MM 理論的修正形成了較為完整的現代資本結構理論體系，而股票、債券等有價證券市場價對其內生價值的背離使得基於現代資本結構理論的企業價值最大化財務目標定位失去了實踐意義。同樣，不考慮流動負債影響的狹義資本結構使得基於現代資本結構理論的企業資本結構喪失了資本結構的長期穩定性。中國企業普遍存在的股權融資偏好使得現代資本結構理論對指導中國企業，尤其是上市公司財務融資實踐的失效……所有這些，成為 MM 理論試圖揭開「資本結構之謎」而導致自身又陷入「資本結構理論之林」的惡性循環的直接因素。②

羅韻軒、王永海（2007）認為西方主流資本結構理論是在 MM 理論基礎上經過不斷的修正完善而形成的企業核心融資理論體系。這一修正完善經歷了四次質的飛躍：第一次飛躍以靜態權衡理論的形成為標誌；第二次飛躍以代理成本為導向的資本結構理論形成為標誌（具體包括基於外部股權融資代理成本理論和基於債務融資代理成本理論）；第三次飛躍以信息不對等資本結構理論形成為標誌（具體包括啄序融資理論和信號傳導理論）；第四次飛躍以信息不對等資本結構理論形成西方主流資本結構理論研究的前沿性理論：動態權衡理論、擇時與動態優化理論為標誌③。

唐國正、劉力（2007）認為起始於 MM 理論的現代資本結構理論經歷了兩個富有成果的研究階段：20 世紀 80 年代末期前的 30 年研究階段和 20 世紀 90 年代後的 15 年研究階段，形成了創新 MM 理論的靜態權衡理論、代理成本理論、不對等信息理論、財務控製權市場理論、產品/要素市場理論等代表性理論。④

從上述學者對資本結構理論的分析探討中不難發現，時至今日，對西方資本結構理論的嬗變發展仍然存在爭議。從企業財務價值決策實踐分析產生這種爭議的直接原因，西方資本結構理論體系對價值決策實踐的指導作用相當有限，這是導致「資本結構之謎」時至今日仍然無法破解的深層次因素。換言之，如果西方資本結構理論體系的某一種理論或者某一類理論範式與財務價值決策實踐呈現正相關，在可以證偽的可容忍誤差範圍內對企業財務價值創造決策實踐具有較好的解釋能力或者能夠較好地指導企業財務價值決策實踐，那麼這一理論或者這一類理論範式就具有指導實踐的相對普適性，就能夠揭示資本結構和企業財務價值決策實踐的相對規律性，二者之間存在資本結構理論及其

---

① 劉丹青. 西方資本結構理論在中國的應用和發展———基於上市公司的研究綜述 [J]. 湖南農業大學學報：社會科學版，2005（6）：26-29.
② 郭穎. 現代資本結構理論的發展綜述與評析 [J]. 經濟與管理，2004（5）：81-83.
③ 羅韻軒、王永海. 對西方資本結構理論在中國適用性的反思———製度適應與市場博弈的視角 [J]. 金融研究，2007（11）：67-82.
④ 唐國正、劉力. 公司資本結構理論———回顧與展望 [J]. 管理世界，2006（5）：158.

推論和被解釋現象（價值決策實踐）的一致性。這樣資本結構理論體系就得到價值決策實踐的證偽，不被證偽的資本結構理論相對而言就是科學理論，就不存在所謂的「資本結構之謎」。

資本結構理論源自企業財務融資決策實踐的客觀需求，財務融資決策實踐的困境客觀上需要資本結構理論的指導，但流派紛呈的資本結構理論體系并沒有實現企業能否通過資本結構的調整來增加公司價值這一資本結構理論體系的核心命題，因此，「資本結構之謎」的惡性循環在所難免。

(二) 隱性財務資本與「資本結構之謎」

事實上，解開「資本結構之謎」的破冰之舉就是 1958 年 Modigliani 和 Miller 提出的資本結構無關論。因此，以「資本結構之謎」的形成為分類標誌，西方理論的發展演進以 MM 理論的提出可分為兩個階段：MM 理論之前的理論和 MM 理論之後的理論。

MM 理論之前的理論始自 David Durand 的經典論文《企業債務和股東權益成本：趨勢和計量問題》。在這篇論文中，David Durand 總結現有資本結構理論的研究文獻後提出了 NIT 理論、NOIT 理論和 TCT 理論三種不同理論。這一時期的資本結構理論是學者們對資本結構問題的某些方面從直觀角度推斷出的零散的思想、觀點，內容上缺乏完整性和系統性，因此并沒有形成較為完整的理論體系，同時缺乏理論邏輯模型和實證統計分析依據支持的 MM 理論之前的理論決定了其對企業財務價值決策實踐微乎其微的指導意義。這是形成「資本結構之謎」的理論前提。儘管為推翻「公司的價值隨著外源性負責融資的增加而增加」這一基本觀點而提出 MM 理論體系的雛形——資本結構無關理論試圖破解「資本結構之謎」，但由於對財務破產成本、財務拮据成本、財務代理成本等收益不確定成本的測度問題，始終沒有形成財務流派公認的標準，以至於 Stewart C. Myers 無奈地認為，資本結構理論雖然經過幾十年的多視角研究形成了較為豐碩的研究成果，但仍然「對資本結構問題知之甚少」。也正因為如此，他將在美國財務學會年會發表的新年致詞命名為「資本結構之謎」，試圖以此來表達對資本結構理論研究現狀的困惑并警醒破解該命題的緊迫感。這就是「資本結構之謎」命題的由來。在其名著《資本結構之謎》中，Stewart C. Myers 開宗明義地表明這篇文章之所以選取這樣的論文題目是為了讓學者們反思布萊克·費雪著名的學術論文《股利之謎》，以形成首尾呼應之勢。布萊克·費雪在《股利之謎》結尾就企業究竟應怎樣制定股利政策以進行股利政策決策，布萊克·費雪的答案是「我們不知道」。Stewart C. Myers 在《資本結構之謎》的開頭對企業究竟應該怎樣選擇資本結構以進行財務價值決策時，其答案與布萊克·費雪的答案如出一轍。

MM 理論之後的理論體系起始於 1958 年 Modigliani 和 Miller 提出的資本結構無關論。對資本結構無關論的多視角修正與完善使得資本結構無關論在發生三次質的飛躍的同時形成三個資本結構理論範式：資本結構理論外部研究範式、資本結構理論內部研究範式、資本結構理論內外部結合研究範式。

1. 資本結構理論外部研究範式

其理論體系包括資本結構相關論、米勒迴歸理論及其靜態權衡理論。這一模式從逐

步放鬆 MM 資本結構無關論高度抽象的、與現實經濟生活高度背離的系列假設條件開始，基於新古典經濟學邊際分析範式，將稅盾收益和破產成本兩個全新變量導入資本結構無關論形成研究稅盾收益與資本結構和財務價值之間相互關係的資本結構稅盾範式；研究財務困境成本與資本結構和財務價值之間相互關係的資本結構財務困境範式，這兩大研究範式最後殊途同歸於靜態權衡理論。外部研究範式基於企業外部財務環境中的稅法、破產法等因素來探討債務資本的預期收益和債務資本成本的平衡命題。當債務資本預期收益和債務資本成本相等時，企業由於外源性負債融資引發的企業價值增加與引發的財務困境成本等各種風險成本費用也會相等，這時的平衡點對應企業的最佳資本結構。當然，由於不同企業存在不同的資本結構，外部研究範式認為基於不同企業不同目標資本結構的目標負債率可能是完全不同的，由此導致不同企業外源性融資組合方式的差異性。因此，實物資本在全部財務資本中占比較大、稅盾收益現金流較多的企業目標負債率會較高從而更多傾向於債權融資。相較而言，無形資本在全部財務資本中占比較大、稅盾收益現金流較小的企業目標負債率會較低從而更多傾向於股權融資。由於研究視域僅僅局限於稅盾收益和破產成本等企業外部財務環境因素，加之實證證據和財務價值決策實踐都表明同一行業的盈利企業目標資本負債率比虧損企業都要小，這與資本結構理論外部研究範式得出的結論自相矛盾。由於存在上述兩個自身無法修復和解決的缺陷，資本結構理論外部研究範式逐漸被資本結構理論內部研究範式所取代。

2. 資本結構理論內部研究範式

其理論體系主要由代理成本理論、信號傳遞理論、優序融資理論等理論構成。內部研究範式從財務信號激勵、締結財務契約的動機等企業內部財務因素出發，基於新古典經濟學局部均衡分析方法試圖來分析資本結構理論權衡時企業不同利益相關者的財務利益博弈行為，通過財務契約制度設計來規範財務利益博弈中各個利益博弈方由於信息不對稱導致的博弈行為的不確定性，實現了資本結構理論外部研究範式靜態權衡結構轉化和制度設計，開闢了資本結構理論研究的新方向。因此是對外部研究範式的否定之否定。

3. 資本結構理論內外部結合研究範式

其理論體系主要由財務控製權理論、產業組織理論、資本市場擇時理論等理論構成。資本結構理論內部研究範式的核心是基於信息不對稱理論的財務契約觀、利益相關者博弈利益不確定性的耦合，是信息不對稱理論面臨的挑戰動搖了該研究範式賴以支撐的基點。Harris 和 Raviv（1990）認為「信息不對稱研究方法導致資本結構理論內部研究範式的收益呈現出遞減轉折點」[①]。本質上，資本結構理論內外部結合研究範式是對外部研究範式和內部研究範式折中妥協的產物：一方面，內外部結合研究範式是在知識經濟時代智力資本創造價值的作用越來越突出的背景下，試圖通過對外部研究範式和內部研究範式的局限性進行挑戰修正以期形成資本結構理論研究的全新框架，但無法擺脫、

[①] Harris, M., Raviv, A. Capital Structure and the Informational Role of Debt [J]. Journal of Finance, 1990 (45): 321–349.

突破內部研究範式中信息不對稱這一核心支撐點的約束；另一方面，否定揚棄資本結構理論各種研究範式已形成的研究成果，兼容并蓄各研究學派現有研究思路和觀點以遏制一脈相承的資本結構理論在知識經濟時代的背離趨勢也是該研究範式的核心主旨。為此，內外部結合研究範式無法割裂基於對資本結構無關論進行拓展而形成的外部研究範式已有研究成果。鑒於此，可行的辦法就是對外部研究範式和內部研究範式理論體系的有機整合來形成內外部結合的研究範式。

通過上述對資本結構理論演進發展的梳理，可以得出資本結構理論、隱性財務資本與「資本結構之謎」之間如下的相互作用關係：

MM 理論之前的各種資本結構理論對財務價值決策實踐無關痛癢的指導意義是孕育「資本結構之謎」產生的天然理論土壤。

MM 理論的提出試圖解開「資本結構之謎」，開破解「資本結構之謎」研究之先河，但理論上企業價值與資本結構無關的邏輯結論使得 MM 資本結構無關理論根本承擔不起這一歷史重任。

基於新古典經濟學研究框架的資本結構理論外部研究範式儘管在靜態權衡中提供瞭解開「資本結構之謎」的基本思路，但對財務困境成本或財務拮据成本等隱性財務資本與價值創造大小測度方法的不確定性使得「資本結構之謎」仍然是謎題。

基於新製度經濟學研究框架的資本結構理論內部研究範式為解開「資本結構之謎」提供了信息傳遞，但信息不對稱條件下對代理成本等隱性財務資本的財務價值決策仍然顯得蒼白無力。

基於行為博弈經濟學研究框架的資本結構理論內外部研究範式試圖通過融合外部研究範式和內部研究範式各自的優勢來進一步透析并破解「資本結構之謎」，但知識經濟時代對企業價值創造貢獻巨大的新要素資本，諸如關係資本、客戶資本、品牌資本等隱性財務資本價值創造度量方式的多樣性和爭議性決定了「資本結構之謎」目前的困境。

上述資本結構理論、隱性財務資本與「資本結構之謎」之間的關係可用圖 1-1 描述。

綜上分析可見，解開「資本結構之謎」必須基於隱性財務資本來進行財務價值決策。

(三) 破除「價值扭曲效應」：隱性財務資本研究的現實驅動力

1. 企業經濟效益扭曲的「哈哈鏡效應」

宮希魁 (1992a，1992b) 是國內較早分析梳理隱性現象、探索隱性成本的學者之一。[1] 他在論文《論中國經濟中的隱性現象》中區分了顯性與隱性這兩個異質性概念的基本含義，界定了中國經濟生活中隱性現象的內涵，分析了社會經濟生活中隱性現象多樣性的表現形式，挖掘了隱性現象的產生原因和對社會經濟發展的危害，在此基礎上探討了消除、治理隱性現象的基本途徑。[2]

---

[1] 宮希魁.論中國經濟中的隱性現象 [J].學習與探索，1992 (3)：56-62.
[2] 宮希魁.論中國經濟中的隱性現象 [J].學習與探索，1992 (4)：1-6, 34.

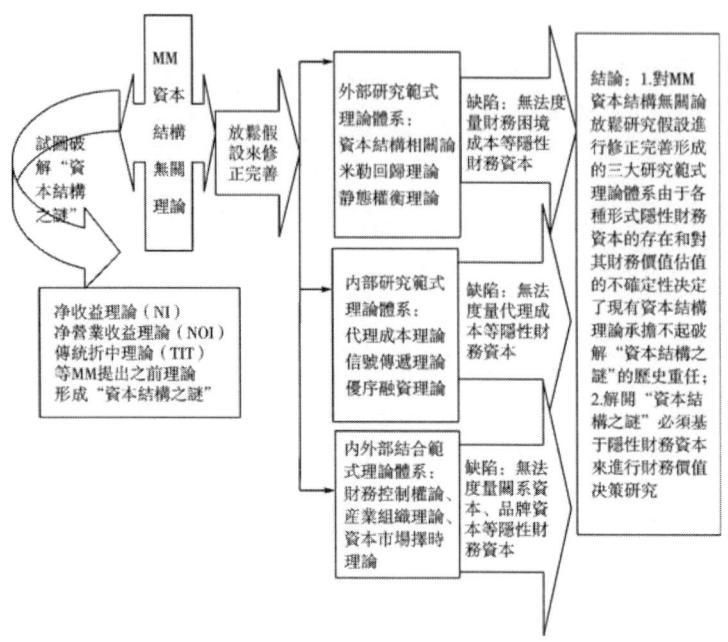

圖1-1　資本結構理論、隱性財務資本與「資本結構之謎」之間的關係

　　隱性現象的存在源於人們對顯性與隱性概念內涵的界定和理解。經濟領域的隱性現象具有潛伏性，儘管人們的直覺有可能感覺到其存在性，但人們主觀觀察不到。更有挑戰性的是，人們憑藉現有的各種規範的經濟評價指標無法進行較為精確的測度，其發生或者不發生、什麼時間發生、以何種形式發生等都具有不確定性。但隨著時間的推移，人們借助各種方式通過由表及裡、由現象到本質的合乎邏輯分析和預測仍然可以揭示出隱性現象的本質內容。這種合乎邏輯分析的前提首先是對顯性與隱性的理解。顯性，就是人們能夠觀察到的、可具體描述的一事物區別於另一事物或者某類事物區別於另一類事物的外在特徵。這時人們通常認為該事物或者該類事物處於顯性狀態，可見，顯性就是事物處於顯性狀態。隱性是與顯性相對應的概念，通常當人們對某一事物或者某類事物的外部特徵或存在狀態無法直接進行觀察或借助現有的技術條件無法對其進行較為準確的測度而導致人們無法具體描述甚至不可知時，人們一般認為某一事物或者某類事物處於隱性狀態。事物隱性狀態進一步可區分為客觀隱性和主觀隱性。[①] 主觀隱性是人們有意識的客觀行為或者無意識的主觀思維偏差導致處於顯性狀態的事物轉化為處於隱性狀態的事物，即顯性事物的隱性化。就隱性現象多樣性的表現形式看，中國現實經濟生活中主要呈現出隱性失業、隱性收入、隱性成本、隱性談判、隱性通脹五類隱性現象。隱性失業（Disguised Unemployment）又名「亞失業」或者「偽裝失業」。其經濟學概念

---

① 宮希魁. 論中國經濟中的隱性現象［J］. 學習與探索，1992（3）：56.

源自1930年劍橋經濟學派代表人物羅賓遜夫人。其基本含義是：勞動力市場上的供求矛盾導致企業對勞動力有效需求不足而解雇勞動力，超過需求的勞動力在劣等職業崗位上就業的邊際生產率為零或者是負值，這種就業方式就是「僞裝失業」[①]。學者牛仁亮在1993年的統計數據表明：以中國五天工作制週工時40小時計算，國有企業有效工時比例為48%~72%，則國有企業隱性失業人員區間為28%~52%。[②]

「哈哈鏡效應」（哈哈鏡扭曲人體形象的隱性效應）有助於分析不同時期中國現實經濟中產生隱性現象的原因在於中國處於不同層次的利益相關者，其所設定或者預期的經濟目標和社會目標之間存在差異性。這樣，當不同層次利益相關者的各種利益訴求（可能是正當的也可能是合法外衣下非正當的利益訴求）無法全部或部分實現時就會產生、并發不同層次利益相關者之間的各種經濟矛盾和社會矛盾。為避免各種經濟矛盾上升為社會矛盾，協調兼顧并實現不同層次利益相關者局部經濟利益目標成為解決其經濟矛盾的應急政策措施。應急政策措施缺乏長期性和穩定性，導致對良性運行的經濟規律的部分扭曲，其結果是部分掩蓋了客觀的經濟事實從而導致對經濟指標體系所傳遞經濟信息的部分扭曲，形成現實生活中的隱性經濟現象。隱性經濟現象的存在不同程度上危害到中國政府經濟政策的績效和政府經濟槓桿的宏觀調控能力，使得政府經濟核算指標體系提供的經濟信息在不同程度上失真，所有這些都直接傷及中國政府的經濟聲譽而形成聲譽危機。由於失業、通貨膨脹、利益相關者契約等經濟因素具有跨文化、跨製度的普遍價值，因而治理中國的隱性經濟現象，首先必須更新對失業、通貨膨脹等具有普遍意義的態度和理念，充分發揮市場機制「無形的手」和政府宏觀政策調控「有行的手」耦合聯動。

2. 企業價值隱性流失的「漏門效應」

「漏門效應」用來描述國有企業創造出的價值因為現行各種製度、機制或者人為的有意識或無意識的各種行為而導致的隱性流失現象。鄭傳海（2006）最早在論文《隱性成本：效益流失的漏門》中對這一現象進行了描述[③]。他在分析中國建築企業這一特殊行業隱性成本現狀的基礎上，將隱性成本界定為貫穿於建築企業工程項目經營管理過程中的由於事前不可控的人文環境因素對施工人員的情緒可能會產生不能夠精確測度的直接或間接負面影響，這種負面影響會進一步對具有不確定性的不同形態成本的控製產生影響，從而造成建築企業創造的效益隱性流失的成本。這些隱性成本主要包括由於疏忽而未被發現的成本、不確定的施工環境可能引發的成本、建築施工技術散發可能誘致的成本、員工的心理成本。由於隱性成本對建築企業所創造價值的侵蝕具有隱蔽性、潛伏性和長期性，猶如漏門中的水緩慢流失一樣，所以隱性成本對企業所創造價值的隱性侵蝕可用「漏門效應」來直觀形象地描述。

此後，研究者基於不同視角對企業價值隱性流失的「漏門效應」進行了多樣性分析

[①] 參見：好搜百科，http://baike.haosou.com/doc/800328-846671.html.
[②] 參見：好搜百科，http://baike.haosou.com/doc/800328-846671.html.
[③] 鄭傳海.隱性成本：效益流失的漏門[J].經營管理者，2006（2）：48-49.

研究。

劉長義（2008）界定了隱性成本概念，分析了隱性成本的生成機理，探討了隱性成本控製措施。① 隱性成本是經濟組織總成本在未來變化了形態的將來成本和轉移成本，這種成本處於財務監管之外是由不同組織形式經濟主體有意識或無意識的經濟行為引發的。其產生原因在於：①激勵機制弱化和決策權威和信用缺失。企業內部的管理激勵機制相對於市場交易激勵機制具有柔性，企業決策層進行決策時，不同決策期的決策如果缺乏科學性，必然導致決策缺陷或決策失誤，造成企業不同層級決策激勵不足和指揮約束不力。②信息傳遞內外部失真。一方面，企業從外部獲取的不同信息存在真偽，同時由於企業不同層級的利益相關者信息傳遞成本的存在，有用信息將丟失、掩蓋；企業不同層級利益相關者基於自身利益提供、傳遞虛假信息、封鎖信息都會導致隱性成本發生。③需求層次沒有滿足造成人才浪費與流失。需求層次沒有滿足造成員工對現有工作缺乏主觀能動性、積極性降低、消極怠工傾向。這樣員工或者人浮於事或者人員流失，人浮於事的人員的薪酬成本如工資、福利等成本費用虛耗，人員流失使得企業已經發生的薪酬成本成為和企業決策無關的沉沒成本。④處於企業不同層級的利益相關者由於信息不對稱、利益導向機制而相互影響決策等隱性成本。企業不同層級利益相關者的目標導向和企業目標導向不會完全一致，在信息不對稱的情況下，目標函數不一致就會產生逆向選擇等隱性成本。其可行性的控製策略包括：①激勵約束機制控製。激勵約束雙因素機制就是對企業不同層級利益相關者的權力、責任、利益的科學劃分和合理配置，是在決策科學的前提下，對權力、責任、利益既激勵又約束的控製策略。②決策利益和信息失真控製。依據不相容職位相互分離原理，實施決策和利益不相關措施，通過消減信息傳遞中間環節理順企業內外部信息傳遞機制和渠道，監控和減少信息失真引發的隱性成本。③隱性人力資源成本控製。通過不同渠道、不同形式員工培訓創建員工相對滿意的發展空間和薪酬激勵等積極激勵措施在一定程度上控製隱性人力資源成本。④科學的隱性成本核算觀控製。科學的隱性成本理念就是與企業價值創造不相關的隱性成本不應列入隱性成本核算和控製，這是合理歸集隱性成本、科學分配隱性成本和杜絕重複計算隱性成本的基礎。

林梅（2003）基於成本的可識別形態（即具有存在形態就可識別，反之就不可識別）把能夠直接影響企業經營狀況和管理水平但人們看不見、摸不著并且在現行有形成本會計核算框架內無法核算的無形成本稱為隱形成本。林梅將隱形成本歸納為隱性人力資源成本、隱性時間成本、隱性節約成本、隱性決策成本、隱性管理成本五種②。其中：①隱性人力資源成本是由於人力薪酬與崗位要求性價比高低不一致、人力薪酬與人力素質性價比高低不一致、人力素質與崗位要求性價比高低不一致、人力素質區域差異和高素質人員流動而產生的。②隱性時間成本是企業不能「相機而擇」時，由於「錯機而擇」而引發的機會成本，如材料採購時機不佳、產品創新時間黏滯致使競爭對手的競爭

---

① 劉長義.企業隱性成本成因及控製策略［J］.科技與管理，2008（7）：30-32.
② 林梅.企業隱形成本剖析［J］.價值工程，2003（3）：48-50.

产品、替代产品对企业客户产生吸引力，使得企业失去客户和市场份额，以及利益相关者的冲突使得项目工期延误等。③隐性节约成本是由于缩减或节约了企业正常生产经营活动必需的最低资本而引发的「节约不当」成本，如节约固定资产、人力薪酬、营销费用等正常而必要的费用，节约为获取信息而进行决策的必要投入，节约产品研发必要投入形成产品研发、生产、销售环节资金供给不足使企业发生财务困境。④隐性决策成本是在投资项目决策中对投资方案的确定失去客观性、独立性造成上下游资金供应链断裂、设备闲置；投资项目立项、选址违背成本效益原则，项目运行后材料采购成本、人力资本、产品运输成本偏高；设备自制还是订购决策失误造成设备闲置、固定费用摊销的居高不下，设备使用效率居低不上等而引发的隐形成本。⑤隐性管理成本是由于组织结构设置冲突，不同层级管理者沟通冲突，不同的管理理念和管理方式的冲突，管理的制度、标准、流程设计缺乏精细化产生资源的不合理限制导致合法浪费、合法延误给企业带来的有形成本增加或收益损失。可见，为控制企业隐形成本而发生的显性成本和降低隐形成本的经济收益都是巨大的，因而，尽可能降低并消除与企业价值创造无关的「沉没隐形成本」成为企业可持续发展的当务之急。

刘援（2011）认为隐性成本是一种隐藏于企业总成本之中、游离于财务审计监督之外的成本，具有隐蔽性、放大性、爆发性三方面特征。[1]

徐翔（2011）将隐性成本区分为隐性机制成本、隐性制度成本、隐性机会成本、隐性摩擦成本四类。[2]

杨柳（2003）认为隐性成本「是一种隐藏于企业总成本之中，游离于财务审计监督之外的成本」[3]，是企业员工现在的各种有意或无意的隐蔽性行为造成的递延在将来时态的成本，具有成本数据测度的隐蔽潜在性、爆发放大性等特征。产生隐性成本的原因在于：①由于重视显性成本控制、忽视甚至不控制隐性成本，降低成本就只能是采用节约方式形成成本控制观念落后。②对企业管理层权力缺乏有效监督和约束造成管理层为追求经营绩效将现在成本递延到将来或进行权力寻租。③企业管理层主观决策随意性使得决策执行成本增加的同时加大了转嫁的隐性成本或机会成本。④企业管理层用人观念不能满足不同层次员工的激励需求，薪酬分配中因考核方式的人为因素随意性导致分配机制不合理，在增加企业整体显性成本的同时加大了转嫁的隐性成本。

张臻（2004）认为隐性成本是一种在成本控制实践中「一般比较难以发现」和在财务报表中没有披露的表外成本。[4] 显性成本控制通常采用成本归集和分配、摊销等传统方法，隐性成本应该基于现代管理理念，如剩余收益模型等进行系统控制。隐性成本可归纳梳理为隐性战略成本、隐性管理成本、隐性实务成本、隐性文化成本四类。张臻在分析了这四类隐性成本产生原因基础上，提出从提升航空公司决策绩效和建立完善激

---

[1] 刘援.企业隐性成本分析与控制［J］.西部财会，2011（8）：28-30.
[2] 徐翔.浅析企业隐性成本管理［J］.经营管理者，2011（4）：120.
[3] 杨柳.企业隐性成本控制问题浅析［J］.当代经济，2003（5）：52-53.
[4] 张臻.控制隐性成本 提高企业利润［J］.郑州航空工业管理学院学报：社会科学版，2004（12）：156-157.

勵約束機制、改革、完善航空公司總公司和分公司之間經營管理體制現狀并優化總公司和分公司之間財務流程；以全面成本預算控製機制為導向，建立航空公司全過程成本預算、成本監控機制；航空公司應打造學習型組織，通過航空公司員工的學習效應來更新全員觀念、提高全員素質等方面來控製航空公司等特殊行業的隱性成本，提高航空企業利潤的對策思路。

林森（2013）認為從會計視角核算的企業成本，已經把由於企業管理不當產生的成本、出於特定決策目標而增加的成本等隱性成本顯性化并反應在財務報表中。為此，企業成本應該由顯性成本、顯性化隱性成本、隱性成本等構成①。基於此思路，隱性成本可以從產生過程、構成和產生原因、識別和管控三個方面來界定：就產生過程看，隱性成本產生於企業正常的生產經營過程；就構成和產生原因看，隱性成本由無效成本、非增值成本、風險成本構成，無效成本由企業無效作業產生、非增值成本由企業非增值作業產生、風險成本由企業可持續發展、增強企業產品競爭力面臨的風險產生；就識別和管控分析看，隱性成本能夠通過選擇特定的方法，如工業經濟分析法進行識別和計量，并通過採取諸如對企業製度、機制的進一步建設完善，對企業管理方式的動態調整，供應鏈業務流程重組等措施降低或消除隱性成本，達到增加企業價值的管控目標。

吳潔瓊（2011）以建築工程企業這一特殊行業項目施工的投資大、期效長、項目單件性和流動性并存等特點，通過對隱性成本概念的界定和基本特性的分析并將隱性成本導入建築工程項目的總成本控製基礎上，借助 ABC 方法通過計算建築工程項目的作業成本，試圖基於作業成本、田口方法、掙值法來構思、檢驗建築工程項目隱性成本的估算函數，通過作業成本估算函數來較為精確度量、管控工程項目的隱性成本，實現建築工程項目隱性成本顯性化的預期目標。他認為工程項目隱性成本是一種資源濫用損失成本，產生原因是企業內部環境因素，諸如管理體制、運行機制、員工素質等，這種成本是項目總成本的組成部分，貫穿於建築工程項目建設全過程，表現出成本轉嫁和成本遷延等特性。②

周潤臣（2012）認為隱性成本是由體制、機制、人員素質等因素引發的具有滯後性的未來額外成本，具有放大性、爆發性、依附性、延續性、整體性、動態性等特徵。③其中：①放大性是指對現在潛在的隱性成本信息獲取不足、管控不及時導致經濟主體現在的科學決策行為在未來由於隱性成本的影響導致決策失誤的結果，給預期決策績效帶來重大損失。②爆發性是指隱性成本的發生是在現在覺察不到、現在難以管控的由量變到質變的不斷累積過程中爆發式表現出來的。③依附性是指隱性成本必須依附顯性成本這一載體，在消耗掉一定資源和資本的前提下才有可能部分體現出來。隱性成本和顯性成本相互依存，顯性成本是隱性成本的基礎和載體，隱性成本也反作用於顯性成本。④延續性是由企業管理體制、機制、員工因素誘發的隱性成本，是企業持續經營的時間

---

① 林森. 建築施工企業供應鏈隱性成本顯性化研究 [D]. 西安：西安建築科技大學，2013.
② 吳潔瓊. 建築工程項目隱性成本顯性化研究 [D]. 西安：西安建築科技大學，2011.
③ 周潤臣. 施工企業隱性成本管理績效評價 [D]. 重慶：重慶大學，2012.

函數，只要企業沒有面臨倒閉、清算等嚴重的經營風險而持續經營，隱性成本就會隨著時間推進而不斷累積并體現或轉移在將來成本中。⑤整體性是指隱性成本隱蔽在整個企業組織的生產製造、運輸銷售等環節；隱性成本的形成、核算對象一般以企業組織整個生產過程為基礎，從宏觀成本形態上顯出顯著整體性。⑥動態性是指隱性成本與現在已經確定、將來變動可控制的顯性成本相比較而言的顯著區別，與企業性質、體制、機制、人員素質等柔性因素相關聯。

施工企業隱性成本產生的原因源於企業內部環境和企業員工行為兩個方面。①環境因素是由企業現行的各種內部製度和機制缺陷決定的。企業內部製度缺陷可能導致諸如管理權威失靈，管理層級偏多和機構臃腫，人浮於事；資源配置不科學，信息失真等隱性成本；企業內部機制缺陷可能導致諸如激勵約束不合理、人力資源管理不透明、監督考核反饋不完善等方面隱性成本。②企業員工行為分為不正確行為和不正當行為兩種情況。不正確行為是指企業員工沒有主觀上的利益企圖，是當事人在主觀允當的前提下無意識地進行了誘發企業隱性成本的經濟行為；不正當行為是指企業員工存在主觀上的利益企圖，是當事人為謀取個人或者小團體的局部利益以犧牲企業整體利益、長遠利益為代價而誘發企業隱性成本發生的經濟行為。內部製度缺陷、內部機制缺陷、員工行為缺陷的共同合力作用會導致兩類不同的企業隱性成本管控問題，即機會成本的惡性循環誘發的隱性成本和管理混亂成本的惡性循環誘發的隱性成本。

建築施工企業的隱性成本由體制成本、機制成本、員工行為成本、機會成本、質量成本、工期成本、安全成本、費用成本構成。① 這些隱性成本有些是源發性的，有些是由源發性隱性成本派生出來的。分析建築施工企業不同屬性的隱性成本有助於企業更好地度量、管控隱性成本。從建築施工企業隱性成本管控源頭上分析體制成本、機制成本、員工行為成本等隱性成本源於施工企業的企業管理方面，定量不易測度，只能定性描述是隱性成本管控的「死角」。質量成本、工期成本、安全成本、費用成本源於項目實施，這部分成本可以在項目實施中、項目實施後通過諸如業務流程分析、成本比較等方法進行定量測度和管控。機會成本在企業進行項目決策選擇時就已經存在，是企業資源配置過程中不可避免的利益犧牲。

3. 央企負責人績效考核的 WACC「一刀切效應」

WACC「一刀切效應」是指對中國央企負責人進行績效考核時，現行考核製度、辦法對 WACC 的處理實施「三不考慮原則」（不考慮央企所屬性質和規模大小，不考慮央企不同行業的差異性和央企所在區域社會經濟的發展程度，不考慮債權資本成本率和股權資本成本率的大小），而機械地將 WACC 統一為平均資本成本率，并將其區分為基本資本成本率（5.5%）、下調資本成本率（4.1%）、上浮資本成本率（6.0%）三檔。李陽陽（2013）以中國 13 個行業 2000—2009 年滬深全部 A 股上市公司為研究樣本的統計結果表明：13 個行業 10 年平均股權資本成本率為 9.61%。② 進一步，就行業 10 年平均

---

① 周潤臣. 施工企業隱性成本管理績效評價 [D]. 重慶：重慶大學, 2012：19.
② 李陽陽. 預期股權資本成本估算技術研究 [D]. 北京：首都經濟貿易大學, 2013：55.

股權資本成本率而言，農、林、牧、漁業行業平均為 8.54%；採掘業平均為 13.33%；製造業平均為 10.1%；電力、煤氣及水的生產和供應業平均為 8.85%；建築業平均為 9.28%；交通運輸、倉儲業平均為 9.6%；信息技術業平均為 8.52%；批發和零售貿易行業平均為 9.02%；金融、保險業平均為 12.36%；房地產業平均為 10.06%；社會服務業平均為 7.81%；傳播與文化產業平均為 7.88%；綜合類行業平均為 9.01%。[①] 與 10 年平均股權資本成本率均值相比較，《中央企業負責人經營業績考核暫行辦法》規定的基本資本成本率（5.5%）偏低 4.11 個百分點；下調資本成本率（4.1%）偏低 5.51 個百分點；上浮資本成本率（6.0%）偏低 3.61 個百分點；平均偏低 4.41 個百分點。與 13 個行業 10 年平均股權資本成本率最大值 13.33%（採掘業均值）相比較，《中央企業負責人經營業績考核暫行辦法》規定的基本資本成本率（5.5%）偏低 7.83 個百分點；下調資本成本率（4.1%）偏低 9.23 個百分點；上浮資本成本率（6.0%）偏低 7.33 個百分點；平均偏低 8.13 個百分點。同理，與 13 個行業 10 年平均股權資本成本率最小值 7.81%（社會服務業均值）相比較，《中央企業負責人經營業績考核暫行辦法》規定的基本資本成本率（5.5%）偏低 2.31 個百分點；下調資本成本率（4.1%）偏低 3.71 個百分點；上浮資本成本率（6.0%）偏低 1.81 個百分點；平均偏低 2.61 個百分點。

上述三個平均偏低值的區間為 2.61%~8.13%，平均偏低值為 5.37%。這是在不考慮債權資本成本率的情況下得出的基本結論，如果與結合債權資本成本率的 WACC 相比較，《中央企業負責人經營業績考核暫行辦法》規定的三個資本成本率的偏低值會更大，相應的平均偏低值區間內會嵌套區間 2.61%~8.13%，相應的平均偏低值均值無疑會遠大於 5.37%。

中國《中央企業負責人經營業績考核暫行辦法》始於 2003 年 10 月，截至 2015 年，國務院國有資產監督管理委員會對其進行了三次較大修訂，實施了對中央企業負責人經營業績的四輪考核。在這四輪考核中，排名第一、飽受央企負責人普遍質疑和批評的一直是基於「三不考慮原則」設計的形式僵硬、缺乏彈性和靈活性的三檔資本成本率（基本資本成本率、下調資本成本率、上浮資本成本率）。進行央企負責人 EVA 績效考核的初衷在於激勵并約束央企負責人在資本保全的前提下為資本所有者創造更大的價值。不考慮債權資本成本率和股權資本成本率的「一刀切效應」使得進行績效考核的平均資本成本率偏低（上述數據表明最保守的平均偏低值均值為 5.37%），平均資本成本率低估引發 EVA 的虛增，從而在相當程度上高估了央企負責人的價值創造能力和 EVA 形式表現出來的價值創造大小。這使得遏制央企負責人舉債籌融資偏好、為所有者創造增量價值最大化的《中央企業負責人經營業績考核暫行辦法》的設計初衷只能流於形式，在嚴重扭曲 EVA 考評體系應有功能的同時與 EVA 的本質背道而馳。

WACC「一刀切效應」同時揭示出央企經營管理活動中對國有資本的基本價值導向：較少考慮或很少考慮國有投資資本的預期報酬、濫用、賤用投資資本，不考慮投資資本項目的預期收益而盲目追求邊際收益遞減的大規模融投資。央企負責人這種對國有

---

① 李陽陽. 預期股權資本成本估算技術研究 [D]. 北京：首都經濟貿易大學，2013：55.

資本基本的價值導向和央企存在的效益流失「漏門效應」異象（重視顯性成本管理忽視隱性成本挖掘和控製導致的效益流失效應）和央企存在的「哈哈鏡效應」異象（指央企財務報表所披露的會計信息失真度）都突顯出對隱性財務資本研究的必要性和迫切性。其基本關係如圖 1-2 所示。

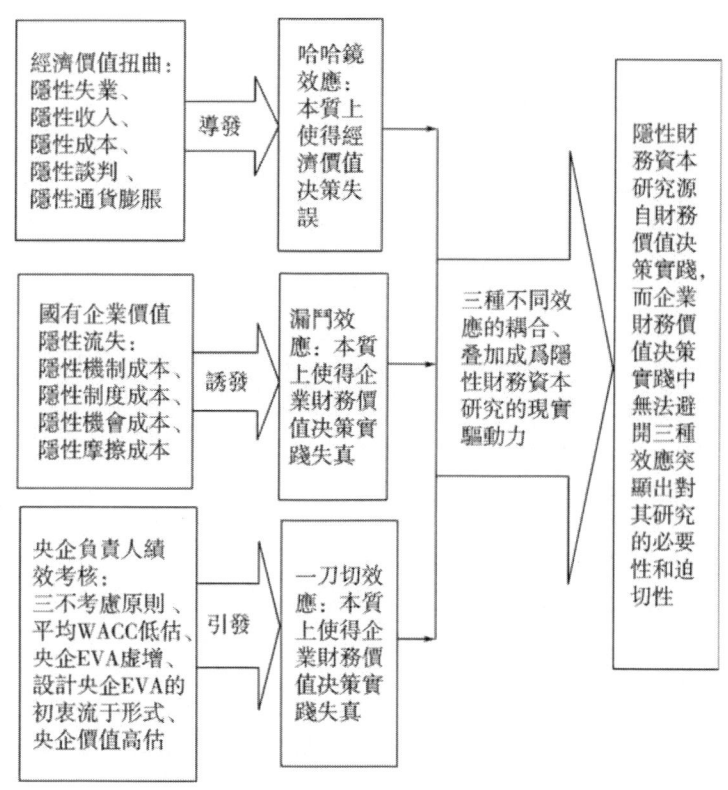

圖 1-2 「哈哈鏡效應」「漏門效應」「一刀切效應」與隱性財務資本

第二節 隱性財務資本概念範疇

概念範疇也就是概念框架，是反應著人們模式事物屬性的一種體系。這種體系源自人們對多樣性的具體事物通過抽象的邏輯思維從中提煉出某一類事物的共性而加以描述的一種方式。隱性財務資本的概念範疇就是通過由個性到共性的邏輯思維過程來描述出作為隱性財務資本應有的共同特徵。其概念範疇由隱性財務資本的內涵、隱性財務資本的分類、隱性財務資本的特徵、隱性財務資本的內容四個層次構成，可用圖 1-3 來描述。

第一章 隱性財務資本研究框架 | 15

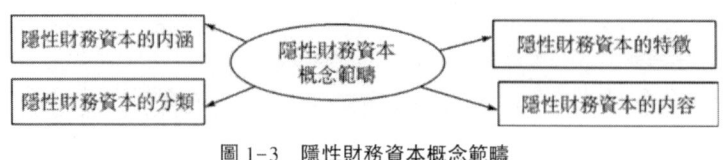

圖 1-3　隱性財務資本概念範疇

一、隱性財務資本的內涵

（一）現有研究文獻對隱性財務資本內涵的描述

林梅（2003）基於成本的可識別形態（即具有存在形態就可識別，反之就不可識別），把能夠直接影響企業經營狀況和管理水平但人們看不見、摸不著并且在現行有形成本會計核算框架內無法核算的無形成本稱為隱形成本。

劉援（2011）認為隱性成本是企業總成本的一個構成部分，是一種潛伏在企業總成本之中而無法被現代審計理論和方法進行監管的成本。其具有隱蔽性、放大性、爆發性等特徵。

徐翔（2011）把由隱性機制成本、隱性製度成本、隱性機會成本、隱性摩擦成本等某一類因素引發或者某幾類因素合力作用而共同引發的成本界定為隱性成本。

楊柳（2003）認為隱性成本「是一種隱藏於企業總成本之中，遊離於財務審計監督之外的成本」[①]，是企業員工現在的各種有意識或無意識的隱蔽性行為造成的遞延在將來時態的成本，具有成本數據測度的隱蔽潛在性、爆發放大性等特徵。

張臻（2004）基於財務報表信息披露和成本控製實踐兩個方面來理解隱性成本。就財務報表信息披露看，隱性成本就是在財務報表中沒有披露的表外成本；就成本控製實踐分析，那些「一般比較難以發現」或者現行會計核算系統難以核算的成本就是隱性成本。

林森（2013）認為就產生過程看，隱性成本產生於企業正常的生產經營過程。就構成和產生原因看，隱性成本由無效成本、非增值成本、風險成本構成。無效成本由企業無效作業產生，非增值成本由企業非增值作業產生，風險成本由企業可持續發展、增強企業產品競爭力面臨的風險產生。就識別和管控分析，隱性成本能夠通過選擇特定的方法，如工業經濟分析法進行識別和計量，并通過採取諸如對企業製度、機制的進一步建設完善，通過對企業管理方式的動態調整，供應鏈業務流程重組等措施降低或消除隱性成本，達到增加企業價值的管控目標。

吳潔瓊（2011）認為工程項目隱性成本是一種資源濫用損失成本，產生原因是企業內部環境因素，諸如管理體制、運行機制、員工素質等，這種成本是項目總成本的組成部分，貫穿於建築工程項目建設全過程，表現出成本轉嫁和成本遷延等特性。

周潤臣（2012）認為隱性成本是由於體制、機制、人員素質等因素引發的具有滯後性的未來額外成本，具有潛在性、放大性、爆發性、依附性、延續性、整體性、動態性

---

① 楊柳.企業隱性成本控製問題淺析［J］.當代經濟，2003（5）：52-53.

等特徵。①

顯然，上述學者對隱性成本概念的理解界定具有多樣性。正因為如此，他們所界定的各個概念的內涵之間缺乏一致性和可比較性。儘管如此，這些界定隱性成本的思想卻具有一定的參考借鑑價值。需要說明的是，隱性成本并不是隱性財務資本，兩者之間既存在共性，也存在差異性。我們認為界定隱性財務資本，必須首先界定隱性資本、隱性成本、隱性資本成本等概念，同時應該就隱性財務資本與無形資本相互關係進行分析，只有這兩個基本條件具備時才能對隱性財務資本的概念進行界定，才能對隱性財務資本的內涵進行多維度透視、分析和理解。

(二) 界定隱性財務資本的前提

如上分析，規範隱性資本、隱性成本、隱性資本成本的概念，區分隱性財務資本與無形資本之間的相互關係是界定隱性財務資本的基本前提。

1. 隱性資本、隱性成本、隱性資本成本的概念

(1) 隱性資本。

界定隱性資本的概念必須首先理解資本的內涵。從現有研究文獻看，對資本內涵進行探討的文獻數量不菲，體現出研究者思路的多樣性。馬克思在經典文獻《資本論》中將資本界定為能夠產生剩餘價值的資源要素價值。閆甜 (2008) 認為可以從經濟學和公司財務兩個方面來分析資本。經濟學中的資本是一種包括有形和無形的資源，這種資源體現出稀缺性和多用性的基本特徵。企業擁有這些資源後經過實體企業的產品生產過程最終進入流通領域而成為供消費者消費的消費品或服務。公司財務學中的資本就是量化在資產負債表中的現金流。左邊就是資本，右邊就是債務資本和權益資本，表示著現金流的存在形式。微觀個體資本數量上與金融資產價值加不動產加借貸相抵的淨結餘的和相等。② 本書認為資本是指具備交易價值的一種特殊商品，資本供求雙方持有資本的動機在於對資本保值的基礎上謀取增值額或者謀取能夠超過資本無風險報酬的收益。基於這一觀點，結合隱性概念的內涵，可以將隱性資本界定為：憑藉現有的測度方法、技術對那些不確定的預期收益或利得不能夠精確測度進而無法估算、預測預期報酬率的資本。

(2) 隱性成本。

成本是財務價值決策實踐中最關鍵的核心變量之一，因為在收益無法遞增或保持不變的前提下，對成本的管控成為決策者提升財務價值的不二法門。同時，財務現實中存在的效益流失「漏鬥效應」異象使得研究者對隱性成本概念進行了多思路的大量探討。但對隱性成本概念的界定相互之間的相關性不顯著。正因為如此，本書認為應將企業內外部環境因素、現有測度技術、成本的本質、顯性成本四個方面相結合來界定隱性成本。就內外部環境因素看，不能夠完全控製的、動態變化的企業內外環境因素是隱性成本產生的必要條件；就現有測度技術分析，不能夠完全被現有測度技術精確測定而無法

---

① 周潤臣. 施工企業隱性成本管理績效評價 [D]. 重慶: 重慶大學, 2012: 9-10.
② 閆甜. 國企分紅製度中的資本成本估算研究 [D]. 北京: 首都經濟貿易大學, 2008.

反應在財務報表中是隱性成本的基本特徵；從本質上看，隱性成本與財務價值決策相關聯，是一種決策相關成本；和表內顯性成本相比較，隱性成本區別於顯性成本的最顯著屬性就是無法將其反應在財務報表中，因而是一種表外成本。結合上述分析，可以將隱性成本界定為：隱性成本是指潛伏在不能夠完全控制的、動態變化的企業內外部環境中，不能夠完全被現有測度技術精確測定而無法反應在財務報表中但與財務價值決策相關聯的表外不確定成本。

(3) 隱性資本成本。

結合隱性理解資本成本是定義隱性資本成本的前提和必要條件。《新帕爾格雷夫貨幣金融大辭典》從資本供給方將資本成本界定為：The cost of capital is the rate of return a firm must earn on investment in order to leave share price unchanged.（資本成本就是公司投資必須獲取的保持股票價格不變的回報率）[1]；從資本需求方將資本成本界定為：The cost of capital is the rate of return a firm must earn on its project investment in order to maintain its market value and attract needed funds.（資本成本就是公司項目投資必須獲取的、保持其股票市場價格和獲取必要資金的回報率）[2]。可見，資本供給方之所以轉讓資本使用權是因為轉讓資本使用權能夠獲取預期報酬率，由於這種預期報酬率不會低於資本的機會成本，因此是一種最低預期報酬率；而資本需求方之所以受讓資本使用權是因為受讓資本使用權進行項目投資時可以獲得折現時超過 IRR（內部收益率）并且大於零的淨現金流增量，連續的、大於零的淨現金流增量是實現企業價值最大化財務目標的先決條件。這樣借助有效的資本市場，資本供求雙方在動態博弈中就會實現資本需求方期望的最低收益率和資本供給方期望的最低報酬率相等的均衡狀態。資本成本就是這種均衡狀態下無風險利率與風險補償率的和。

事實上，資本供給方期望的最低報酬率、資本需求方投資決策時期望的最小收益率都是一種估算值，是借助現有估值技術對風險市場上資本交易價格進行估算的結果。由於實際估算值和預期報酬率、期望收益率之間存在誤差區間，因此資本成本的實際估算值具有不確定性，這種不確定性就是隱性。可見，隱性資本成本就是資本的隱性交易價格，是資本供給方期望的籌資交易報酬率和資本需求方期望的投資交易收益率在有效資本市場上動態博弈均衡時的交易價格。基於資本結構理論，隱性資本成本體現著隱性資本結構，體現著實現企業價值最大化時最佳的隱性資本結構，而資本成本的隱性均衡交易價格決定了這種最佳的隱性資本結構就是最小的隱性債務資本和隱性股權資本的槓桿度比。

2. 隱性財務資本與無形資本的關係

隱性財務資本與無形資本既相互聯繫又相互獨立，既存在共性又有區別。兩者的共性表現在：①從財務表現形式上看，無形、隱性是隱性財務資本的基本表現形式，無形資本可進一步區分為表內無形資本和表外無形資本。表外無形資本具有無形、隱性的表現形式，表內無形資本雖然無形但不具有隱性特徵。②從和企業財務價值決策的關係

---

[1] 梁紅，楊宜，曲喜和. 對資本成本和資金成本概念的思考 [J]. 會計之友，2007 (6下)：14.
[2] 梁紅，楊宜，曲喜和. 對資本成本和資金成本概念的思考 [J]. 會計之友，2007 (6下)：14.

看，兩者都是知識經濟時代能夠實現企業價值可持續增長的戰略要素資本，對企業價值創造的貢獻超過有形資本。③從對財務價值決策的意義看，兩者都和財務價值決策緊密相關，是實現企業價值最大化決策的資本基礎。④從財務活動時間上看，兩者都體現在企業過去、現在和未來的財務活動中，財務活動時間呈現出連續性和長期性。⑤從財務活動空間上看，兩者都貫穿於不同企業不同類型的財務價值決策的各個空間環節，體現出在財務活動空間上的并存性。

同時，隱性財務資本與無形資本也顯示出更多的差異性。兩者的差異性表現在：①就財務表現形式而言，隱性財務資本都是無形、隱性的，但表內無形資本是實現了顯性化的部分表外無形資本，如能夠被現行會計核算體系核算的專利權就有專利機構頒發的證書標誌、能夠被現行會計核算體系核算的商標權，具有知識產權部門授予的各種區分標誌。②就能否在財務報表中反應而言，隱性財務資本都是表外資本，不能反應在財務報表中，只能在財務報表外披露；而無形資本既有可能是表內資本（可核算無形資本）又有可能是表外資本（不可核算無形資本）。表內無形資本核算在財務報表中，表外無形資本反應在財務報表外。③就財務契約作用、影響而言，隱性財務資本遵循隱性財務契約的作用和影響，而無形資本既遵循顯性財務契約的作用和影響（表內無形資本）又遵循隱性財務契約的作用和影響（表外無形資本）。④從本質上考察，隱性財務資本都是收益不確定的表外財務資本，而無形資本既可能是收益確定的表內財務資本（表內無形資本）又可能是收益不確定的表外財務資本（表外無形資本）。⑤從財務內容上看，隱性財務資本的內容可能涉及整個財務資產負債表，無形資本只涉及財務資產負債表的左邊。

基於上述分析，將隱性財務資本與無形資本的相互關係用表1-1直觀描述如下。

表1-1　　　　　　　　　　隱性財務資本與無形資本相互關係

		隱性財務資本	無形資本
	基本關係	相互獨立基礎上的相互聯繫	
共性	財務表現形式	除表內無形資本外，兩者都具有無形、隱性的共同特點	
	財務價值創造	兩者都是知識經濟時代能夠實現企業價值可持續增長的戰略要素資本	
	財務價值決策	兩者都與財務價值決策緊密相關，能夠實現財務價值決策的目標；價值最大化	
	財務活動時間	反應在財務活動的過去、現在和未來，財務活動時間呈現連續性、長期性	
	財務活動空間	貫穿於不同企業不同類型的財務價值決策的各個財務活動空間	
	財務內容	人力資本、客戶資本、關係資本、品牌資本、聲譽資本等表外資本	
區別	財務表現形式	無形、隱性	表外無形資本無形、隱性；表內無形資本可核算、顯性
	財務報表披露	只能在表外反應	存在表內核算披露和表外反應兩種形式
	財務契約	隱性財務契約	表內無形資本遵循顯性財務契約；表外無形資本遵循隱性財務契約
	財務本質	收益不確定	表內無形資本收益確定；表外無形資本收益不確定
	財務內容	整個財務資產負債表	只體現在財務資產負債表左邊

(三) 隱性財務資本的內涵

基於界定隱性財務資本的兩個前提條件，在規範了隱性資本、隱性成本、隱性資本成本的概念，區分了隱性財務資本與無形資本的相互關係後，我們將隱性財務資本界定為：隱性財務資本是和顯性表內財務資本相對應、相聯繫的表外財務資本，是在締結創造企業價值的隱性財務契約時，企業不同類型的利益相關者由於契約約定承擔的責權利不同，因此在財務價值決策活動中不同的利益相關主體出於有意識或無意識的財務行為而引發的潛伏在企業過去、現在和未來各個財務價值決策環節，能夠影響企業不同類型、不同層次的財務價值決策而且必須借助特定的財務估值技術進行科學估算的不確定性財務戰略要素資本，體現著在隱性財務契約作用下企業不同利益相關者之間的隱性財務關係。

上述概念表明，隱性財務資本具有如下的基本內涵：

(1) 隱性財務資本和顯性財務資本在相互聯繫、相互影響、相互轉換的過程中共同構成基於企業財務價值創造的財務資本。這表明隱性財務資本的隱性首先體現在和顯性財務資本的動態相互比較中，拋開顯性財務資本這一比較標杆和參照系，既無法刻畫、描述和度量隱性財務資本的隱性，同時，隱性財務資本也失去了其普遍存在的基礎和前提。顯性財務資本之所以顯性是因為其符合中國現行相關財務會計確認和計量的制度標準，按照相對應的財務會計制度在對其進行會計核算的過程中通過確認、計量、記錄、報告等會計流程後就可以將其歸集在生產成本、製造費用、銷售費用、財務費用、管理費用等相關會計科目中，再通過科目匯總後以表內資本形式具體反應在財務報表中，用以反應企業某一會計期間的財務狀況、經營成果和現金流量。註冊會計師在對企業的資產負債表、利潤表、現金流量表等財務報表審計後，企業不同利益相關者就可以借助財務報表提供的會計信息進行各種不同類型的財務價值決策，從而實現不同利益相關者預期的財務目標。

事實上，企業價值的創造是在表內顯性財務資本和表外隱性財務資本共同作用的過程中實現的。知識經濟時代，能夠精確估值的諸如聲譽資本、客戶資本、關係資本等隱性財務資本對企業價值的創造具有更大的貢獻度，比能夠精確反應在表內的顯性財務資本發揮著更大的價值創造作用，甚至在某種程度上直接制約著企業創造價值的大小和創造價值的能力。遺憾的是受現有財務估值技術的限制，對隱性財務資本及其對價值創造的貢獻度難以進行精確估算，但特定會計期間財務報表的相對穩定性又決定了不確定性的隱性財務資本只能在表外進行反應和披露。就此意義而言，構成企業財務資本的表外隱性財務資本和相對應的表內顯性財務資本在企業可持續價值創造的財務決策活動中實現了資本的保值增值價值，隱性等同於表外性。

(2) 隱性財務資本收益估值的不確定性。風險是能夠較為準確刻畫不確定性的一種技術手段，但由於風險本身就是一種不確定性，因此風險不是反應不確定性的唯一方法。基於此邏輯，風險資本和隱性財務資本都是不確定性資本，但隱性財務資本不完全是風險資本。因此，度量風險資本收益的模型不一定就能夠精確估算隱性財務資本收益。1952年，Markowitz最早構建了衡量不確定性收益和風險之間關係的「均值—方差」

模型，後續研究者借此思路在對其進行不斷的修正完善進程中相繼提出了估算收益不確定資本的各種估值模型，諸如跨期資本資產定價法、套利定價法、三因素法、四因素法和剩餘收益法等。儘管這些估值模型能夠在一定程度上合理估算收益不確定資本的預期收益率，但就隱性財務資本而言，這些估值方法的相對合理性決定了對收益不確定的隱性財務資本估值是一個持續的動態演進和完善過程。基於上述分析，隱性財務資本本質上是收益不確定的財務資本，隱性反應出隱性財務資本測度技術和方法的有限性。

（3）隱性財務資本是隱性財務契約關係在利益相關者在創造企業價值的財務活動中的體現。企業利益相關者財務價值創造活動中的利益博弈是一種締結和履行財務契約的博弈。隱性財務契約可能是一種「約定俗成」或「相互默認」的契約，其締結時可能不會像顯性財務契約那樣會對博弈各方的責權利進行成文的明確約定，也可能沒有法律意義上的強制約束力。但如果企業沒有履行隱性財務契約中約定的相關責權利，這時企業現有的、穩定忠誠的客戶就會選擇以顯性或隱性的方式背離企業，其產生的「蝴蝶效應」無疑將直接或間接影響到企業的聲譽資本，其後果是在增強競爭對手對企業的競爭能力、降低企業持續創造價值能力的同時還可能使企業陷入財務困境。比如，在知識經濟時代，顧客導向和企業聲譽資本的維護與提升是企業價值創造的源泉，隨著客戶對企業產品消費需求的多樣性發展，企業生產的同質產品只能導致產品市場份額下降、企業持續競爭能力弱化，進而影響到企業預期現金流入量，加大企業面臨財務狀況惡化的隱性風險。可見，隱性財務資本體現著企業價值創造財務活動中利益相關者相互博弈的隱性財務契約關係，企業價值創造的財務過程隱含著隱性財務契約的作用機理。

二、隱性財務資本分類

分類就是按照事物的特徵對事物進行的分門別類①，是為了深化對事物本質的認識和反應而依據事物特徵來實現由無規律事物向有規律事物質的轉變過程。隱性財務資本分類是為深刻認識和反應隱性財務資本而對其進行的分門別類。隱性財務資本可以從源屬和隸屬兩個角度進行整體上的分類。

（一）隱性財務資本的源屬分類

隱性財務資本的源屬分類是從本源上對隱性財務資本進行的首次分類，主要回答資本、隱性資本、隱性財務資本之間的相互關係。從資本是具有交易價值的一種特殊商品思路分析，資本所有者擁有資本的動機就是為了在資本的相互交易中來實現其價值的保值增值。可見，資本的本質在於價值創造，這樣就可以從微觀的財務學角度進行資本的源屬分類。

1. 第一源屬分類

第一源屬分類是從資本到隱性資本的分類，從整體上回答了財務學資本的結構問題。以資本能否被人體感官識別、對資本的估值確定與否、資本能否反應在財務報表中這三個標準為依據，可以將資本第一次（整體上）區分分為顯性資本和隱性資本兩大

---

① 中國社會科學院語言研究所辭典編輯室.現代漢語辭典 [M].北京：商務印書館，1978：314.

類。顯性資本就是和價值創造相關聯、處於可識別的顯性狀態、能夠對其創造的價值進行精確度量并將其反應在財務報表中的資本；隱性資本就是和價值創造相關聯、處於不可識別的隱性狀態、其創造的價值具有不確定性而無法進行精確度量并將其不能反應在財務報表中的資本。

2. 第二源屬分類

第二源屬分類是從隱性資本到隱性財務資本的分類，從整體上回答了顯性資本和隱性資本的結構問題。依據顯性資本與企業價值創造財務活動之間的關係這一標準可將顯性資本分為顯性財務資本和顯性非財務資本兩類。顯性財務資本就是貫穿企業創造價值財務活動的各個環節、和企業價值創造的財務價值決策相關聯的顯性資本；顯性非財務資本是和企業價值創造的財務價值決策無關的顯性資本。比如，企業籌措的資金處於閒置狀態、暫時或長期沉澱在企業內部就形成典型的顯性非財務資本。

同理，依據隱性資本與企業價值創造財務活動之間的關係這一標準可將隱性資本分為隱性財務資本和隱性非財務資本兩類。隱性財務資本就是潛伏在企業創造價值財務活動的各個環節、和企業價值創造的財務價值決策相關聯的隱性資本；隱性非財務資本是和企業價值創造的財務價值決策無關的隱性資本。比如，收益不確定但沉澱、閒置在企業帳戶上而喪失機會成本的資本。

(二) 隱性財務資本的隸屬分類

隱性財務資本的隸屬分類是在隱性財務資本源屬分類基礎上（解決了從資本到隱性財務資本），根據研究需要而對隱性財務資本進行的二次分類。可從組織屬性、學科演進、行業歸屬、估值測定四個角度對隱性財務資本進行二次分類。

1. 隱性財務資本的組織屬性分類

隱性財務資本的組織屬性分類就是依據組織是否營利這一屬性而對隱性財務資本進行的分類。據此，可將隱性財務資本分為營利性組織隱性財務資本和非營利性組織隱性財務資本。①營利性組織隱性財務資本。營利性組織隱性財務資本是指各種營利性組織在其正常的生產經營活動中可能由於製度因素（如內部控製製度缺陷）、機制因素（如有效激勵不足）、人的因素（如人力薪酬與崗位要求性價比高低不一致）、管理因素（如經營管理者的隱性決策）等因素而引發隱蔽潛伏在營利性組織各個環節和時空的隱性財務資本。②非營利性組織隱性財務資本。非營利性組織隱性財務資本是指各類非營利性組織由於受「潛規則」因素的影響而潛伏、存在并有可能隨時發生的隱性財務資本。通常，非營利性組織又可以分為純非營利性組織和準非營利性組織，相應地，非營利性組織隱性財務資本又可以進一步區分為純非營利性組織隱性財務資本和準非營利性組織隱性財務資本。

2. 隱性財務資本的學科演進分類

隱性財務資本的學科演進分類就是依據財務學演進發展過程中基於不同發展階段的財務目標定位和主要經濟學理論的影響而對隱性財務資本進行的分類。一般而言，最初作為經濟學一門分支學科的財務學在其演進發展過程中主要受到新古典經濟學、新製度經濟學、行為博弈經濟學相關理論的影響。相應地，財務學呈現出由財務管理到財務治

理再到財務協調的演進發展。受新古典經濟學影響的財務管理學的目標定位是利潤最大化；受新製度經濟學影響的財務治理學的目標定位是股東財富最大化；受行為博弈濟學影響的財務協調學的目標定位是企業價值最大化。基於上述分析，可將隱性財務資本按照學科演進區分為隱性財務管理資本、隱性財務治理資本和隱性財務協調資本。

（1）隱性財務管理資本。隱性財務管理資本指以利潤最大化財務目標為導向，在實現這一目標的財務活動及各個環節中，企業在管理方面的缺陷可能產生、存在的隱性財務資本。已有研究文獻中論述最多的隱性成本是典型的隱性財務管理資本。比如，內部製度、內部機制、員工行為等因素共同作用導致的由機會成本惡性循環誘發的隱性成本和管理混亂成本惡性循環誘發的隱性成本就是典型的隱性財務管理成本。一方面，管理方面的缺陷可能導致機會成本，從而形成機會成本的惡性循環引發企業的隱性成本；另一方面，管理方面的缺陷可能也導致管理混亂成本，從而形成管理混亂成本的惡性循環同樣引發使企業的隱性成本。

（2）隱性財務治理資本。隱性財務管理資本指以股東財富最大化財務目標為導向，在實現這一目標的財務戰略活動及各個環節中由於公司治理的不完善、財務控製權分配的缺陷可能產生、存在的隱性財務資本。隱性資本成本是隱性財務治理資本的典型。股東財富最大化實際上是以公司大股東財富最大化為前提。這樣，以股東財富最大化財務目標為導向就會引起經營管理者忽視非上市公司的財富創造和廣大中小股東的隱性利益索求權，其結果必然導致公司外部治理中資本市場法律環境治理的不完善和公司內部治理中存在的「一股獨大」「內部人控製」等侵害廣大中小股東利益的治理失效問題等異質性行為的發生，從而扭曲上市公司和非上市公司的資本結構。隱性資本結構就是資本結構的隱性扭曲和公司治理失效的隱性反應，隱性資本成本就是隱性財務治理資本的表現。

（3）隱性財務協調資本。隱性財務協調資本指以企業利益相關者價值最大化財務目標為導向，在實現這一目標的財務戰略活動及體現財務戰略關係的各個環節中由於隱性契約的不完備性可能產生、存在的隱性財務資本。知識經濟時代價值創造相應日益突顯的客戶資本、聲譽資本、品牌資本、關係資本等就是典型的隱性財務協調資本。企業價值創造是企業利益相關者依據財務契約賦予的責權利（如政府期望獲得稅收收益、債權人期望獲得利息收益）在創造價值的財務戰略活動中共同實現的。由於客戶資本、聲譽資本等柔性資本主體的利益要求權更多體現為受隱性財務契約約定俗成式的約束，為此企業經營管理者就必須協調企業利益相關者方方面面的財務關係來平衡基於隱性財務契約的利益專屬權，這樣就可能引發隱性財務協調資本。

3. 隱性財務資本的行業歸屬分類

隱性財務資本的行業歸屬分類就是將隱性財務資本按照所屬行業進行的分類。根據《中國證監會上市公司行業分類指引》6分類結構與代碼，中國上市公司被分為：A. 農、林、牧、漁業；B. 採掘業；C. 製造業；……M. 綜合類等13個行業。據此，可將隱性財務資本依據行業歸屬具體分為：①農、林、牧、漁業隱性財務資本；②採掘業隱性財務資本；③製造業隱性財務資本；……⑬其他行業隱性財務資本。

4. 隱性財務資本的估值測度分類

隱性財務資本的估值測度分類就是將隱性財務資本能否被現有估值測度技術或方法在可容忍誤差區間內進行較為準確的估算而進行的分類。據此，隱性財務資本可分為可測度隱性財務資本和不可測度隱性財務資本兩類。

（1）可測度隱性財務資本。可測度隱性財務資本是指能夠被現有估值測度技術或方法在可容忍誤差區間內進行較為準確估算的隱性財務資本。顯然，一方面，可測度取決於現有估值測度技術或方法在隱性財務資本估值實踐中的應用範圍和應用效果，只要被估值實踐在大範圍并且對估值結果具備較強解釋能力的估值測度技術或方法就是能夠測度隱性財務資本的技術或方法。另一方面，還取決於實證結果的誤差。只要實證誤差在可容忍誤差區間內，同樣也是能夠測度隱性財務資本的技術或方法。

（2）不可測度隱性財務資本。不可測度隱性財務資本是指不能夠被現有估值測度技術或方法在可容忍誤差區間內進行較為準確估算的隱性財務資本。對此可進行如下理解：受制於估值技術使得現有測度技術或方法較難測度的隱性財務資本（如核心競爭力資本等）；現有測度技術或方法估值的結果超出可容忍誤差區間的隱性財務資本（如聲譽資本、品牌資本等）；不確定性太大無法納入測度範圍內的隱性財務資本（如個體或家庭中處於沉澱、閒置狀態的資本）。綜上分析，可以將隱性財務資本分類用圖1-4歸納如下。

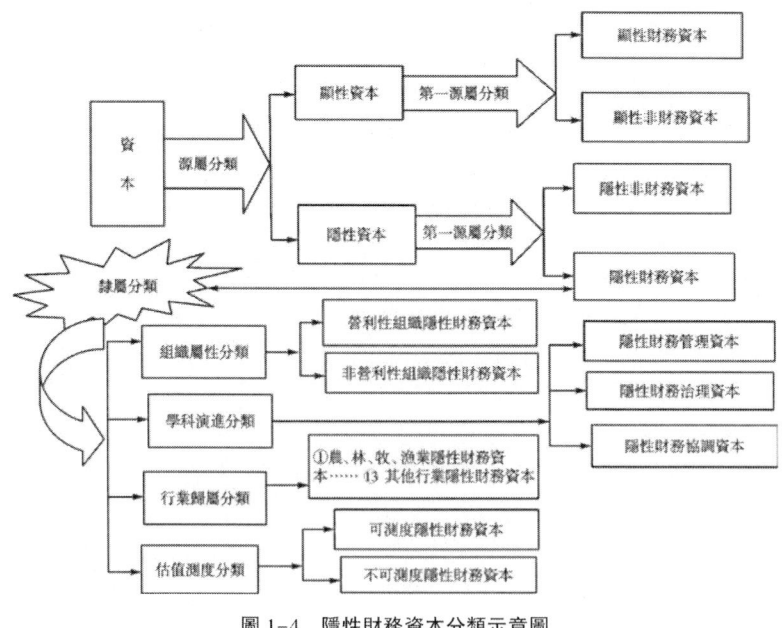

圖1-4　隱性財務資本分類示意圖

三、隱性財務資本特徵

所謂特徵就是某一事物（某一類事物）用來區別某一事物（某一類事物）之所以是彼事物（彼類事物）而不是此事物（此類事物）的質的規定性。這種質的規定性是人們通過對某一事物（某一類事物）各種表現形式的邏輯抽象，形成可識別的、能夠刻畫、描述某一事物（某一類事物）的整體標誌性屬性。隱性財務資本的特徵就是能夠將隱性財務資本和非隱性財務資本區分開來的、隱性財務資本所特有的一種質的規定性，這種質的規定性整體上描述了其標誌性屬性。隱性財務資本的基本特徵可刻畫如下：

1. 在與顯性財務資本并存中貫穿於企業財務價值決策的各個環節

隱性財務資本和顯性財務資本的相互依存性既體現出兩者共同創造企業價值的價值屬性，又反應出隱性財務資本對企業財務價值決策的特有意義。毫無疑問，就兩者共同創造企業價值的相互依存性考察，顯性財務資本的現實存在和表現是隱性財務資本客觀存在的基礎和載體，同時，分散潛伏在企業採購、財務、人力資源等各個部門的隱性財務資本在消耗掉企業一定的資源後也會反作用於顯性財務資本。這樣，針對可能體現時間連續性而潛在的隱性財務資本，如果企業對其不能夠獲取充分的信息、採取科學可行的方式及時事前、事中、事後管控和處置，那麼，現在科學的財務價值決策行為可能在未來會由於隱性財務資本的影響而導致決策失誤結果，給企業預期的財務價值決策績效帶來重大損失。「財務價值創造無處不決策」成為貫穿整個財務循環的一條紅線，是企業財務價值決策的最基本理念和指導原則。從財務價值創造目標定位起始到財務價值創造過程（比如財務籌資過程決策、財務投資過程決策、財務資本營運管理過程決策等），再到到財務價值戰略決策過程，進而到財務價值估值決策過程，最後到財務價值分配決策過程等都時時處處體現著「財務價值創造無處不決策」。與之相對應，在財務價值創造無處不決策的財務活動中又時時處處折射出隱性財務資本的「影子價格效應」。「決策有用觀」是支撐財務價值決策的基本理論，為企業利益相關者創造價值，在財務資本保值增值的基礎上實現企業價值最大化的財務目標定位是「決策有用觀」對財務價值決策本質的內在要求。就新經濟時代的財務價值決策而言，由於隱性財務資本對企業價值創造的貢獻度，由企業的管理激勵機制、人力資本自身因素等因素誘發的隱性財務資本會體現出時間的連續性，在企業的持續經營過程中隱性財務資本就會隨著時間的推進而不斷累積并體現或轉移在將來成本中。因此，如何科學度量與財務價值決策相關的隱性財務資本成為新經濟時代衡量企業財務價值決策科學與否、高效與否的關鍵要素。

2. 不確定的表外資本

不確定性是隱性財務資本的本質屬性。宏觀潛伏形態的不確定性、動態發生的不確定性、涉及範圍的不確定性共同構成隱性財務資本不確定性特徵的框架。就宏觀潛伏形態的不確定性分析，不同形式經濟主體現在有意識或無意識的經濟行為可能導致隱性財務資本隱蔽潛伏在經濟組織的各個環節。「漏鬥效應」表明隱性財務資本為企業創造的收益和利潤現在已經被侵蝕或將要被侵蝕，這種侵蝕不能精確預測其發生與否，這種侵蝕的程度不能夠進行精確的測度。對企業而言，隱性財務資本可能隱蔽潛伏在企業生產

製造、運輸銷售、售後服務等各個環節，同時由於隱性財務資本的形成、核算對象一般以企業組織整個生產過程為基礎，因此從宏觀形態上突顯出顯著的不確定性。就動態發生的不確定性分析，隱性財務資本與企業的各種柔性因素（比如企業管理者的經營風格和理念、企業的管理模式和激勵機制、人力資本的能力素質等）相關聯，柔性本身是一種不確定性。企業的各種柔性因素決定了企業的隱性財務資本發生與否、何時發生、以何種方式發生等現在都感知不到，可能在現在感知不到因此難以管控的由量變到質變不斷累積的過程中通過爆發形式表現出來，形成與顯性財務資本相比較而言最顯著的區別，體現出動態發生的不確定性。同時，隱性財務資本可能表現為營利性組織的隱性資本，也可能表現為非營利性組織的隱性資本，這是隱性財務資本涉及範圍的不確定性特徵。

另外，知識經濟時代，顯性財務資本創造價值的收益空間已相對有限，加之作為一種經濟資源，顯性財務資本的稀缺性、有限性也制約著其很難在企業價值創造過程中起到主導作用。相比較而言，智慧資本、客戶資本、關係資本、企業品牌形象資本、聲譽資本、核心競爭力資本等隱性財務資本在企業價值創造中發揮的「1+2≥3」或「1+2=4」的「價值創造溢出效應」越來越顯著，越來越成為企業實施低成本領先戰略、實現企業可持續價值創造能力保持和提升的決定性因素。比如，實體資本規模較小，品牌形象資本、聲譽資本較大的×××會計師事務所、×××資產評估事務所的主營業務收入、淨利潤相比較之下卻十分巨大；連年資不抵債致使連年虧損的北電網路由於淨負債約10億美元陷入財務困境而破產。然而，破產後的北電網路卻在資本市場上有著巨大的市場價值潛力，4,000多項專利在資本市場上的收購價一路走高，拍賣收益約為45億美元[①]。儘管如此，和能夠進行會計核算反應的顯性財務資本相比較，現行財會製度在對隱性財務資本進行會計確認、記錄、計量、報告等的核算流程中，某一核算流程或者某幾個核算流程的無法實施決定了只能將其歸屬為表外資本并在表外進行反應和披露。

3. 現有測度方法和資本市場上財會數據信息的質量決定著隱性財務資本的估值

對隱性財務資本進行較為準確的確認、計量、記錄、報告是隱性財務資本顯性化後由表外資本向表內資本轉換的必由之路。這一顯性化途徑又受制於測度方法的創新性和資本市場上財會數據信息的可信賴性。就隱性財務資本估值方法的創新性分析，估值技術的實踐需求推動著隱性財務資本測度技術的動態創新性。以1958年Modigliani和Miller提出的MM理論為標誌，隱性財務資本估值技術經歷了由事後測度向事前測度轉化的質的飛躍和變遷。事後測度技術源自Irving Fisher最初提出的用概率分布來衡量金融資產預期收益思想，經過股票定價的Williams股利貼現模型、估算預期收益和風險的Markowitz均值—方差模型、估算股利折現增長的Gordon和Shapiro模型等估值方法的發展，事後測度技術已趨於日臻完善。日臻完善的事後測度技術使得隱性財務資本向顯性化和會計核算化的目標導向越來越接近。同時由於不涉及或很少利用財務報表提供的會計信息進行隱性財務資本估值，日臻完善的事後測度技術的局限性也越來越明顯。在此

---

① 黃賢濤，劉洋. 創新驅動發展時代 知識產權資產化難題如何破解？[N]. 經濟日報，2012-12-21.

前提下，充分利用財務報表提供的會計信息對隱性財務資本進行估值的以剩餘收益模型為代表的現代隱性財務資本估值方法就越來越突顯出其應有的價值，并日益呈現出以事前測度為主導、事後測度和事前測度緊密結合的創新性趨勢。事實上，無論是測度隱性財務資本的事後估算技術還是測度隱性財務資本的事前估算技術，每一次創新性方法、模型的提出都是後續研究者在繼承先驅研究者思想、觀點基礎上對隱性財務資本現有測度方法的創新性拓展和創新性突破，而這些不同的隱性財務資本測度技術在創新性豐富隱性財務資本估值方法的同時也奏響了隱性財務資本會計化應用的序曲。

需要說明的是將隱性財務資本的特徵歸納為上述三個方面可能僅涉及隱性財務資本最基本的屬性特徵，不確定性決定了對隱性財務資本特徵的描述是一個不斷對隱性財務資本深化認識和反思過程，也是一個隨估算技術的創新完善而逐步顯性化、會計化的動態過程。

四、隱性財務資本內容

由於隱性財務資本的內容構成是一個隨著人們對隱性財務資本認識深化而動態變遷的過程。因此，我們在此只對該命題進行一些比較粗淺的分析探討。根據財務學恆等式：資產＝資本進一步可得到隱性資產＝隱性資本＝隱性債務資本＋隱性股權資本。公式：隱性資產＝隱性債務資本＋隱性股權資本，揭示出隱性財務資本內容構成的三個方面：隱性資產、隱性債務資本、隱性股權資本。

（一）隱性資產

隱性資產位於財務學資產負債表左邊，由金融資本、客戶資本、關係資本、聲譽資本、隱性質量資本構成。

1. 金融資本

金融資本就是資本資產定價模型中的資本資產，也就是人們熟知的金融資產。金融資產與實體資產（房屋、建築物等）相對應，具有資本市場投資交易價值，當金融資產持有者進行投資時能為其帶來當期或預期收益的資產。持有金融資產相當於擁有者具有金融市場上的一種無形追索權從而使得持有者就具備了追索實物資產的某種權利。金融資產包括在金融市場上從事投資買賣交易的各類金融工具（現金、銀行存款、股票、債券等）。之所以將金融資本納入隱性財務資本，一方面、取決於金融資本的當期或預期收益具有不確定性是一種風險收益；另一方面、已經被國內外實證研究檢驗具有很強估值實踐可行性的隱性財務資本第一估值模型 CAPM 揭示了對金融資本不確定性風險收益進行估值的基本思路和應用程序。

2. 客戶資本

客戶資本也就是顧客資本。馬斯·斯蒂沃特認為客戶資本是客戶關係資產的價值抽象，屬於企業的經營性資本範疇，企業人力資本、結構資本、顧客資本的耦合就構成企業的智力資本[①]。羅蘭·拉特斯（2001）認為顧客資產是一種能夠為企業產生將來預期

---

① 李浩，戴大雙.西方智力資本理論綜述 [J].經濟經緯，2003（6）：43-45.

收益的稀有性戰略資源。由於客戶資本符合貨幣計量屬性且產權歸屬企業，因此也是企業的實體客戶資源①。本質上，為企業創造超過正常利潤的超額收益的顧客資本是企業擁有或控制的一種能夠將價值創造性和稟賦稀缺性及其難以模仿性融為一體的戰略性資源，企業擁有或控製客戶資本的目標在於為企業持續創造超額收益，從而使得企業保持可持續的競爭優勢。

客戶資本價值是企業在對客戶關係資源、品牌服務關係等企業的戰略性資本的投資中實現其預期收益的。這些戰略性資本投資獲取的價值有的能夠用貨幣計量，有的不能夠用貨幣計量。無論如何，客戶資本價值是企業預期獲取的長期客戶關係價值收益和品牌服務價值收益的集合體。即客戶資本價值等於客戶關係價值收益加上品牌服務價值收益。其中，品牌服務價值是客戶關係價值的基礎，企業只有在向客戶提供了其感到滿意的品牌需求和服務時，才會形成客戶和潛在客戶對企業某一品牌的忠誠度。這種忠誠度的貨幣化過程就是企業超額價值的創造過程。在這一價值實現過程中，不能夠用貨幣計量的品牌忠誠度價值收益形成隱性財務資本收益。

3. 關係資本

關係資本是一種特殊的無形資本，企業利益相關者之間的「關係」資源是形成這一種特殊無形資本的前提。以企業內外部利益相關者之間不同的需求目標定位為導向，通過對已經存在於企業內外部利益相關者之間的「關係」資源或將要存在於企業內外部利益相關者之間的「關係」資源進行長期的戰略性投資和持續經營而形成的無形資本。這種無形資本保證了企業在可持續競爭中能夠獲得獨特的可持續競爭優勢，為內外部利益相關者創造出關係租金收益，這種關係租金收益可能是由於對關係資本的壟斷而形成的資源壟斷性租金收益（張伯倫租金收益），也可能是由於關係資本的相對稀缺性而形成的資源稀缺性租金收益（李嘉圖租金收益），還可能是由於關係資本的難以模仿性和無法替代性而形成的資源創新性租金收益（熊彼特租金收益）②。由於這種租金收益是一種不能夠精確估值的不確定性戰略資源收益，在此意義上，關係資本構成了隱性財務資本的內容。

4. 聲譽資本

Charles Fombrun（1996）認為企業聲譽波動變化時的價值表現就是聲譽資本③。Kevin T. Jackson認為聲譽資本產生於企業自身在市場交易中的誠實守信經營和在具體交易過程中交易的公平性，是企業擁有的表外無形戰略資本，會對企業的可持續發展產生決定性影響④。聲譽資本收益就是聲譽的資本化收益，是聲譽資產價值的資本化，是在企業創建初期以存量形態存在的聲譽資產向以存量、流量形態並存的現有聲譽資產轉換的循環過程中來實現聲譽資本預期收益的。聲譽資本預期收益是一種不確定性收益，是

---

① 羅蘭・拉特斯，等．駕馭顧客資產——如何利用顧客終身價值重塑企業戰略 [M]．北京：企業管理出版社，2001．
② 楊孝海．企業關係資本與價值創造關係研究 [D]．成都：西南財經大學，2010：39．
③ 崔英蘭．中國國有企業聲譽資本管理問題研究 [D]．長春：吉林大學，2011：5．
④ 崔英蘭．中國國有企業聲譽資本管理問題研究 [D]．長春：吉林大學，2011：5．

現有聲譽資產預期收益折現值和創建初期聲譽資產預期收益折現值的差值。隨著期初聲譽資產向現有聲譽資產循環轉化過程的重複遞進，企業聲譽資產在累積推進中為企業創造出越來越多的財務價值。因此，聲譽資本是企業隱性財務資本的構成內容。聲譽資本對企業價值創造的超值貢獻在 Evin Black 等人的研究中得到了證明：聲譽評分每增加或減少 1 分，公司市場價值將會相應增加或減少 5 億美元。[1]

5. 隱性質量成本

一般而言，質量成本由合格品成本和不合格品預期收益損失（不合格品預期成本增加）構成。合格品成本是企業在產品質量標準要求引導下，為使自己生產出來的產品達到質量標準而支付的正常的成本費用，不合格品預期收益損失是企業由於生產出來的產品不符合質量標準而給企業造成的不確定性收益損失。質量成本可進一步區分為顯性質量成本和隱性質量成本兩類。隱性質量成本損失是指企業因為生產的產品質量不合格或者合格產品由於質量的波動導致的企業內外部預期收益損失。這部分預期收益損失具有不確定性，因此構成企業的隱性財務資本。

（二）隱性債務資本

1. 財務困境資本

不同研究者在現有不同研究文獻中，常常將財務困境這一概念和財務危機、違約風險、財務破產等概念相互提及使用，并沒有加以區分。財務困境源自對 MM 理論的修正，即當企業存在債務籌資偏好，更多的債務籌資在引起資本結構槓桿比例發生變化的時候能否使企業獲取額外的利得從而增加企業價值？企業過多傾向於負債融資短期會造成企業流動資金週轉的短缺，而隨著長期負債的增加，長短期債務風險可能會使企業面臨資不抵債而發生財務危機并陷入財務困境，最嚴重時企業就會因為財務破產而被破產清算。可見，就企業違約風險過程分析，四個概念在企業處於財務困境的過程中達到了統一。即企業高度負債經營可能引發其財務狀況的惡化而陷入財務困境中。在這種狀態下，企業是無法償付不同類型的到期債務（或將要到期債務）的。這一狀態的持續過程就是企業違約風險的產生過程。在這一過程中，企業可能發生財務危機，最終引發財務破產。

財務困境資本包括：①企業在陷入財務困境過程中所失去的經營管理機會成本的現值；②由企業價值抵減而增加的企業剩餘損失的現值；③監管激勵成本等代理成本的現值。通常，財務困境資本由財務困境直接資本和財務困境間接資本構成[2]。和財務困境直接資本相比較，財務困境間接資本是由於企業過度負債經營而引發機會成本的失去或由於不確定性財務困境成本導致加權平均資本成本增加而引發公司價值抵減。機會成本失去、公司價值抵減具有的不確定性使得財務困境資本成為構成隱性債務資本的內容之一。

---

[1] 畢楠. 基於聲譽資本的企業社會責任價值創造機理研究 [D]. 大連：東北財經大學，2012：22.

[2] Baxter N. Leverage, Risk of Ruin and the Cost of Capital [J]. Journal of Finance, 1967 (22).

2. 表外融資資本

表外融資資本指企業出於各種表外融資動機（降低資產負債率優化經營績效、消除歷史成本計量信息的影響等），採用現行財會製度允許（或禁止）的相關方式（如融資租賃、附追索權應收票據貼現、應收帳款轉讓、特殊目標主體、資產證券化、衍生金融工具等）進行融資時，導致企業利益相關者可能實現的表外資產預期收益、可能發生的表外負債成本和可能發生的預期收益損失。表外融資資本能否存在及其預期收益或損失的大小取決於企業不同的表內外融資方式。企業表外融資在盤活其存量資金的同時也會虛增其資產和利潤并隱藏其債務，都會給現有（或潛在）利益相關者帶來不確定性的收益或損失。因此，表外融資資本具有隱性債務資本的相關屬性，是隱性財務資本的組成部分。

(三) 隱性股權資本

隱性股權資本是普通股資本投資者購買普通股股票後期望獲取的最低預期報酬。和優先股股東相比較，由於普通股預期收益不可能在招股說明書中進行事先約定，只能根據普通股未來收益扣除稅（政府所得稅）費（股權融資的成本費用，如普通股成本、優先股成本等）後的剩餘進行分配，因此，普通股股票收益具有不確定性。上市公司股票預期淨現金流入量增加時其 EBIT 也相應增大，這樣扣除稅費後的會計盈餘相應增大，這時可供普通股股利分配的會計盈餘也會增大，普通股股利收益就越多；相反，普通股股利收益就越少。可見，普通股預期股利收益具有較大不確定性，從而構成隱性財務資本。

第三節　隱性財務資本理論基礎

與企業價值創造緊密相關但收益不確定、不能精確估值的表外資本，潛伏在財務活動時空的各個環節等基本屬性表明，作為與企業各種財務價值決策相關聯、收益不確定的表外財務戰略要素資本，隱性財務資本詮釋著財務價值戰略決策過程中企業利益相關者的財務關係。因此，從隱性財務資本蘊含戰略性財務關係思路出發，與企業價值創造相關聯的公司資本結構優化，與公司財務治理相關的財務控製權的安排和平衡等源於隱性財務契約理論的思想成為分析隱性財務資本機理的理論根源。基於收益不確定的表外資本思路分析，以會計信息為基礎的財務估值理論成為估算隱性財務資本收益的理論根源。隱性財務資本估值要解決的核心問題就是如何較為精確地估算隱性股權資本從而確定 WACC，在此基礎上才能夠將企業創造價值的大小用 EVA 來定量衡量。同時財務戰略矩陣由於能夠較為直觀地表示 WACC 和隱性財務資本預期收益率之間的績效關係而克服 EVA 具體運算過程的繁瑣性和減少龐大的工作量。可見，就財務價值決策實踐分析，EVA 理論和財務戰略矩陣理論成為隱性財務資本測定應用的理論根源。需要說明的是，影響隱性財務資本的理論可能不僅僅局限於上述分析中提到的四種理論，但隱性財務契約理論、財務估值理論、EVA 理論、財務戰略矩陣理論無疑是分析隱性財務資本的基礎

理論。

一、隱性財務契約理論

財務契約是對企業利益相關者追求各種財務利益的行為方式進行的顯性或隱性的約定和規範，是對各種顯性或隱性的財務責權利進行的配置和平衡，反應著作為契約集合的企業治理方式和財務治理關係。隱性財務契約就是隱性契約集合和不完全財務契約集合的交集，是在對隱性契約和不完全財務契約共性部分進行理論耦合的基礎上得出的創新理論。隱性財務契約的價值體現在用來分析企業的資本結構與企業的價值創造。

（一）隱性財務契約基本機理

隱性財務契約基本機理體現在隱性財務契約的模式、構成和作用機制等方面，考察隱性財務契約的不同觀點來理解隱性財務契約是分析財務契約基本機理的基礎。

《新帕爾格雷夫經濟學大辭典》認為隱性契約是一種假定契約，是從理論上對勞動力市場中存在的出讓方和受讓方之間約定俗成、彼此默認的複雜書面協議所進行的一種契約假定[1]。Bull（1987）將隱性契約看作是勞動力市場上勞動力出讓方在被受讓方雇傭前後與受讓方之間所進行的、重複的非顯性納什契約博弈均衡協議[2]。Cornell 和 Shapiro（1987）認為買賣雙方在對產品、服務締約時由於對締約對象的不可預見性使得締約雙方的責權利不可能完全在契約中顯性表示。這樣，任何締約一方的違約成本就無法在契約中明確，從而在一定程度上體現出責權利的模糊性特徵和違約成本的隱性特徵。同樣，企業違約成本對其財務狀況、經營成果、現金流量的影響間接而隱性[3]。李向陽（1999）認為交易契約締結時形成的交易關係具有約定俗成的默認性質，既缺少監督契約實施的機構，也無法以書面文字形式明確約定違約方違約時應受到哪些機制明確的約束、懲罰機制，因而締結的這種契約就以隱性形式存在[4]。程宏偉（2005）將隱性契約理解為一種不確定性製度安排，這種製度安排的具體體現是企業利益相關者隱性擁有的對企業產品和服務的一種追索權，企業利益相關者購買了產品、消費了服務意味著這種隱性追索權的最終全部轉移，這種不確定性製度安排也保證了當締約雙方面臨不確定事項時締約雙方能夠實現不同的交易效應[5]。

可見，隱性契約是顯性契約的替代形式，是防範締約雙方發生機會主義行為的一種製度安排。替代形式表明隱性契約由顯性契約固有的不完善性派生，是對顯性契約的一種有益的補充。製度安排表明隱性契約試圖借助市場機制以非強制性約束作用來解決締

---

[1] 約翰·伊特韋爾，等. 新帕爾格雷夫經濟學大辭典 [M]. 北京：經濟科學出版社，1992：791.

[2] Bull C. The Existence of Self-enforcing Implicit Contracts [J]. Quarterly Journal of Economics，1987，102（1）：147-159.

[3] Cornell, Bradford and Alan C. Shapiro. Corporate Stakeholders and Corporate Finance [J]. Financial Management，1987（Spring）：5-14.

[4] 李向陽. 企業信譽、企業行為與市場機制：日本企業製度模式研究 [M]. 北京：經濟科學出版社，1999：11.

[5] 程宏偉. 隱性契約與企業財務政策研究 [D]. 成都：西南財經大學，2005：38.

約雙方機會主義行為的可能發生，如果締約一方實施了機會主義行為，這種製度安排能夠使違約方失去不確定性收益。

1. 隱性財務契約基本模式

（1）Aghion & Bolton 模式。1992 年，Aghion 和 Bolton 提出了通過財務控製權配置來解決締約雙方無效益選擇行為的思路，這就是所謂的 Aghion & Bolton 模式①。該模式用來分析當締約雙方存在不同的資本投融資行為，不同的行為對應不同的收益狀態。同時，締約雙方財務目標的不一致可能導致雙方財務行為的不同選擇。在上述前提下，該模式要解決的是如何配置資本供給方（投資者）和資本需求方（經營者、企業家）的財務控製權來解決雙方財務行為選擇的無效益性。其基本思路是將資本需求方價值創造約束因素導入 1986 年 Grossman 和 Hart 提出的縱向一體化模型後，通過對該模型的拓展修正來回答受隱性債務契約約束并且處於不同財務狀態下的財務控製權配置機制應該怎樣設計才是能夠實現締約雙方財務目標的最優機制。通過構造財務控製權配置順序的二級博弈模型，Aghion 和 Bolton 解決了基於隱性債務契約的最優財務控製權配置機制這一命題。

（2）Berglof & Thadden 模式。1994 年，Berglof 和 Thadden 提出了能夠解決在受制於隱性財務契約約束的前提下，資本需求方財務戰略違約行為和資本供給方無效率財務清算行為的 Berglof & Thadden 模型②。他們認為受隱性財務契約約束時，資本需求方由於對短期資本、長期資本等不同的資本需求會導致債權人、股東等資本供給方進行短期債務資本投資、短期股權資本投資、長期債務資本投資、長期股權資本投資等資本投資的動機。資本供給方不同的資本投資動機會導致不同的資本結構，實現這些不同類型資本結構的優化思路對資本需求方而言，就是避免其財務戰略違約行為發生的思路，對資本供給方而言是避免其無效率財務清算行為發生的可行途徑。這一優化思路就是將債權人、股東等資本供給方的收益追索權通過本期和非本期的會計期間進行長短期剝離，從權力配置和收益獲取兩方面使短期債權人的固定收益追索權優先於長期股權人剩餘收益追索權，這種途徑在合理配置財務控製權的同時也實現了通過隱性財務契約來優化企業資本結構的目標。

（3）Dewatripont & Tirole 模式。該模式用來分析財務控製權在企業利益相關者之間不同的内外部配置和轉移與內部人隱性資本結構治理的命題。經營者、企業家等企業內部人在締結隱性財務契約時存在明顯的資本經營偏好，如存在對認股權證等有形資本的剛性需求，又存在對關係資本等無形資本的彈性需求，這樣如何通過財務控製權的配置來抑制企業內部人的這種偏好成為締結隱性財務契約時必須解決的問題。1994 年，Dewatripont 和 Tirole 提出當隱性財務契約對企業內部人的激勵約束機制功能難以發揮時，通

---

① Aghion P. and Bolton P. An Incomplete Contracts Approach to Financial Contracting [J]. Review of Economic Studies, 1992 (59): 473-494.

② Berglof Erik and Ernst-Ludwig von Thdaden. Short-Term Versus Long-Term Interests: Capital Structure with Multiple Investors [J]. The Quarterly Journal of Economics, 1994 (109): 1055-1084.

過向短期債權人、長期債權人、股東等企業外部人配置財務控製權來實施財務控製權由內部人向外部人的適度轉移可以實現對內部人激勵懲罰的相融，是對內部人進行隱性資本結構治理的可行途徑。

2. 隱性財務契約的構成和作用

就隱性財務契約的構成要素分析，對不同隱性利益的追求是企業利益相關者締結隱性財務契約的基礎。可見，隱性財務契約是締約主體出於對締約客體預期財務利益為導向來實現其預期締約財務目標的基本途徑。就此意義而言，財務締約主體、財務締約客體、財務締約目標是構成隱性財務契約的基本要素。①財務締約主體。財務締約主體就是締結隱性財務契約各種不同的締約方（締約人），通俗的理解就是企業利益相關者。為在締結隱性財務契約時能夠獲取對各種預期財務利益的歸屬性責權利，各種不同的財務締約主體就會通過不同類型的市場渠道向企業投入各種能夠創造財務價值、實現財務資本價值保值增值必須的專用性投資資本。同時，為避免自己投入專用性投資資本的預期收益可能會被其他投資方出於自利本能和機會主義行為的侵蝕而減少，財務締約主體存在通過締結隱性財務契約，憑藉契約的約束來實現自己歸屬性的資本預期收益，並通過契約保障自己預期收益連續實現的理性預期。這樣就必須成立法律意義上的企業來進行財務締約主體理性預期的財務契約締結，其結果是締結并形成隱性財務契約系統。②財務締約客體。財務締約客體就是隱性財務契約的締約對象（締約標的物），形式上表現為對預期收益不確定的戰略性要素資本收益追索權、財務控製權等各種不同的財務締約主體責權利的隱性配置和分割分配。確定隱性財務契約財務締約客體的過程就是對利益相關者投入企業預期收益不確定要素資本的收益追索權、財務控製權等各種責權利在動態博弈過程中進行隱性配置的過程。其結果表現為不同類型的隱性財務契約，如企業的供應商、客戶出於擁有對產品和服務消費的追索權而與企業締結的商品買賣契約；股東出於擁有對股利、息稅後收益追索權而與企業締結的隱性股權契約等。③財務締約目標。財務締約目標就是對締結隱性財務契約時存在的企業利益相關者不同利己財務目標在協調後所形成的共性財務目標，是不同利己財務目標共性集合的耦合。這一共性財務目標就是企業利益相關者價值最大化，即隱性財務契約的財務締約目標就是企業利益相關者價值最大化。企業利益相關者價值最大化反應了在企業可持續價值創造能力提升導向下通過隱性財務契約的締結而實現企業財務治理機制優化的邏輯命題。

就隱性財務契約發生作用的機理分析，隱性財務契約的作用機理是以締結隱性財務契約時企業利益相關者獲取預期隱性利益為導向，履行隱性財務契約時以利益追逐機制、法律保障機制、競爭規制機制、倫理約束機制[①]等機制為利益驅動，在隱性財務契約組成要素系統和內外部契約環境系統的相互作用下動態實現企業利益相關者預期財務利益的過程。利益追逐機制、法律保障機制、競爭規制機制、倫理約束機制既是隱性財務契約發生作用的驅動因素，也是構成內外部契約環境系統的關鍵要素。其中，①利益追逐機制是對企業利益相關者履行隱性財務契約程度的一種激勵和約束機制。這一機制

---

① 程宏偉.隱性契約與企業財務政策研究 [D]. 成都：西南財經大學，2005：44.

以實現企業利益相關者財務價值最大化為前提，通過企業外部利益相關者對企業價值創造的影響來實施對企業內部經營管理者的激勵和約束。企業經營管理者假如履行了隱性財務契約約定的責權利，外部利益相關者就會通過增加對企業產品或服務的需求來提升企業經營管理者創造財務價值的績效，以體現對其履約的激勵作用；反之，如果經營管理者部分履約或違約，外部利益相關者就會通過懲罰性的棄置行為來實施對企業預期財務利益直接或間接的侵蝕，以體現對經營管理者的約束作用。②法律保障機制是對隱性財務契約締結和履行的一種間接規範，是在法律對顯性財務契約強制約束力的間接傳遞中通過降低隱性財務契約的市場交易成本和摩擦成本來實現的。同時，法律保障機制也對企業競爭對手的惡性競爭方式予以強有力的約束，使隱性財務契約的締結和履行建立在合法基礎上。③競爭規制機制就是企業外部利益相關者依據隱性財務契約賦予的權力，當企業存在違約行為時能夠對其實施有效懲罰的一種機制，也是對壟斷性企業試圖依據壟斷地位而選擇其他利益相關者締結隱性財務契約以獲取預期壟斷租金收益的一種有效規制方式。④倫理約束機制就是能夠拓展締結隱性財務契約各締約方的締約條件和履約多樣性途徑的一種機制。

（二）隱性財務契約與企業價值創造

在隱性財務契約與企業價值創造實踐中，一般從企業內部利益相關者（經營管理者等）和企業外部利益相關者（股東、債權人等）所締結的隱性債務契約、隱性股權契約等方面來探討隱性財務契約對企業價值創造的作用。

1. 隱性債務契約與企業價值創造

1976年，Jensen和Meckling在分析企業利益相關者締結不完備財務契約時發現由於信息不完全、不對稱可能產生的股權代理成本和債權代理成本會使企業投資可能出現「無效率」；靜態權衡理論認為企業負債經營的價值可能隨着負債增加而增大，也可能隨着負債的增加而減少。此後，對隱性財務契約和企業價值之間關係的後續研究形成兩種不同的分析思路和實證檢驗結論：隱性財務契約有助於增加企業價值，隱性財務契約無助於增加企業價值。

（1）隱性債務契約有助於增加企業價值觀。有助於增加企業價值觀的分析思路體現在利息股息稅收效應、負債經營現金流量效應、資本結構效應、財務控製權配置效應四個方面：①就利息股息稅收效應看，稅前扣除的債權人利息和稅後支付的股東股利能夠抵減企業所得稅從而增加企業價值；②從負債經營現金流量效應看，企業的適度負債能夠減少經營者自由處置并盲目投資轉移的現金流，是對企業現金流的一種財務保全，對企業現金流進行財務保全是避免企業創造價值流失進而增加企業價值的可行途徑；③從資本結構效應分析，企業的適度負債在優化資本結構的同時有助於降低所有者和經營者之間的代理成本而增加企業價值；④從財務控製權配置效應分析，債權人為防範企業大量負債時因為經營者擅自改變資金用途可能引發的財務困境，就會通過隱性債務契約來設置資金使用的限制性條款從而間接增加企業價值。

（2）隱性債務契約無助於增加企業價值觀。企業所有者可能會實施以隱性侵蝕企業其他利益相關者價值為代價的高風險投資替代或者低風險投資不足等機會主義投資行

為。這種機會主義投資行為是對隱性財務契約的違約和對企業其他利益相關者資本預期收益的侵蝕，其結果導致了企業價值的減少。從中國企業負債融投資實踐看，無論是國有企業負債融投資的「產權同源性價值效應」，還是非國有企業負債融投資的「產權歧視性價值效應」，都降低了企業創造的價值。「產權同源性價值效應」表明國有金融機構和國有企業產權的同源性使得國有企業可以用較低的資本成本從國有金融機構籌集大量外部資金，但國有金融機構對國有企業資金具體用途的低效管控追蹤在增大資本收益風險的同時隱性降低了企業價值；而非國有企業的「產權歧視性價值效應」形成非國有企業居高不下的籌融資成本，導致其價值下降。

2. 隱性股權契約與企業價值

隱性股權契約在締約期限、不同締約方擁有的權利和應分擔的義務等方面都體現出和隱性債務契約不一樣的特徵。這些不同特徵決定了隱性股權契約對企業價值創造的影響為：

（1）存在於所有者和經營者之間的隱性股權契約與企業價值創造。存在於所有者和經營者之間的隱性股權契約說明兩者之間的關係是以財務控製權配置與平衡為導向的激勵約束關係。激勵關係是對經營者在實現企業利益相關者最大化價值後依據隱性股權契約的相關條款約定而配置更多財務控製權的一種契約激勵機制。配置更多財務控製權的前提是企業經營者在實現企業利益相關者資本保值基礎上實現了資本的增值和企業利益相關者資本的預期收益。這時，為激勵經營者為利益相關者創造更大價值，依據隱性股權契約應適當為經營者配置更多的財務決策權和相機轉讓部分財務控製權給經營者；而約束關係是對經營者機會主義行為侵蝕、毀損企業利益相關者最大化價值後依據隱性股權契約的相關條款約定而剝奪、分割部分經營者財務控製權的一種契約懲罰機制，是對經營者發生財務目標偏移的一種契約糾正，目的在於使經營者為利益相關者持續創造價值。剝奪、分割部分經營者財務控製權的前提是企業經營者在毀損了企業利益相關者資本價值的基礎上實現了對資本的侵蝕。最嚴重的情形是經營者使企業陷入了財務困境並有可能發生財務危機甚至面臨財務破產，這時必須剝奪配置給經營者的一切財務權利。

（2）存在於不同所有者之間的隱性股權契約與企業價值創造。企業不同所有者投入資本要素對企業價值創造的貢獻度差異性決定了在締結隱性股權契約時應該配置差異化的財務追索權。這種差異化的財務追索權具體體現在財務追索權的不同類型和財務追索權對應的預期收益大小不同等方面。就上市公司而言，持股比例較高的大股東由於通過隱性股權契約的配置而擁有較多財務追索權，所以其更加關注公司持續經營狀況下對長期預期財務利益的追求，而持股比例較低的中小股東由於通過隱性股權契約的配置而擁有較少財務追索權，所以對公司持續經營狀況下的短期預期財務利益就更加關注。同時，理論上設計的大股東和中小股東之間的「同股同權」會由於中小股東空間分散性和預期利益導向而難以實現。因此，當大股東顯性（或隱性）侵蝕中小股東利益的行為發生時，中小股東通常的選擇就是拋售其持有的公司股票。其結果是使上市公司股票交易量下降的同時造成公司價值的下降。

二、財務估值理論

財務估值是在全面考慮企業財務環境因素對企業價值創造的影響和企業利益相關者對投入資本預期收益基礎上，採用科學的財務測度技術和方法對企業可持續經營過程中創造的財務價值進行較為精確的度量估算的過程。其目的是為衡量企業利益相關者投入資本的最大化預期收益是否實現、實現最大化契約收益後如何進行財務分配等財務價值決策問題提供信息支撐。財務估值涉及財務估值基本理論和財務估值方法兩方面的內容。

（一）基本的財務估值理論

1906年，Irving Fisher 提出了可以用概率分布來度量金融資本預期收益的基本觀點和思路；1930年，Irving Fisher 用無風險利率對項目投資的收益進行折現並提出可以用無風險利率的折現值來度量項目投資的價值進而進行項目投資決策的觀點；1958年，Modigliani 和 Miller 提出的 MM 定律奠定了財務估值框架；1964—1965年，Sharpae、Mossin、Lintner 等學者提出的資本資產定價揭開了收益不確定資本財務估值新思路；1992年，Fama 和 French 提出了財務比較估值的市場有效假設理論；1995年，Ohlson、Feltham 和 Ohlson 提出了借助會計信息進行財務估值的 EBO 模型。至此，形成較為完整的支撐財務估值的資本定價估值理論、市場有效估值理論、期權公允價估值理論。

1. 資本定價估值理論

基於資本定價理論形成財務估值兩類殊途同歸的思路和方法：以 MM 定理為思路和方法的財務估值和以資本價值估值理論、PT 理論（Portfolio Theory）、CAPM（Capital Asset Pricing Model）、APT（Arbitrage Pricing Theory）為思路和方法的財務估值。

基於 MM 定理的財務估值思路和方法體現在企業價值無關理論和代理成本估值理論兩個方面：企業價值無關理論認為在特定假設下（如不考慮市場交易成本、企業現金流入量永續零增長等），企業負債經營的財務價值可以表示為無負債經營財務價值、稅盾收益折現價值的和。在不考慮所得稅影響時，企業負債經營財務價值等於無負債經營財務價值。可見，企業價值和融資方式、企業的資本結構無關。同樣，WACC 和企業負債程度和數量多少不相關而僅僅由股權資本成本決定。這顯然不符合財務估值的現實實踐。為此，1976年，Jensen 和 Meckilng 將信息不對稱條件下存在的財務破產成本、代理成本導入 MM 定理從而形成代理成本估值理論。代理成本估值理論將企業財務價值表示成稅盾收益折現值減去財務總成本（財務破產成本加上代理成本）後的差函數。如果收益現值大於總成本，則企業財務價值隨企業舉債增加而增加；反過來，如果收益現值小於總成本，則企業財務價值隨企業舉債增加而減少，財務價值曲線上的拐點就表示企業財務價值的最大值。

1930年，歐文·費雪在《利息理論》（*The rate of Interest: Its Nature, Determination and Relation to Economic Phenomena*）中認為項目資本投資價值和無風險利率折現值在數

量上相等，提出確定條件下資本價值定價理論①。在此基礎上，投資組合理論和資本資產定價理論將資本價值定價理論推廣到不確定性（存在財務風險）條件下如何確定分母上的折現率（股權資本成本）的問題。投資組合理論將財務估值中存在的風險分為系統風險和非系統風險。非系統風險由於能夠以不同投資組合分散掉，對其不存在補償風險的問題；與此相反，為實現風險資本投資者期望報酬率就必須對系統風險進行風險補償。可見，投資組合理論解決了財務估值時之所以進行風險補償的命題。資本資產定價模型建立了當存在系統風險時如何補償風險資本投資者期望報酬率最直接、最簡單思路：將期望報酬率表示成無風險收益率和市場風險補償率的函數，只要在確定了無風險收益率和市場風險補償率的具體數值之後，兩者簡單的算術和就是期望報酬率，這樣就解決了存在系統風險時財務估值的具體操作問題。遺憾的是，儘管 CAPM 從理論上科學揭示了單個風險投資資本期望報酬率和股票市場上衡量系統風險的貝塔系數之間的函數關係，但財務估值實踐中基本上不會針對單個風險投資資本進行具體的財務估值。換言之，CAPM 無法解決對風險投資資本組合的期望報酬率進行財務估值的問題。1976 年，Ross 將風險投資資本組合的無套利收益概率引入 CAPM，將風險投資資本組合的期望報酬率表示為多個貝塔系數值的函數，從而解決了風險投資資本組合期望報酬率的財務估值的問題，這就是所謂的 APT。

2. 市場有效估值理論

市場有效理論就是有效市場理論（Efficient Markets Hypothesis，EMH）。該理論提供了估算非上市公司進行財務價值的新思路、新途徑。即當資本市場有效時，通過比較分析上市公司的股價來估算非上市企業的財務價值。1970 年，Eugene Fama 認為在資本市場上對金融資本進行定價時，如果金融資本的價格反應了資本市場上全部可獲取的信息，資本市場對金融資本的定價是有效的。這就是市場有效理論的基本觀點。即資本市場對金融資本定價的有效性和金融資本投資者投資行為相關聯，如果金融資本投資者根據可獲取的資本市場上的投資信息進行了理性投資，則金融資本定價有效。進一步，如果金融資本投資者所擁有的資本市場信息表明金融資本投資者通過對金融資本的理性估價所進行的投資行為是理性的，則資本市場對金融資本定價強有效；反之，如果金融資本投資者所擁有的資本市場信息表明金融資本投資者通過對金融資本的理性估價所進行的投資行為是非理性的，則資本市場對金融資本定價弱有效或者無效。儘管如此，投資者的隨機交易性和資本市場上套利概率的存在也基本上能夠保證金融資本價格和價值之間的一致性，這是憑藉市公司股價對上市企業的財務價值進行估值的基本依據。

3. 期權公允價估值理論

1977 年，Myers 首先提出依據實物期權公允價進行投融資項目估值的基本思路并實

---

① Irving Fisher. The rate of Interest: Its Nature, Determination and Relation to Economic Phenomena [M]. New York: The Macmillan co, 1907: 420-476.

證了其可行性①。1984年，Kester和Pindyck提出用期權公允價修正NPV進行投融資項目估值的基本思想②。依據Kester和Pindyck的思路，期權公允價估值理論源自傳統NPV面臨的挑戰：當某投資項目的NPV小於零就應該放棄投資該項目，這是因為隨著不確定性風險的增加，企業投資項目的NPV減少，企業資本創造價值的不確定性損失就越大。這樣，就無法應用NPV進行高技術企業的財務估值：高技術企業在其生命初始期NPV都是負值。為解決這一問題，期權公允價估值理論認為不確定性是增加風險投資資本利得進而提升企業價值創造的機會。不確定性越大，風險投資資本利得就越大，進而風險創造企業價值的概率就越大。正因為如此，該理論將財務估值過程界定為估算不確定性期權公允價的過程，這一過程就是：不確定性決策→不確定性來源→不確定性估算→期權公允價估值模型構建。

(二) 基本的財務估值方法

1. 以資本定價理論為基礎的財務估值方法

以資本定價理論為基礎形成財務估值方法的兩種不同體系：以MM定理為思路的財務估值方法體系和以資本價值估值理論、PT理論、CAPM、APT為思路的財務估值方法體系。

(1) 以資本價值估值理論、PT理論、CAPM、APT為思路的財務估值方法體系分析。1930年，在Irving Fisher提出的確定性條件下資本價值估值理論的啟示下，Williams於1938年推出了最基本的財務估值方法：股利貼現估值法。其基本思路是將股票內在價值表示成以不同期間的股利期望收益為分子、股權資本成本為分母而對股利期望收益的未來值進行折現的無窮階函數。從理論上分析，由於不同期間的股利期望收益數據可直接從資本市場上獲取，股權資本成本可通過CAPM估值計算獲取，因此，股利貼現估值法理論上具備對股票內在價值進行財務估值。基於股利折現估值法，學者們在後續研究中通過對股利折現估值法的修正拓展又相繼推出眾多進行股票價值估值的方法：股利固定折現估值法，1960年Gordon推出的股利增長折現估值法，1963年Malkiel推出的股利兩階段增長折現估值法，1984年Fuller和Hsia推出的股利兩階段增長折現估值法以及股利三階段增長折現估值法，1995年Ohlson、Feltham和Ohlson將乾淨盈餘假設、信息動態線性假設引入股利折現估值法提出EBO財務估值法，基於EBO財務估值法後續研究者又進一步提出OS-2000財務估值法、GLS-2001財務估值法、GT-2001財務估值法、ETSS-2003財務估值法、PEG-2004財務估值法、OJ-2005財務估值法等。

基於PT理論，1952年，Markowitz推出均值—方差財務估值法。基於CAPM，1964—1965年，Sharpae、Mossin、Lintner等學者推出CAPM財務估值法。在對CAPM財務估值法進一步的研究中，1969年，Hamada提出了考慮所得稅的CAPM財務估值法；

---

① Myers Stewart C. Determinants of corporate borrowing [J]. Journal of Financial Economics, 1977 (5): 147-175.

② Kester Carl W. Today options for tomorrow's growth [J]. Harvard Business Review, 1984 (62): 1051-1075; Pindyck Robert S. Irreversible investment capacity choice and the value of the firm [J]. American Economic Review, 1988 (78): 969-985.

1970 年，Brennan 提出多稅率 CAPM 財務估值法；1972 年，Black 提出雙因素 CAPM 財務估值法；1973 年，Merton 提出跨期 CAPM 財務估值法；1973 年，Breeden 提出考慮消費導向的 CAPM 財務估值法；1976 年，Ross 提出 APT 財務估值法；1992 年，Fama 和 French 提出三因素財務估值法；1997 年，Carhart 提出四因素財務估值法等。

（2）以 MM 定理為思路的財務估值方法體系考察，1958 年，Modigliani 和 Miller 提出 MM 定理後，奠定了財務估值的新思路。為規範、統一收益流財務估值法、現金流財務估值法、股利流財務估值法方法在財務估值實踐應用中的混亂現狀，在從理論上證明了收益流財務估值法、現金流財務估值法、股利流財務估值法、投資機會財務估值法等四種當時在估值實踐中廣泛應用的估值方法之間具有等價性後[1]，1961 年，Modigliani 和 Miller 提出了源自 MM 定理思想的現金流財務估值法。由於不同思路計算的現金流表現形式存在差異，現金流財務估值法又進一步分為企業現金流折現估值法、股權現金流折現估值法、資本現金流折現估值法、調整現金流折現估值法[2]。在對 Modigliani 和 Miller 基於 MM 定理推出的現金流折現估值法的進一步研究中，學者們相繼推出現金流不增長折現估值法、現金流增長值固定折現估值法、現金流兩階段增長折現估值法和現金流三階段增長折現估值法。

2. 以市場有效理論為基礎的財務估值方法

市場有效理論提供了利用上市公司股票價格信息來估算非上市企業創造價值的全新思路，提出了比較市場價財務估值法這一全新的企業價值估值方法。這一全新的估值方法通過資產替代原理實現了用上市公司的股票價格來估算非上市企業所創造的價值大小。資產替代是存在於某資產購買價、擁有和該資產相同效用的成本價之間的效用替代關係；購買價通常小於或等於成本價。比較市場價財務估值的程序是：將估值企業（非上市企業）的價值和比較企業（上市公司）的價值用市場價轉化的控制變量值（市場價格權數）相對接，通過兩個企業能夠控制的變量值來確定非上市企業的價值。在其具體的估值實踐中，通常將股票的市場價格變換為營業收入（或銷售收入）、資產帳面價的權數，相應地形成比較市盈率財務估值法、比較市淨率財務估值法、比較市銷率財務估值法[3]。

3. 以期權公允價理論為基礎的財務估值方法

從理論上分析，基於期權公允價估值理論的財務估值方法無疑具有廣闊的應用前景。但在具體的估值實踐中，應用期權公允價估值理論的基礎就是首先要定量確定期權公允價。由於無法直接對接企業的財務報表，因此，對期權公允價測度度量無法獲取充分的財務報表數據進行支撐，這樣就會使對期權公允價測度度量具有很大的不確定性。而一旦期權公允價不能較為精確地確定，基於期權公允價估值理論的財務估值方法就失去了其估值實踐價值。因此，迄今為止，研究者只提出了兩種應用價值不大的財務估

---

[1] 李光明．企業價值評估理論與方法研究 [D]．北京：中國農業大學，2005：16.
[2] 李光明．企業價值評估理論與方法研究 [D]．北京：中國農業大學，2005：16.
[3] 陳妍伶．基於剩餘收益模型的企業價值評估方法探討 [D]．南昌：江西財經大學，2010：13.

方法：Black 和 Scholes 的財務估值法，Cxo，Ross 和 Rubinstein 的財務估值方法[①]。

三、EVA 理論

（一）EVA 理論的形成與實踐

EVA 就是 Economic Value Added 的縮寫，其基本含義就是經濟增加價值。就 EVA 的形成分析，Marshell（1989）認為企業利潤減去利息後的剩餘是一種剩餘收益，就是經濟學意義上的利潤。可見，Marshell 最早提出了剩餘收益概念形成作為經濟增加價值 EVA 的思想。1982 年，Stern 和 Bennet Stewart 正式提出 EVA 概念，在將 EVA 註冊為商標後共同發起成立了思騰斯特管理諮詢公司，通過構建估算 EVA 的 4M 分析體系，專門在全球範圍內從事有關 EVA 的估值應用。

EVA 是企業各種投入資本的預期收益減去資本成本後的差，是測評企業價值創造績效的一種工具。EVA 以反應企業財務狀況的資產負債表提供的會計數據和以反應企業經營成果的利潤表提供的會計數據為基礎，通過計算 WACC 和對利潤表中會計利潤的適度調整來衡量企業經營管理者為企業利益相關者所創造出的價值大小。由於 EVA 能克服企業在實現了會計利潤時不完全創造了價值這種利潤實現和價值創造的不相關關係，所以在一定程度上可遏制企業經營管理者對經營管理績效的人為粉飾，也在一定程度上能夠消除由契約不完備和信息不對稱引發的代理成本。上述優勢使得 EVA 能夠客觀有效估算企業經營管理者實際創造價值大小。除了進行財務價值的估值外，EVA 數值的大小也是對公司治理下資本結構是否優化及優化程度的一種反應。

2001 年，思騰斯特管理諮詢公司通過有針對性地選擇中國部分國有企業（如寶鋼集團、中遠集團、華潤集團等）應用 EVA 這一新穎的估值工具進行中國部分國有企業財務價值估值試點。曾經被思騰斯特管理諮詢公司進行過 EVA 價值估算的中國部分上市公司由於財務醜聞（如銀廣廈的財務造假、東風汽車股份公司陷入財務困境），引發了人們對借助 EVA 進行財務價值估值的爭論和質疑。也正因為如此，隨後思騰思特公司停止了對中國部分企業進行的 EVA 估值。2003 年，國務院國有資產監督管理委員會（以下簡稱國資委）成立，將 EVA 指標引入中央企業負責人經營業績考核。2003 年 10 月 21 日，經過國資委審議通過的《中央企業負責人經營業績考核暫行辦法》決定從 2004 年 1 月 1 日起實施。隨後，國資委分別在 2006 年、2009 年、2012 年針對《中央企業負責人經營業績考核暫行辦法》考核試點中出現的各種問題進行了三次系統全面的修訂。儘管每一次修訂的針對點和內容可能都有所不同，但每一次修訂的結果都會提升業績考核中 EVA 所占的權數比重卻是共性之所在。隨著中國國有企業深層次改革的不斷推進，憑藉 EVA 對中國企業創造的價值進行估算逐步體現出越來越廣闊的應用前景，EVA 也會發揮越來越重要的財務估值作用。

---

① 李光明. 企業價值評估理論與方法研究 [D]. 北京：中國農業大學，2005：26-27.

(二) EVA 與財務估值

1. 確定某一會計期間的 EVA

EVA 就是稅後淨營業利潤現金流減去全部投入資本 WACC 後的差。可見，要計算 EVA 就必須首先計算稅後淨營業利潤現金流（Cash Flow of Net Operating Profit after Tax, CFNOPAT）和全部投入資本（All Investment Capital, AIC）以及 WACC 這三個變量。

（1）就 CFNOPAT 的計算而言，CFNOPAT 的數據來源於會計報表，是通過對財務報表數據的適當調整而得出的。因此，似乎只需要對會計報表進行適當調整就可以確定 CFNOPAT。事實上，不同企業所在行業和規模、企業財務環境的差異性導致對財務報表中的會計科目調整與否都會因企業的不同而不同，體現出調整財務報表數據的複雜性。EVA 創始人 Stern & Bennet Stewart 認為計算 EVA 的會計調整事項多達 160 多項[1]。為簡化調整程序，Stern & Bennet Stewart 認為通常可選擇 5~10[2] 個關鍵性調整項目通過調整計算就會得到比較精確的 CFNOPAT。

（2）就 AIC 的計算而言，可通過對債務資本、權益資本的會計調整來得出。從債務資本中減去短期信用債務（應付帳款、應付票據等）、從權益資本中減去普通股資本後，用兩者的和加上股權資本調整額得出的數據減去在建工程淨額就會得到 AIC。

（3）就 WACC 的計算而言，WACC 等於債務資本成本、權益資本成本與各自權數比重相乘後的和。在 EVA 估值實踐中，債務資本成本通常用中國人民銀行公布的同期基準利率來替代，權益資本成本可借助 CAPM 通過估算來確定。權數比重的計算存在三種不同方法：通過計算資產負債表中的資本結構可得到帳面價權數比重、通過計算公允價資本結構可得到市場價權數比重、通過計算資本市場有效時的可比價資本結構可得到目標價權數比重。一般而言，市場價權數比重或目標價權數比重是最常用的權數比重。

在通過計算確定 CFNOPAT、AIC、WACC 的基礎上，得出公式：

EVA = CFNOPAT - AIC × WACC

2. 依據 EVA 與企業價值的相互關係來估值

EVA 與企業價值的相互關係就是 EVA 財務估值法與 EBO 財務估值法的相互關係。EBO 財務估值法源自 Williams（1938）股利折現估值法，其基本思路就是將企業價值表示為每一期剩餘收益對股權資本成本進行無窮次折現所得到現值和的函數。由於 EVA 本質上就是一種剩餘收益，借助 EBO 財務估值法的思想就可以將企業價值（Corporate Value, CV）表示為初始投入資本加上 EVA 折現值，這既是 EVA 與企業價值相互關係的數學表述也是 EVA 財務估值法的基本思路，可以用公式表示如下：

CV = 初始投入資本(CV_0) + 預期 EVA 折現值

即，$CV_m = CV_0 + \sum_{m=1}^{n} \dfrac{EVA_m}{(1+R_{WACC}{}^m)}$

其中，CV_m 表示第 m 期企業價值，CV_0 表示初始投入資本，EVA_m 表示第 m 期 EVA，

---

[1] 倪梅林. EVA 企業價值評估研究 [D]. 天津：天津財經大學，2009：16.
[2] 倪梅林. EVA 企業價值評估研究 [D]. 天津：天津財經大學，2009：17.

R_{WACC} 表示折現率。

EVA 財務估值法在估值實踐應用中既體現出優勢也存在不足。就優勢而言：基於股東價值最大化目標導向的 EVA 財務估值有利於體現企業內部利益相關者對股東財富創造的貢獻度，即當本期稅後淨營業利潤現金流超過全部投入資本的代價後才真正體現了對股東價值的保值增值。這對消除由於財務報表可能存在的信息失真影響經營管理者財務績效、激勵企業內部利益相關者提升價值創造的積極性、促使企業在可持續發展過程中創造可持續財務價值等無疑具有重大的意義，同時對抑制企業內部利益相關者有可能借助通過利潤平滑來進行會計盈餘操縱、推動財務公平分配政策的制定和執行也會產生深遠的影響。同樣，EVA 財務估值法的不足也相當明顯：估算程序的複雜性，對財會專業知識、數學知識的綜合需求，等等。就估算程序的複雜性看，EVA 財務估值法起始於財務報表，是在對財務報表數據進行不斷調整取捨的運算過程中一步一步來估算并最終確定 EVA 的，在這一運算量龐大的運算過程中，如果一步運算出錯則可能導致滿盤皆輸的結果。此外，中國特有的產權製度導致的內部人控製現象影響到估算權益資本成本時可能會產生較大的誤差性，進而影響到 EVA 財務估值法。

四、財務戰略矩陣理論

(一) 財務戰略矩陣的基礎理論

財務戰略矩陣的基礎理論主要有企業財務價值創造論、企業財務價值持續增長論、企業生命週期論和波士頓矩陣理論。

1. 企業財務價值創造論

就企業財務價值創造的來源分析，企業價值創造理論需要研究的命題就是：企業財務價值由什麼產生或企業財務價值源自何方？針對這一研究命題，現有研究文獻的基本思想主要有：勞動創造價值論、資本創造價值論、客戶創造價值論、資源創造價值論、技術創造價值論等，從而形成企業財務價值創造的勞動觀、資本觀、客戶觀、資源觀、技術進步觀等和解釋可持續財務價值創造、保持和提升的企業核心能力理論。核心能力理論源自 1997 年 Marshell 提出的企業演進理論，經歷了從 Penrose（1998）、NahaPiet 和 Ghoshal（1998）等提出的企業內生成長理論到 Prahalad 和 Hamel（1990）提出的企業可持續競爭理論的演進。換言之，核心能力理論源自企業演進理論、發展於企業內生成長理論、成熟於可持續競爭理論。核心競爭力理論認為企業可持續財務價值創造、保持和提升的源泉在於企業特有的核心競爭力（核心競爭優勢）。

就企業財務價值創造的機理分析，企業內生財務價值創造理論認為價值創造是在企業利益相關者在充分衡量并相互協調企業內外部財務環境、財務風險、可持續競爭優勢等因素的基礎上追求戰略性要素資本價值的未來增值。因此，只有在各種戰略性投入要素資本的預期收益能夠超過其使用代價時才創造了財務價值，反之，是在毀損內生財務價值。同時，該理論也設計出能夠估算企業財務價值創造的兩個相互聯繫又常常配合使用的定量工具：EVA 和 MVA。EVA 和 MVA 是設計財務戰略矩陣、進行財務戰略矩陣決策的基礎理論。

2. 企業財務價值持續增長論

從現有研究文獻看，儘管 Penrose（1959）和 Marris（1960）等提出了一些財務價值增長的觀點，如 Penrose 認為企業增長等同於企業的擴張，Marris 認為當企業內部資源配置效用速度和企業增長速度趨同時就會引發企業增長。一般而言，財務價值持續增長的思想源於 Robert. C. Higgins。1981 年，Higgins 在分析通貨膨脹對財務價值增長的影響時，將企業財務價值持續增長定義為企業銷售增長率的最大值。在此基礎上，Higgins 在推出能夠衡量財務持續增長的公式的同時建立起 Higgins（1998）財務價值持續增長模型。Van Horne（2000）在繼承 Higgins 思想的基礎上，提出企業財務價值持續增長的過程論：不斷提升企業經營績效引導下的企業銷售目標反覆定位的過程，在這一動態博弈過程中所能達到的某一會計期間銷售增長率的最大值就是企業在這一過程中的財務價值可持續增長率，保持可持續增長率大於銷售增長率是保證企業財務價值持續增長的充要條件。2001 年 Roppaport 財務價值持續增長模型和 2002 年 Colley 財務價值持續增長模型的推出標誌著財務價值持續增長理論的完整形成。Higgins（1998）財務價值持續增長模型、Van Horne（2000）財務價值持續增長模型、Roppaport（2001）財務價值持續增長模型、Colley（2002）財務價值持續增長模型共同形成企業財務價值持續增長理論體系。[①] 對上述不同財務價值持續增長模型中確定的財務增長率和 WACC 進行比較是設計財務戰略矩陣的基礎，財務增長率和 WACC 相減的差是劃分企業財務戰略矩陣中不同企業類型的直接根據，更是進行不同財務戰略規劃決策的支點。

3. 企業生命週期論

1972 年，Gernier 較為完整地提出企業生命週期概念并描述了企業在其生命週期內不同發展階段（青春成長期、盛年穩定期、前後貴族期、官僚衰退期、破產死亡期）中呈現出的特徵和應採取的財務戰略[②]。1989 年，Adizes 公開出版了標誌著企業生命週期理論確立的專著《企業生命週期》（Corporate Life cycles）。Adizes 用正常鐘形圖來描述企業生命週期能不同的發展階段（孕育期、嬰兒期、學步期、後貴族期等）和每個不同階段企業應實施的戰略目標定位及其對應的組織結構并對不同階段可能出現的各種不同「企業疾病」提出了所謂的「愛迪思企業生命週期疾病治療法」[③]。和產業收益獲利能力相比，企業在其生命週期內的收益獲利能力表現出較為完整的差異性特徵和長期背離的趨勢性。因此，企業生命週期由初始創建期、持續發展期、成熟穩定期和衰退死亡期等不同的生命發展階段構成，每一階段的差異性特徵應對應差異化的財務戰略。

就初始創建期分析，高經營風險、低財務風險的財務環境和穩中求持續增長的財務戰略目標定位決定了這一階段應實施能夠將籌資戰略、投資戰略、股利分配戰略相互結合的財務穩健戰略。其中，籌資戰略以外源性股權資本籌資為導向、投資戰略以縱向一

---

① 趙霞. 企業財務可持續增長理論及應用 [D]. 上海：華東交通大學，2008：15-18.
② Larry E. Greiner. Evolution and revolution as organizations [J]. Harvard Business Review, 1972, 50 (4): 37-46.
③ Adizes Ichak. Organizational passages-diagnosing and treating lifecycle problems of Organizations [J]. Organizational Dynamics, 1979, 8 (1): 3-25.

體化投資為導向、股利分配戰略以零股利分配政策為導向。就持續發展期考察，動盪變遷的財務競爭環境使得企業可持續增值價值的創造是要素資本擴張、產品市場佔有率提升、銷售收益持續增加等因素共同作用的結果。為此，實施能夠將股權資本不斷擴張的籌資戰略和適度分權型投資戰略密切結合的財務蠶食戰略是企業的必然選擇。就成熟穩定期看，這一階段企業應實施能夠將激進型負債籌資戰略、持續的技術創新投資戰略和高股利支付分配戰略緊密結合的財務進攻戰略。就衰退死亡期分析，這一階段企業應實施能夠將穩健的產業結構調整戰略、靈活的財務重組戰略和適度的高股利支付分配戰略相互結合的財務退出戰略。

4. 波士頓矩陣（BCG）理論

企業財務投資戰略決策的基本命題是對行業產業鏈的選擇，通過對行業產業鏈的理性選擇來實現企業從獲取項目投資的預期收益向追逐行業投資的潛在收益的巨大轉型，并在這一轉型過程中通過對企業所在行業的財務競爭環境、財務收益和風險從整體上進行充分衡量的基礎上，挖掘行業產業鏈上可能存在的投資威脅和機會、確定企業在行業產業鏈中存在的競爭優勢和劣勢，進而科學選擇企業是否應理性實施投資進入、投資擴大或投資退出等不同類型的財務戰略決策。波士頓矩陣的成功實踐為企業理論上進行上述財務投資戰略決策提供了一種分析工具（方法）。BCG 矩陣以科學引導企業經營管理者充分發揮稀缺有限的財務資源為企業利益相關者創造最大財務價值的財務投資戰略分析和決策能力為導向，借助簡單直觀的二維平面圖為企業經營管理者科學籌劃、合理安排企業各種稀缺有限的財務資源提供了一種財務戰略投資分析與決策的工具，即應該將企業各種稀缺有限的財務資源投資於更具有發展前景、更能夠為企業創造可持續價值增值的產品或服務的高效組合上來，以實現各種資源效用的最大化。這無疑能夠提升企業經營管理者對稀缺財務資源配置的財務戰略分析和決策能力。同樣，BCG 矩陣設計的理論預期在財務戰略矩陣實踐中也表現出明顯的不足：①競爭性行業產業鏈預期收益和企業預期收益的背離性差異。設計 BCG 矩陣的首要目標是指導企業經營管理者如何在競爭性行業中選擇預期收益遞增的產業鏈。競爭優勢理論認為實施企業的低成本領先戰略是企業在競爭性行業中選擇產業鏈的基礎，也是企業實施其他競爭性戰略的前提。可見，企業應用 BCG 矩陣選擇行業產業鏈、進行財務戰略決策首先應體現出低成本領先優勢而不是競爭性行業產業鏈預期收益和企業預期收益的背離性差異。背離性差異的現實存在限制了 BCG 矩陣的實踐應用性。②度量指標的單一性和精確測度性的缺乏。BCG 矩陣僅用財務可持續增長率和相對市場份額佔有率兩個指標來分析企業應該實施的可持續價值增值財務戰略并指導企業的經營管理者據此做出相對應的財務戰略決策，使得經營管理者根本無法適應複雜多樣、劇烈動盪的財務決策環境。同樣，度量指標精確測度性的缺乏使得其在實踐應用中只能粗略估算而無法精細操作。

（二）財務戰略矩陣基本原理與實踐

1. 財務戰略矩陣基本原理

企業財務價值創造論認為企業投入資本要素的預期收益和投入資本代價的差值是決定企業在其生命週期內是否可持續創造價值和實現價值增值的核心因素。針對投入要素資本預期收益和 WACC 的差，Stern 和 Bennet Stewart 設計了兩個既可相互獨立使用又可

結合在一起使用的定量指標 EVA 和 MVA 來衡量企業財務價值的創造和增值。因此，企業財務價值創造、EVA 和 MVA 之間的關係可用如下公式表示：

$$CV_m = CV_0 + \sum_{m=1}^{n} \frac{EVA_m}{(1+R_{WACC})^m} \quad MVA = \sum_{m=1}^{n} \frac{EVA_m}{(1+R_{WACC})^m}$$

$$EVA = CFNOPAT - AIC \times WACC$$

財務價值持續增長理論將企業財務價值持續增長表示為 Growth Rate On Sales（銷售收益增長率，GROS）與 Financial Sustainable Growth Rate（財務可持續增長率，FSGR）之差的線性函數。如果用企業營銷矩陣來表示銷售收益的增長、用企業生產經營矩陣來表示財務價值的可持續增長，則 GROS 和 FSGR 的差是能夠將企業生產經營矩陣、企業營銷矩陣結合在一起并直觀衡量企業財務價值持續增長的一種矩陣。如果將 EVA 將分解為 EVA=AI×（EROIC-WACC），則差值 EROIC-WACC 揭示了企業財務價值創造論的基本思想。進一步，如果將能夠揭示企業財務價值創造論思想的差值 EROIC-WACC 和能夠揭示企業財務價值持續增長論思想的差值 GROS-FSGR 表示在 BCG 矩陣中，則一種全新的能夠衡量企業戰略經營單元績效的財務戰略決策分析工具就誕生了，這種全新的財務戰略決策分析工具就是財務戰略矩陣（Financial Strategy Matrix，FSM）。用 BCG 矩陣來反應上述設計財務戰略矩陣的思想可得出財務戰略矩陣圖。

2. 財務戰略矩陣實踐應用

在財務戰略矩陣圖中，EROIC-WACC 的差值從左到右將坐標平面區分成上下兩個部分。從差值大小看，上半部分意味著 EROIC-WACC>0，表示企業在價值保值基礎上實現了增值；下半部分意味著 EROIC-WACC<0，表示企業價值在磨損過程中不斷減值。同樣，GROS-FSGR 的差值從下到上將坐標平面區分成左右兩個部分。從差值大小看，右半部分意味著 GROS-FSGR>0，說明企業財務價值的持續增值；左半部分意味著 GROS-FSGR<0，表示企業財務價值持續減值。這樣，EROIC-WACC 的差值、GROS-FSGR 的差值結合在一起將坐標平面分為四個象限：①第一象限。企業的經營績效處於第一象限意味著 EROIC-WACC>0、GROS-FSGR>0。EROIC-WACC>0 說明這類企業具備可持續財務價值創造能力，GROS-FSGR>0 說明這類企業現金暫時出現盈餘。這類企業積極有效的財務戰略是：實施內外部兼顧投資戰略和剩餘資金財務分配戰略。②第二象限。企業的經營績效處於第二象限意味著 EROIC-WACC>0、GROS-FSGR<0。EROIC-WACC>0 說明這類企業具備可持續財務價值創造能力，GROS-FSGR<0 說明這類企業現金暫時出現短缺。這類企業積極有效的財務戰略是：實施適當調整產品、服務結構的投資戰略和外源性籌融資戰略。③第三象限。企業的經營績效處於第三象限意味著 EROIC-WACC<0、GROS-FSGR<0。EROIC-WACC<0 說明這類企業已不具備可持續財務價值創造能力，GROS-FSGR<0 說明這類企業淨現金量在隱性侵蝕投入資本。這類企業積極有效的財務戰略是：在實施行業產業鏈財務分析戰略基礎上考慮產業退出戰略。④第四象限。企業的經營績效處於第四象限意味著 EROIC-WACC<0、GROS-FSGR>0。EROIC-WACC<0 說明這類企業已不具備可持續財務價值創造能力，GROS-FSGR>0 說明這類企業是兼并重組的優選對象。這類企業積極有效的財務戰略是：進行資本結構投資調整財務戰略基礎上實施財務流程重構戰略。

第二章 財務價值決策概念框架

　　財務價值決策就是基於各種財務決策信息的支撐，借助各種財務決策常用的定性、定量方法來對企業內生價值創造的不同方案通過比較、評價而選擇最優方案的過程。儘管財務價值決策是基於各種財務決策信息和財務決策定性、定量方法而對企業內生價值創造進行的決策，但基於資本與企業價值創造的歷史邏輯、特別是基於知識經濟時代，財務價值決策的切入點應該是首先界定財務資本的概念體系、夯實財務價值決策的基礎（比如財務價值決策的必要性、概念、類型），在此基礎上分析財務資本與財務價值決策的相互關係，尤其是隱性財務資本與財務價值決策的相互關係。

第一節　財務資本概念體系

一、從資本到財務資本

（一）經濟學資本理論

　　一般認為，財務學從經濟學中剝離出來成為一門獨立學科是以貨幣的資本化作為充分必要條件的。正因為如此，資本成為經濟學、管理學普遍研究的核心範疇。立足於經濟學分析資本，經濟學對資本理論的多視域（比如，基於生產要素視角、生產關係視角、產權製度視角等）研究形成古典經濟學資本理論、馬克思資本理論、新古典資本理論、凱恩斯學派資本理論等[1]。

　　1. 古典經濟學資本觀

　　古典經濟學資本觀的代表人物是亞當·斯密、大衛·李嘉圖和魁奈等。古典經濟學主立足於當時的生產條件，從一般物質生產過程出發來考察資本，認為資本是人們通過促進物質生產來累積物質財富必不可少的一種手段，是人們進行物質財富累積不可缺少的一種物質要素。同時，依據資本創造物質財富的不同週轉方式也提出了資本是由固定資本和流動資本構成的基本思想。亞當·斯密認為資本就是「預儲資財」，人們通過

---

[1] 羅福凱，等. 資本理論學說的演進和發展研究 [J]. 東方論壇，2002（2）：90-98.

「節儉」「勤勞」等途徑才能把資本「預儲」起來進一步增加財富并創造價值①。為揭示剩餘價值，亞當·斯密認為存在於產業部門的資本可進一步區分為固定資本和流動資本。固定資本是掌握在資本家手中、不在流通領域進行流通但能夠為資本家創造利潤的資本，流動資本是通過流通領域在不同資本家手中進行交換後能夠為不同的資本家創造利潤的資本。大衛·李嘉圖認為資本就是生產資料，如獵人捕獲獵物時手中持有的獵具就是資本②。同時為揭示剩餘價值，大衛·李嘉圖依據生產資料的磨損性和使用壽命將資本進一步區分為固定資本和流動資本：不容易磨損且使用壽命較長的資本就是固定資本；反之，容易磨損且使用壽命較短的資本就是流動資本。從財富創造看，流動資本包括了支付給勞動者的工資資本，但不包括原材料投入資本。

2. 馬克思資本觀

馬克思資本觀通過分析資本的兩種屬性（自然屬性和社會屬性）揭示了資本在流通領域實現其價值創造和增值的基本範式，也就是剩餘價值的形成問題。資本的自然屬性是指資本價值創造和增值的一般屬性和資本的產權所有者無關，也不會隨社會製度和社會關係的變遷而變化。馬克思認為「對資本來說，任何一個物本身所能具有的唯一的有用性，只能是使資本保存和增值」③「資本合乎目的的活動只能是發財致富，也就是使自身增大或增值」「資本一般是每一種資本作為資本所共有的規定，或者說是使任何一定的價值成為資本的那種規定」④，資本的社會屬性突現在資本主義社會，涉及資本的產權歸屬問題。馬克思認為資本主義生產方式的起始點在於資本的原始累積，「資本累積是生產者和生產資料分離的過程，一方面把社會的生活資料和生產資料轉化為資本，另一方面把直接生產者轉化為工資雇傭勞動者」⑤。因此，「資本來到世間，從頭到腳，每個毛孔都流著血和骯髒的東西」⑥。馬克思也深刻描述了從貨幣到生產資本再到剩餘價值被創造的過程：「資本家把資本轉化為各種商品，把它們當作一個新產品的物質形成要素，或當作勞動的要素來發生作用時，他使活的勞動力和各種死的物質相結合，他就把價值，把過去的、已經物質化的、死的勞動轉化為資本、為自行增值的價值。」⑦ 資本的自然屬性是其社會屬性的基礎，決定著社會屬性，正是資本所具有的價值創造和增值的自然屬性才引發人們對資本所有權歸屬的爭奪，進而產生資本應該歸誰所擁有的社會屬性問題。

為揭示剩餘價值的形成，馬克思將資本區分為可變資本和不變資本，提出可變資本創造剩餘價值、不變資本轉移剩餘價值的經典結論。進一步，馬克思將資本在流通領域創造剩餘價值歸納為：投入的貨幣資本和產出的貨幣資本以商品為紐帶，通過度量兩者

---

① 亞當·斯密. 國民財富的性質和原因的研究 [M]. 北京：人民出版社，1972：310.
② 大衛·李嘉圖. 政治經濟學及賦稅原理 [M]. 北京：人民出版社，1972：17-18.
③ 馬克思. 資本論（第1卷）[M]. 北京：人民出版社，1972：925-926.
④ 馬克思. 資本論（第3卷）[M]. 北京：人民出版社，1972：177、834.
⑤ 朱文莉. 基於資本運動矛盾與平衡的企業財務管理研究 [D]. 西安：西北農林科技大學，2012：8.
⑥ 馬克思. 馬克思恩格斯全集（第1卷）[M]. 北京：人民出版社，1975：256.
⑦ 朱文莉. 基於資本運動矛盾與平衡的企業財務管理研究 [D]. 西安：西北農林科技大學，2012：8.

的差值大小可由此判斷是否創造了剩餘的價值。當產出貨幣資本減去投入貨幣資本的差值大於零時，資本就創造了剩餘的價值；反過來，當產出貨幣資本減去投入貨幣資本的差值小於零時，資本就發生了剩餘的虧損。

3. 新古典資本觀

新古典經濟學是對經由亞當·斯密首創，大衛·李嘉圖、西斯蒙第、穆勒、薩伊等學者發展而形成的古典經濟學進行所謂的「張伯倫範式」修正、「凱恩斯範式」修正和「理性預期範式」修正，於19世紀70年代開始形成的一種經濟學流派。新古典經濟學基於邊際分析法，用邊際效用遞減規律來分析各種稀缺性經濟資源基於不同效用而相互之間如何實現最佳配置等經濟問題，通過邊際效用論來修正古典經濟學的勞動價值論，用需求為核心的邊際分析來修正古典經濟學以供給為核心的分析，形成證偽方法普遍化、假定視角多元化、分析模式數理化、研究範圍非經濟化、案例取捨經典化、學科整合交叉化等研究範式。新古典學派主要包括奧地利學派、洛桑學派、劍橋學派等，其代表人物主要有：薩伊、馬爾薩斯、約翰·穆勒、龐巴維克、馬歇爾等。其中，奧地利學派的龐巴維克在其經典著作《資本實證論》中表現出較為完整的資本創造價值的系統思想。

龐巴維克基於資本是間接迂轉生產過程中產物這一思路，提出了間接迂轉生產模式。龐巴維克認為「一切生產的最終目的是製造滿足人們需要的物品，即製造用於直接消費的財貨或消費品……如果財貨可以用任何一種方法來生產，則用間接方法可以以等量勞動得到較大成果或用較少勞動得到同樣成果……迂迴方式比直接方式能得到更大成果，這是整個生產理論中最重要和最基本的命題之一……而資本只是在迂迴過程中各階段裡出現的中間產物的集合體」①。間接迂轉生產模式將生產中間產品和最終產品之間的分工看作是企業產生的必要非充分條件。由於交易效率，人們在選擇最終產品的生產效率與中間產品的生產效率存在著顧此失彼的衝突（生產中間產品儘管能夠提高最終消費品的生產效率，但當不同個體首先自給自足生產很多中間產品後再用不同個體生產的中間產品生產最終消費品時，專業化程度很低的個體生產的中間產品無疑會影響并限制最終消費品的生產效率），因此就出現了自給自足和高水平分工的生產模式。為此，當市場交易效率不高時，專業化分工形成的總交易費用就會大於專業化生產模式產生的收益，這時不同個體就會理性選擇自給自足生產模式。自給自足生產模式受制於個體的時間約束，不同個體擬提高機器生產效率的預期難以通過增加生產機器的類型來提升最終產品生產效率來實現。因此，在自給自足生產模式下，財務價值的載體就是自給自足的本金從而難以形成并產生資本；當市場交易效率比較高時，不同個體就會有充分的空間來協調交易費用的節約和獲取專業化分工帶來的收益。這樣，不同個體必然會選擇高水平分工生產模式，高水平分工生產模式自然拉長了間接迂轉生產網的長度。

同時，龐巴維克將資本的存在形態區分為社會資本（生產資本）與私人資本（獲利

---

① 龐巴維克. 資本實證論 [M]. 北京：商務印書館，1983：53-58.

資本）兩大類①。他認為，一般而言可以把那些用來作為獲得財貨手段的產品叫資本。在這個一般概念下，可以把「社會資本」這個概念作為狹義概念。可以把那些用來作為在社會經濟方面獲得財貨手段的產品叫做「社會資本」或由於只有通過生產才能有這種獲得，因此可以把那些被指定用於再生產產品的中間產品叫做「社會資本」。作為兩個概念中較廣義的一個同一語，可以適當使用「獲利資本」這個名詞。另外，「社會資本」兩個概念中狹義的一個可以被恰當地簡稱為「生產資本」②。可見，龐巴維克理解的社會資本（生產資本）就是特指間接迂轉生產過程中被用作生產資料的中間產品，私人資本（獲利資本）則是特指能夠形成并帶來利息的中間產品。

4. 凱恩斯學派資本觀

「凱恩斯主義」也稱為「凱恩斯經濟學」或「凱恩斯理論」。它是基於英國經濟學家約翰·梅納德·凱恩斯的經典巨著《就業、利息和貨幣通論》（與馬克思的《資本論》和斯密的《國富論》一起被後人通稱為「世界三大經典經濟學理論」）中表述的經濟學思想而形成的經濟理論。其基本觀點就是主張國家通過實施擴張性經濟政策來增加國民的總需求以促進國家經濟的增長。其主要結論是市場經濟無法形成一種使得生產和就業向完全就業方向發展的自動出情機制，為此，國家必須建立并實施宏觀經濟政策的干預機制。凱恩斯學派則是指凱恩斯主義的後續研究者在修正、完善凱恩斯理論的過程中形成的兩個不同的分支派別：後凱恩斯主流學派（新古典綜合派，以經濟學家薩繆爾森、托賓、索洛等人為主要代表）和後凱恩斯學派（新劍橋學派，以經濟學家卡爾多、瓊·羅賓遜、斯拉法等人為主要代表）。

後凱恩斯主流學派針對 HDGW（哈羅德—多馬模型，Harrod-Domar Growth Model）假定作為衡量資本報酬率工具的利息率保持不變這一硬傷，即資本和勞動相互之間的不可替代性，索洛、斯旺、薩繆爾森等人將柯布—道格拉斯函數導入 HDGW，通過修正資本和勞動的不可替代性認為資本市場、勞動力市場的價格機制能夠依據資本、勞動等要素投入與其邊際產品均衡從而實現調整資本和勞動比例的目標。這樣，借助資本、勞動等市場價格機制與邊際生產規律作為均衡調節資本、勞動等要素進一步實現這些要素相互替代的新古典經濟增長模型就誕生了。索洛通過拓展 HDGW 的假定條件，提出了均衡增長條件下的索洛模型：$TRBY_0$。索洛模型彌補了 HDGW 均衡增長條件之不足從而奠定了經濟的長期增長與資本要素投入之間關係理論研究的基礎。

後凱恩斯學派對「凱恩斯主義」的完善則另闢蹊徑：針對後凱恩斯主流學派試圖實現凱恩斯理論和新古典理論的有機整合，後凱恩斯學派則試圖通過提倡古典經濟學理論來實現「凱恩斯主義」的復興。該學派借助數學模型，應用數量分析工具來定量研究制約經濟增長的各種因素變量之間的動態變化，以及資本要素投入在經濟增長中所能夠發揮的應有貢獻。其代表人物羅賓遜在其巨著《資本的累積》《經濟增長理論論文集》系統表達了該學派對資本要素投入與經濟增長之間的關係。羅賓遜認為如果企業財務管理

---

① 羅福凱，等. 資本理論學說的演進和發展研究 [J]. 東方論壇，2002（2）：94.
② 龐巴維克. 資本實證論 [M]. 北京：商務印書館，1983：73.

的目標是實現利潤最大化,則經濟增長與獲得最大利潤是同義詞。經濟能夠實現均衡發展的前提是生產產品的每一部機器維持正常能力下的運轉和生產出來的每一種產品能夠存在一個穩定的價格。這樣,當資本存量要素依據穩定價格估值時資本利潤率和投資利潤率就會相等。由於資本利潤率由資本累積率和利潤儲蓄比確定,員工的工資水平高低由現有技術條件和投資利潤率確定,當不同的企業趨同於使用能夠實現最大投資利潤率的技術時,不同企業的未來投資利潤率預期與當期投資利潤率預期就會趨於相等,從而導致不同生產線上現有技術生產出來產品的預期利潤率都相等。

(二)對財務學資本內涵與地位的思考

1. 財務學中資本內涵

研究者立足於不同的學術思路,形成對資本內涵理解的不同觀點。《薩繆爾森辭典》認為:「經濟理論學中的資本是指生產投入三要素(土地、勞動、資本)中的任意一種。資本由生產過程中的耐用品構成;財務會計方面中資本代表公司股東已經認購的資金總量,股東相應地獲得了該公司的股份。」①《薩繆爾森辭典》進一步將資本解釋為「作為生產要素的資本是指能夠在生產過程中發揮作用的實物,是構成生產經營不可缺少的物質條件。從生產角度看,資本可區分為資本品和貨幣資本……從企業看,資本是廠商的總財富,既包括有形資產、無形資產也包括應行存款、證券等。作為現在和未來的產出和收源泉,資本是一個具有價值的存量。」②《經濟學百科全書》認為:「資本就工商企業而言,由房屋、建築物、工廠、機器設備、庫存、住房、運輸設施和設備等構成。資本還包括人力和非買物……資本不論採用哪種形式,其特點都是利用現時生產來創造那些將來生產要加以利用的某種資源,將來生產要麼提供消費服務,要麼形成更多資本。」③薩伊認為「形成資本的不是物質,而是這個物質的價值」④;詹姆士·穆勒認為「資本就是商品」⑤;瓦格納認為「資本是一個經濟財物的倉庫,這個倉庫是作為製造或取得新經濟財物的手段而服務的」⑥;熊彼特認為「資本就是企業家為了實現『新組合』用以『把生產指往新方向』『把各項生產要素和資源引向新用途』的一種『槓桿』和『控製手段』……資本不是具體商品的總和,而是可供企業家隨時提用的支付手段,是企業家和商品世界之間的『橋樑』,其職能在於為企業家進行創新提供必要的條件」⑦;索洛在認為「資本代表的是已經被生產出來的或者自然的生產要素的存儲,這種存儲被認為在將來的某個時候能夠產生效益」⑧。

趙德武(2005)認為廣義的資本概念包括物質形態資本(財務資本,如貨幣資本、

---

① 保羅·薩繆爾森.薩繆爾森辭典[Z].陳訊,譯.北京:京華出版社,2001.
② 保羅·薩繆爾森.薩繆爾森辭典[Z].陳訊,譯.北京:京華出版社,2001.
③ 道格拉斯·格林斯沃爾德.經濟學百科全書[Z].北京:中國社會科學出版社,1992.
④ 夏書樂,等.資本營運理論與實務[M].大連:東北財經大學出版社,2000.
⑤ 道格拉斯·格林斯沃爾德.經濟學百科全書[Z].北京:中國社會科學出版社,1992.
⑥ 侯龍文,等.企業資本經營[M].成都:西南財經大學出版社,1998.
⑦ 侯龍文,等.企業資本經營[M].成都:西南財經大學出版社,1998.
⑧ 羅伯特·索洛.資本理論及其收益率[M].劉勇,譯.北京:商務印書館,1992.

物質資本、自然資本、技術資本等）和非物質形態資本（非財務資本，如人力資本、智力資本、社會資本等）。狹義的資本概念就是財務學研究的財務資本。立足於財務學，資本具有外在稀缺性、內在增值性和空間範圍控製性等特徵①。外在稀缺性表明作為經濟資源的資本，由於供給的非充分性使得不同組織能夠擁有的資本總量是短缺的。正因為如此才出現了對資本的優化配置、高效使用的財務命題。內在增值性表明資本在不斷的循環週轉運動中能夠實現價值的增值，內在增值性成為衡量企業經濟效益和企業之所以優化配置和高效使用資本的關鍵之所在。空間範圍控製性表明具有排他性、增值性的資本被某一財務主體擁有或控製後，資本產權歸屬唯一的財務主體就會使用這一資本來為其創造價值。

夏書樂等（2000）認為狹義的企業資本就是會計學中的企業資本金，就是反應在資產負債表中的實收資本或股本。比較廣義的企業資本就是所有者權益，也就是實收資本（股本）加上資本公積加上盈餘公積加上未分配利潤。廣義的企業資本就是所有者權益加上借入資本，即資本＝權益資本+債務資本②。

朱文莉等（2007）認為企業資本就是企業「泛資本」。也就是說，不應該囿於資本的來源、產權及具體形式來理解資本，凡有利於企業發展的一切資源、對企業有用或有價值的任何資源都可以理解為企業的資本③。將企業資本界定為企業的「泛資本」是基於資本的「有用性」這一基本屬性的。基於企業的「泛資本」的「有用性」，企業擁有或控製的資源可分為「軟資源」和「硬資源」兩類。其中，硬資源是指在一定的技術、經濟和社會條件下能被企業利用的有形要素，包括自然資源、貨幣、物質資源等；軟資源是以智力和管理為基礎的資源，主要由市場資源、知識資源、人力資源、組織管理資源、政策資源、權利資源等構成④。

王家華等（2009）認為依據馬克思對資本的定義，資本是能夠帶來剩餘價值的價值。工業經濟時代，財務資本的稀缺性以及人力資本的充裕性決定了這一時代的資本主要是指財務資本；在知識經濟時代，財務資本只是實現資本創造價值的必要條件，最重要的資本是人力資本。因此，資本主要應側重於人力資本⑤。

章軍榮（1996）援引馬克思在《資本論》中對資本的定義：「它（指資本）以自由、勞動者普遍存在為歷史條件，是能夠帶來利餘價值的價值。」後認為資本是「能夠創造新價位的價值」或「能夠帶來價值增值的價值」，資本的實質是一種能夠實現增值作用的價值。因此，資本的外延應包括勞動力、資金及各種資源，是一切價值實體和價值符號的總稱。資本的特徵體現在：資本本質作用是增值，經濟資源只有投入到創造新價值中，才形成資本；資本增值作用的實現在於資本的運動、實現資本運動中的增值；

---

① 趙德武. 財務資本的所有權結構與公司理財效率 [J]. 會計師，2005（8）：24-28.
② 朱文莉. 基於資本運動矛盾與平衡的企業財務管理研究 [D]. 西安：西北農林科技大學，2012：18.
③ 朱文莉. 對企業財務資本的重新審視與規定 [J]. 商業研究，2007（1）：55.
④ 朱文莉. 基於資本運動矛盾與平衡的企業財務管理研究 [D]. 西安：西北農林科技大學，2012：18-19.
⑤ 王家華，劉斌紅. 論資本成本理論的拓展 [J]. 華東經濟管理，2009（3）：41.

資本既包括有形資本也包括無形資本，既有存量資本也有增量資本。①

整合上述對資本界定的不同觀點，我們認為財務學中的資本就是不同組織（營利性組織和非營利性組織，主要側重於營利性組織）擁有或控製的在組織持續經營期內能夠為該組織帶來預期的長期淨現金流的各種資源，這些不同資源形成組織的要素資本（物質資本、技術資本、財務資本、人力資本、信息資本、知識資本、社會資本），不同要素資本為組織創造的價值增值可能是顯性的也可能是隱性的。在此意義上，不同組織的資本可區分為顯性資本和隱性資本。

2. 資本在財務學中的地位

資本在財務學中究竟應處於什麼樣的地位？對此命題學者們還沒有形成統一的觀點。干勝道（1998）認為「財務管理應把資本作為邏輯起點和歷史起點。從邏輯上看，財務目標無論是利潤最大化還是每股收益最大化或其他提法都是由資本的本性決定的。從歷史上看，貨幣資本化是財務產生的前提。財務學三大板塊內容與資本關係非常密切：籌資是資本的籌集，投資是資本營運的時間、方向、數量等的組合，利潤分配是按國家法律規定和資本投入者的決策進行剩餘價值的分割。可以這樣說，財務學的全部內容都是圍繞資本的運作展開的。資本起點論不僅符合歷史和邏輯而且也是財務管理實踐的要求」②。羅福凱（2003）認為「20世紀70年代技術資本、人力資本等從企業資本的影子裡徑直走向大企業舞臺中心。純粹的財務資本（消極貨幣）的重要性下降。世界經濟中以『資本雇傭勞動』為主導的經濟製度逐漸被『勞動雇傭資本』的趨勢和以綜合價值為基礎的多種生產要素共同作用的經濟製度所取代。勞動價值和效用價值統一的綜合價值或完全價值及其理論將取代資本理論在經濟學中的核心地位，財務學中資本範疇的核心地位也被價值範疇所取代；」③「當信息經濟取代工業經濟時，財務資本和實物資本的作用在減少——在沒有財務資本的條件下，知識、技術和勞動相結合也可生成知識資本、技術資本和人力資本以創造價值。在世界範圍內，約在20世紀下半葉，財務學進入價值邏輯時代」④。王斌、高晨（2001）認為資本邏輯就是「資本基本主義」原則，其基本含義是財務資本是構建社會基本組織和經濟權力的中心。資本邏輯形成支撐資本主義三大精神支柱（經濟增長、經濟權利、經濟利潤）的基點：資本是資本主義經濟增長的源泉、資本是資本主義確立權力結構的基礎、資本決定著資本主義經濟利潤的歸屬⑤。儘管「經濟學強調的利潤最大化與財務學所強調的企業價值最大化或股東財富最大化在邏輯上是一致的，……它們都是資本邏輯的必然結果。如果從社會邏輯角度，重新審視財務目標定位不難發現，其結論則另有所求。……社會成本——社會效益原則符合歷史發展的客觀規律、符合作為社會契約的現代企業性質，更符合企業和社會可持續

---

① 章軍榮. 資產與資本關係新探 [J]. 四川會計, 1996（3）：20.
② 干勝道. 所有者財務論 [M]. 成都：西南財經大學出版社, 1998：22-34.
③ 羅福凱. 財務理論的內在邏輯與價值創造 [J]. 會計研究, 2003（3）：25.
④ 羅福凱. 財務理論的內在邏輯與價值創造 [J]. 會計研究, 2003（3）：26.
⑤ 王斌, 高晨. 論資本邏輯與社會邏輯——對未來企業及其財務管理的思索 [J]. 北京商學院學報, 2001（1）：23.

發展的需要。」① 朱文莉等（2007）認為資本是財務管理的核心概念。

比較上述各種觀點不難發現，伴隨著人類社會從工業經濟時代向知識經濟時代的變遷，資本的內涵由突顯財務資本向突顯人力資本、信息資本、知識資本等非財務資本轉變，在這一轉變過程中，資本在財務學中的地位也成為學者們關注的焦點。歸納起來，上述不同觀點都是針對「資本是否仍然在財務學中處於核心地位」這一命題展開的。干勝道（1998）、朱文莉等（2007）支持資本仍然是財務學的核心概念，是財務管理的邏輯起點、歷史起點；羅福凱（2003）、王斌、高晨（2001）認為價值、社會價值等範疇應處於財務學的核心地位。本書認為，隨著財務環境的變遷，財務學的理念和管理的方式方法無疑會相應地發生變化；同樣，資本範疇的內涵儘管會隨著財務環境的變遷而不斷地豐富與完善，但內涵豐富的資本範疇仍然在財務學中處於核心地位，仍然既是財務學的歷史起點也是財務學的邏輯起點。資本的財務學歷史起點表明了財務學與經濟學的同源性和一脈相承性，資本的財務學邏輯起點表明了財務學與經濟學的相互獨立性和發展完善性。歷史起點和邏輯起點的統一表明財務的本質就是基於資本的價值創造，也表明財務學以利益相關者價值最大化作為財務目標定位的合理性。畢竟，利益相關者價值最大化是基於資本要素價值創造前提下利益相關者多方財務博弈行為的社會價值最大化。

二、基於財務價值決策的財務資本

就管理學而言，不同形式的資本概念是貫穿財務管理學的核心概念，如資本成本、資本結構、權益資本、債務資本、長短期資本、資本預算、營運資本、資本預算與收益等。基於財務價值決策視域，財務管理學中的資本概念缺乏系統全面性。這種系統全面性的缺失首先源自對財務資本內涵理解的不統一，尤其是界定財務資本內涵是所持有的「固化」思維方式和對財務資本的「泛化」表述②。

基於馬克思《資本論》的財務資本觀認為財務產生的前提條件就是貨幣的資本化，因此財務資本就是貨幣資本。羅福凱（2003）認為經濟組織最主要的生產要素是財務資本及其與機器設備、勞動者、技術、信息和知識等生產要素相結合形成的實物資本、人力資本、技術資本、信息資本和知識資本等要素資本……財務資本就是貨幣資本、基礎證券、衍生工具和易於變現的短期投資的集合體。趙德武（2005）認為財務資本就是具有物質形態資本，如貨幣資本、物質資本、自然資本、技術資本等。夏中雷（2005）認為財務資本就是與人力資本相對應、被人們統稱為財富的資本。袁春生（2002）認為財務資本就是企業的「泛財務資源」，即「對企業有用或有價值的所有資源的集合」③。國際會計準則委員會認為：財務資本是指投入企業的貨幣或購買力。……財務資本投入企

---

① 王斌，高晨.論資本邏輯與社會邏輯——對未來企業及其財務管理的思索 [J].北京商學院學報，2001（1）：25，26.
② 朱文莉.對企業財務資本的重新審視與規定 [J].商業研究，2007（1）：55.
③ 袁春生.新經濟下財務管理主題的轉變 [J].山西財經大學學報，2002（11）：46.

業後，通過供應、生產和銷售等環節的財務循環後，通過新價值創造，確保財務資本保值增值。就此意義而言，財務資本就是企業的淨資產或產權資本。現代財務學認為：財務資本是以下三部分資金的和：①經濟組織在進行生產交易活動中所墊支的貨幣資金；②經濟活動過程中實物資產的變現價值；③金融資產價值[①]。朱文莉（2007）將財務資本界定為：財務資本是構成企業資本的重要部分，是滿足貨幣計量條件并反應在財務報告中的能夠給企業實現現實或預期價值增值的合約化稀缺資源。當下列條件同時滿足時，無論通過什麼來源、渠道獲取，也不管以何種形式出現的資本都可以形成所謂的財務資本：能夠實現現實或預期預期收益使得資本價值保值增值；通過合約形式進入企業并被納入綜合價值管理和核算體系；取得與使用的有償性。資本稀缺的程度越高，付出的成本與代價就越大，分享的剩餘就越多[②]。

　　事實上，上述對財務資本概念的表述與理解體現出傳統財務資本觀和現代財務資本觀、狹義財務資本思路和廣義財務資本思路的矛盾與衝突：傳統財務資本觀將財務資本界定為貨幣資本、物質資本、自然資本等，這是財務資本的狹義概念；現代財務資本觀將財務資本界定為人力資本、信息資本、知識資本等「泛資本」，這是財務資本的廣義概念。顯然如何協調這種矛盾與衝突，突破狹義財務資本界定思路中存在的界定財務資本內涵與外延時的根源性局限（即強調資本的具體來源、存在形態和區分標準）和克服廣義財務資本界定思路中存在的對財務資本內涵的無原則放大性（即財務資本就是企業的「泛財務資源」）而導致外延極度縮小性成為界定財務資本的最核心問題。為此，界定財務資本概念應體現如下思路和原則：一方面，要拓展傳統財務資本觀界定財務資本時的狹義思路，從財務資本是企業資本的重要構成部分出發處理好兩者之間個性與共性、包含與隸屬關係以突顯知識經濟時代隨著資本呈現出的多樣性特徵來適度拓展財務資本應有的內涵與外延，厘清財務資本與人力資本、信息資本、知識資本之間的隸屬層次關係；另一方面，要適當限制現代財務資本觀界定財務資本時的廣義思路以避免界定財務資本時由於對其內涵的無原則放大而引發的外延極度縮小性問題。同時，就財務價值決策而言，與其相關聯的財務資本必須決策相關資本，這就要求界定的財務資本在具體的財務管理實踐中應該具有能夠融合價值創造的可度量性和資本營運的可控製性和易於操作性為一體的屬性特徵。

　　基於上述分析，本書將財務資本界定為：財務資本是隨著資本內涵的變遷而動態拓展的一種要素資本，是由財務契約約定的能夠為其擁有者在循環週轉和不斷流通運動中創造價值增值、帶來現實或者預期收益的稀缺性經濟資源。這種經濟資源符合財務會計中的貨幣可計量原則和財務報告可反應原則。就其存在形態而言，有些財務資本處於顯性狀態，有些財務資本處於收益可度量的隱性狀態。財務資本具有產權歸屬明晰性、存在形式多樣性、運動本質增值性和財務決策相關性等基本特徵。產權歸屬明晰性表明，依據締結財務契約時約定與配置的責權利，作為財務資本主體的利益相關者擁有對財務

---

① 祝濤. 公司財務資本的重要地位及其累積問題［J］. 財會月刊，2006（12）：56.
② 朱文莉. 對企業財務資本的重新審視與規定［J］. 商業研究，2007（1）：56.

資本所有、使用、處置等相關責權利；存在形式多樣性表明，財務資本貫穿於籌資、投資、營運、分配等財務活動的各個時空環節，其在財務活動的不同時空環節可能會以不同存在形態而出現；運動本質增值性表明，財務資本的本質是在動態的循環流通運動中通過流向預期收益率最大的領域來實現價值創造和增值的最大化。當然，收益風險相對應原則意味著財務資本實現價值創造和增值最大化的過程也是各種財務風險最高的過程，這就要求財務資本經營者在盡可能規避財務風險的前提下實現財務資本收益的最大化。財務決策相關性表明在財務價值決策實踐中財務資本具有可控製性。從籌集財務資本時內源性資本數量的確定到對所需外源性資本數量的預測，從資本結構中債務資本和權益資本槓桿度的優化到項目投資時財務資本在不同投資方案之間的搭配與流向，等等，所有這一切財務價值決策主體都是事先可預測、事中可控製、事後可反饋的。這種對財務資本的事先預測、事中控製、事後反饋體現出財務資本最為顯著的財務決策相關性特徵。

第二節　財務價值決策基礎

一、從價值到企業價值

(一) 價值內涵的多樣性

價值內涵的多樣性源自不同學科研究價值時的多樣性思路和視角。比如，哲學、經濟學、物理學等不同學科的研究思路和視角就賦予價值不同的內涵。依據好搜百科文獻，對價值的理解涉及基本概念、經濟價值、物理價值、價值本質、價值哲學、物理定義、價值起源、價值進化、價值分類、經濟形態、價值層次、政治理解、其他理解 13 個不同方面[1]。就價值的基本概念看，價值的含義是動態變化的：價值源自自然界並隨著人類進化和社會發展而進化、發展，其終極本原就是運動變化的物質世界和基於勞動的人類社會。就價值分類看，可以從變化方向、作用主體類型、價值層次、作用的社會領域、個人作用過程、作用方向、作用效果、作用事物類型、價值主導變量、價值作用時期、價值動態變化、表現方式、作用方式、作用時間範圍、作用空間範圍、載體類型 16 個價值的不同特徵[2]進一步將價值區分為正向價值與負向價值，個體價值、集體價值和社會價值，溫飽類價值、安全與健康類價值、人尊與自尊類價值和自我實現類價值，經濟類價值、政治類價值和文化類價值，生活資料價值和生產資料價值，使用價值和勞動價值，生存類價值和發展類價值，真假感、善惡感和美醜感，主價值、客體價值和介體價值，追溯價值、現實價值和期望價值，確定性價值、概率性價值，顯性價值和隱性價值，直接價值和間接價值，短期價值和長遠價值，局部價值和整體價值，物質性價

---

[1]　好搜百科：http://baike.haosou.com/doc/1755614-1856438.html.
[2]　好搜百科：http://baike.haosou.com/doc/1755614-1856438.html.

值和精神性價值等具體內容①。MBA 智庫百科文獻從什麼是價值、價值的本原、價值的本質、價值的主觀反應、人類抽象勞動的結晶、價值量決定、價值是商品經濟特有的歷史範疇七個方面對價值進行了多層次的解釋②。就價值的概念看，價值是構成商品的基本因素，因此屬於商品經濟特有範疇，是凝結在商品中的無差別人類抽象勞動。就價值的本原看，價值的本原就是運動變化的物質世界。就價值量決定看，決定商品價值量的社會必要勞動時間與勞動生產力相關聯。具體而言：商品的價值量與體現在商品中的勞動量同向變動，與勞動生產力反向變動③。國際評估標準委員會在《國際評估準則》中將價值界定為「價值是能夠反應可供交易的商品、服務在其買方、賣方之間的貨幣數量關係」④。楊雄勝（2004）認為價值并不是客觀的數學計算，而是貫穿時空的主觀價值。依據對價值不確定性的理解、假設認為，價值具有市場價值、持續經營價值、規劃價值、出售價值、帳面價值、市場增加價值、智力資本價值、收購價值、客戶價值、股東價值等不同的表現形式⑤。其中，市場價值就是公司所有者預期的經營者應創造的未來現金流的淨現值，數量上等於是預測的股權現金流貼現值；持續經營價值就是公司在持續經營條件下即期現金流現值加上以其他資產替換現有資產時的估算值；規劃價值就是公司的管理人員依據財務規劃基於期末持續經營價值而估算的未來現金流；出售價值就是從變賣公司資產的角度對公司未來產生的現金流的貼現值；帳面價值就是反應在具體會計報表中的數據；市場增加價值就是未來 EVA 的合計數，反應大於公司帳面價值的市場價值；智力資本價值就是公司投資於人力資源、知識後預期能夠獲取的未來現金流；收購價值就是公司為外部利益相關者所創造的價值；客戶價值就是消費者通過對公司提供產品和服務的消費效用與支出成本的比值，通常用客戶價值等式來度量；股東價值就是股東基於對公司未來收益的所有權而獲取的價值，數量上等於未來利潤對風險利率的折現值。

從上述列舉的價值內涵來看，價值的概念涉及哲學、物理學、經濟學、管理學等不同的學科範疇，這就是很難對價值進行規範界定的本質所在。也就是說，不同學科基於研究需要就會從學科自身出發來界定價值的概念。比如，哲學上將價值界定為價值的終極本原就是運動變化的物質世界和基於勞動的人類社會。經濟學上將價值界定為價值是構成商品的基本因素屬於商品經濟特有範疇，本質上是凝結在商品中的無差別人類抽象勞動。管理學上的價值存在三種不同的理解思路：價值創造中的價值、價值估值中的價值、價值管理中的價值。就管理學而言，界定價值與理解企業正相關，價值就是企業價值。因此，上述價值創造、價值估值、價值管理的三種不同價值存在形態事實上就是指三種不同的理解企業價值的思路：價值創造中的企業價值、價值估值中的企業價值、價值管理中的企業價值。

---

① 好搜百科：http://baike.haosou.com/doc/1755614-1856438.html.
② MBA 智庫百科：http://wiki.mbalib.com/wiki/價值.
③ MBA 智庫百科：http://wiki.mbalib.com/wiki/價值.
④ 孫笑. 基於財務決策視角的企業內在價值評估方法研究 [D]. 長春：吉林大學，2013：9.
⑤ 楊雄勝. 高級財務管理 [M]. 沈陽：東北財經大學出版社，2004：32-33.

（二）企業價值

楊雄勝（2009）認為企業概念的複合性決定了企業價值的複合性。企業既是包含土地、勞動力、技術、資本和企業家才能等要素資源的經濟組織，也是集法律主體、資產主體、經營主體、市場主體於一身的複合體。基於此，企業價值是對特定期間影響企業生存、發展的內部外環境因素、時間價值與風險價值體現的融合體，是能夠從總體反應企業獲利能力的整合指標。基於獲利能力，企業價值=企業現有獲利能力價值+潛在獲利機會價值，數量上等於未來經營期淨現金流量的現值和。企業價值可歸納為五種具體形式：帳面價值、市場價值、公允價值、清算價值、內在價值。[1] 其中，帳面價值就是特定會計期間資產負債表所列示的資產數據；市場價值就是企業作為可交易商品，在進行公開的市場交易時供求均衡時所確定的價格，數量上等於企業的股票價格加上企業債務的市場價；公允價值就是交易雙方在信息完全對稱條件下自願交易形成的價格，通常以強市場下的市場價值代替公允價值；清算價值就是企業在非持續經營條件下將其實物資產進行剝離並單獨估價時的資產價值；內在價值就是企業未來經營期淨現金流的折現值。李心合（2004）分析了基於資本強權理論、股東與社會利益相統一理論的股東價值導向模式和基於共同所有權理論、託管責任理論、公司社會責任理論的利益相關者價值導向模式等公司價值模式[2]。鄧英（2005）分析企業內在價值定性界定時存在的內涵不廣、角度單一、闡述不清等問題并提出從債權人視角、優先股股東視角、普通股股東視角、所有投資者視角來定量界定企業內在價值的基本思路[3]。程廷福、池國華（2004）認為從財務學視角看，企業價值存在四種不同的形態：帳面價值、市場價值、公允市場價值、內在價值。就評估學視角分析企業價值，能夠和財務學視角的企業價值存在共性的就是企業的內在價值。隨著 EVA 績效評價指標的推出和在財務價值決策與財務估值實踐中的廣泛應用，企業內在價值的內涵應予以拓展，即內在價值=未來現金流貼現值+未來經濟利潤貼現值[4]。姚曼琪（2007）認為可以借鑑勞動價值論、效用價值論、新古典經濟學價值論等相關理論中對價值來源思想的表述來理解企業價值[5]。吳虹雁（2008）援引 1958 年莫迪里安尼和米勒在《資本成本、公司財務和投資理論》一文中對企業價值的界定，認為：企業價值就是企業的市場價值，數量上等於企業股票的市場價值加上企業債務的市場價值，即：企業價值=企業股權市場價+企業債權市場價[6]。孫笑（2013）認為界定企業價值的概念是對企業進行價值估值的起點，在市場機制比較完善且作為資源配置的方式和手段，市場機制能夠有效配置在市場上交易的各種資源要素時才會存在完全意義上的企業價值。據此，可將企業價值定義為企業全部投資者共同擁有的資產在營運過程中所形成的價值。從構成上看，企業價值由權益價值、債務價值、少

---

[1] 楊雄勝.高級財務管理 [M].沈陽：東北財經大學出版社，2009：94-95.
[2] 李心合.公司價值取向及其演進趨勢 [J].財經研究，2004（10）：33.
[3] 鄧英.企業內在價值界定新探 [J].財會月刊，2005（9）：38-39.
[4] 程廷福，池國華.價值評估中企業價值的理論界定 [J].財會月刊，2004（6）：8-9.
[5] 姚曼琪.企業價值評估的價值類型選擇問題研究 [D].大連：東北財經大學，2007：8.
[6] 吳虹雁.農業上市公司價值評估與價值創造研究 [D].南京：南京農業大學，2008：5.

數股權價值、其他追索權價值構成；從數量上看，企業價值等於企業全部經營性資產形成的現金流加上企業全部非經營性資產形成的現金流①。

上述文獻理解、定義企業價值的思想無疑具有很大的借鑑意義。我們認為企業價值就是價值創造中的企業價值、價值估值中的企業價值、價值管理中的企業價值的有機集合。因此，完整的企業價值內涵可以從下述三個方面來定義和理解：

1. 價值創造中的企業價值

企業價值源自何處？是什麼創造了企業的價值？勞動價值論、效用價值論、新古典經濟學價值論、成本價值論、市場價值論、未來價值論等不同的理論提供了理解并定義價值創造中的企業價值的思想和思路②。

(1) 勞動價值論。勞動價值論從商品供給方的視角來衡量企業價值，認為企業價值是由社會必要勞動時間決定的凝具在特定交易體——企業上的無差別人類勞動，是設立企業時耗費的勞動成本和企業成立後所生產商品未來價值的集合，即企業價值等於耗費的勞動成本加上商品的未來價值。由於企業的產生和存在是無差別人類勞動的凝具，因此，企業本身就是一種特殊的商品，這種特殊商品在市場上進行兼并重組、收購改制的交易時就會體現出其價值的高低。同時，企業能夠存在的最基本前提是實現足夠大的利潤，利潤最大化只能通過勞動力生產出的產品創造出價值後實現。因此，企業價值的高低就具體體現在企業生產的商品未來價值上。勞動價值論奠定了企業價值評估中重置成本法的理論基礎，這樣，企業價值可通過估算企業的重建成本來確定。

(2) 效用價值論。效用價值論從商品需求方的視角通過市場消費者的效用大小來反應企業價值的高低，認為企業價值是消費者在消費企業提供的產品或服務時由於自身的效用感受而對產品或服務做出的主觀評價。如果消費者感到某一商品或服務帶給自己較大的消費效用，商品或服務價值就大，企業價值就高；反過來企業價值就低。可見，消費者感受到的效用大小與企業銷售商品或提供服務的多少同向變動，而企業銷售商品或提供服務的多少又和企業盈利能力的高低同向變動。因此，可感知的效用越大，企業的盈利能力就越強，相應地企業的價值也就越高；反之亦然。效用價值論奠定了用收益法進行企業價值評估時的理論基礎。收益法通過將企業可持續期間的收益（淨現金流量）貼現相加後估算出企業盈利的總價值，這個總價值就是企業價值。因此，企業的盈利能力越強，企業價值就越大。

(3) 新古典經濟學價值論。新古典經濟學價值論整合了勞動價值論從商品供給方的視角來衡量企業價值和效用價值論、從商品需求方的視角通過市場消費者的效用來反應企業價值的思想，認為企業價值由交易市場上供需雙方的討價還價決定，企業價值就是交易市場上供需雙方討價還價後的均衡價。新古典經濟學價值論奠定了用市場法進行企業價值評估時的理論基礎。市場法將待評估企業的價值和具有相同屬性、類似特徵的已

---

① 孫笑. 基於財務決策視角的企業內在價值評價方法研究 [D]. 長春：吉林大學, 2013: 9-10.
② 姚曼琪. 企業價值評估的價值類型選擇問題研究 [D]. 大連：東北財經大學, 2007: 8-9；吳虹雁. 農業上市公司價值評估與價值創造研究 [D]. 南京：南京農業大學, 2008: 5-7.

評估企業的價值進行比較，通過對已評估企業價值進行合乎邏輯的修正從而得出評估企業的價值。

(4) 成本價值論。成本價值論以財務會計上企業價值的可貨幣度量為立足點，將企業看作是能夠交易的一種特殊商品，組成這一特殊交易商品的每一項要素資產的和就形成企業的價值。因此，企業價值等於企業成立時耗費的全部成本費用，即企業成立時全部支出成本。事實上，構成企業這一特殊交易商品的每一項要素資產的不同組合形成的整體組合力可能會產生「經濟性增貶值」和「功能性增貶值」兩種不同的效應。如果這種整體組合力產生的是正效應，則企業價值大於每一項要素資產的和，這時形成企業價值的「經濟性增值」和「功能性增值」效應；反過來，如果這種整體組合力產生的是負效應，則企業價值小於每一項要素資產的和，這時形成企業價值的「經濟性貶值」和「功能性貶值」效應。

(5) 市場價值論。市場價值論的基本觀點就是：企業價值等於公平協商的市場價，即公允價值。市場價值論基於市場有效時，組織、團體、個人在公平、信息對稱市場上的討價還價能夠形成一種公平合理的談判協商價值或者說能夠形成一種無脅迫、無負債交易的價值，這種價值就是企業價值。現實地分析，由於不同會計時點上的企業市場價值都是內外部財務環境的產物，都會受到諸如政治經濟、社會文化、科技發展、行業經營等各種外部環境因素和資本數量結構、無形資本、產品服務的質量好壞、盈利能力強弱等各種內部環境因素的影響；因此，基於市場價值論的企業價值客觀上存在潛在的不確定性，這種不確定性造成對企業價值估值的相對困難。

(6) 未來價值論。未來價值論基於企業價值的貨幣時間價值因素和企業價值的可比性，認為企業未來可持續經營期間的盈利能力影響并決定企業價值。基於此，企業價值等於企業現有資本要素預期獲利能力價值加上企業未來潛在的投資機會預期獲利能力價值，即企業未來可持續經營期間的淨現金流折現值和。未來價值論將企業價值界定為未來可持續經營期間淨現金流折現值的和，是以未來可持續經營期間淨現金流確定和風險折現率已知為前提的。事實上，撇開未來可持續經營期間淨現金流（由於對未來可持續經營期間淨現金流的估算相對而言還是能夠進行的），單就折現率的估算而言，無論是以 MM 定理為代表的傳統估值方法還是以剩餘收益模型為代表的現代估值方法，都無法從本質上精確估算折現率，也就是說現有折現率估值技術確定的折現率僅僅是一個誤差可容忍的折現率，這樣未來價值論確定的企業價值同樣也是一個誤差可容忍的企業價值。

2. 價值估值中的企業價值

價值評估的本意一方面就是為企業內外部利益相關者的不同財務決策提供較為公允的相關決策信息，以促進企業價值創造時的保值增值進而實現利益相關者價值最大化；另一方面，利益相關者價值最大化的實現離不開對企業價值的管理，因此，價值評估是價值管理的基礎和前提。價值評估體現出鮮明的綜合性和不確定性特徵。綜合性表明價值評估應全面考慮企業全部資本要素在未來期間可能形成的現金流量、企業應對各種風險的能力而形成的戰略競爭力等因素的基礎上，以整個企業為評估對象來估算企業長

期、可持續能力產生的未來現金流量。不確定性表明對企業價值可持續增長期間、未來現金流量、風險折現率等因素的估算是在考慮企業面臨動盪變遷的內外部財務環境影響，是在充分考慮有形資本和諸如核心競爭力、商譽等無形資本的雙重影響下進行的，其結果是價值評估不存在所謂絕對精確的數值。正因為如此，價值估值中的企業價值可從以下不同方面來理解：

（1）企業價值＝企業帳面價＝資產的歷史成本。將企業價值理解為企業帳面價是財務會計上基於客觀性原則、謹慎性原則、歷史成本計量原則的產物。這一思想反應了靜態會計恆等式下資產負債表所有權構成突顯的價值；資產負債表右邊債權人和股東對左邊企業全部資產要求權的價值和。將企業價值界定為企業的帳面價為借助資產負債表長時間窗數據進行企業價值的估算提供了最為方便的數據來源，但不考慮通貨膨脹對歷史成本的影響使得資產的帳面價值會偏離真實的企業價值，使得對企業價值的估算缺乏有效性和可預測性。不考慮資產可能產生的未來收益使得對企業價值的估算背離了資產的本質特徵。可見，儘管實務中評估企業價值時較多採用的帳面價，但其可能導致企業價值估算結果的較大誤差。

（2）企業價值＝市場價值＝股權資本的市場價值＋債務資本的市場價值。將企業價值理解為上市公司的市場價是基於資本市場有效這一基本假設。依據這一假設，當資本市場有效時，股票的市場價格完全反應著上市公司發行股票的所有公開信息，這樣，股票的市場價格就是股票的市場價值的最佳無偏估計量。因此，基於股票市場價格的企業市場價值就是企業價值的最佳無偏估計量，是對企業價值較為真實的反應。事實上，由於上市公司內外部財務環境的動盪都有可能影響到股票價格，加之財務現實中世界範圍內任何一個國家的資本市場都不可能達到完全有效，因此認為企業的市場價值就是對企業價值的真實體現顯然是存在缺陷的。資本市場上能夠真實體現企業價值的只能是企業的內生價值，市場價值僅僅可作為估算企業價值時的一個參考價值而已。

（3）企業價值＝公允價值＝完全市場上交易價格。將企業價值理解為企業的公允價值是指基於對資本市場設定眾多嚴格假設時（比如交易信息完全對稱、資本市場不存在進入壁壘等），就把企業看作是一種能夠自由交易的特定商品，經過買賣雙方討價還價後達到的均衡交易價格既是企業的公允價值又是企業的價值。可見，將企業價值定義為公允價值應首先準確理解公允價值。對公允價值的經典定義有：國際會計準則認為公允價值就是「信息完全、資源交易的雙方在正常交易的情況下達成交易時資產的價值」；國際評估準則委員會準則認為公允價值就是「信息完全、行動慎重并且不受強迫的交易者組成的資產市場上，經過合理的市場營銷期自願交易的賣方和買方在評估基準日正常交易的情況下達成時資產的價值」[①]。以上觀點把企業當成了一種可以交易的商品，其價值就是在完全市場中的交易價格。同樣的道理，由於人為設定的、擁有眾多嚴格假設條件的資本市場與財務現實中的資本市場相去甚遠，因此，將企業價值理解為企業的公允價值仍然是有缺陷的。

---

① 程廷福，池國華. 價值評估中企業價值的理論界定 [J]. 財會月刊，2004（6）：8-9.

（4）企業價值＝企業內生價值。將企業價值定義為企業內生價值是從企業未來可持續總體獲利能力出發，通過對企業未來可持續現金流進行折現的和而得到企業內生價值，這一內生價值就是企業的價值。企業內生價值觀與微觀經濟學對價值的定義以及最早提出股利折現模型進行企業價值估值的威廉姆斯股利折現觀相吻合。微觀經濟學將價值理解為未來現金流的折現值，將企業價值理解為企業在其未來可持續經營期實現的現金流折現值的和函數。這與威廉姆斯理解的「資本市場上任何以股票、債券價值衡量的公司價值是由其資產在未來剩餘經營期所能持續產生的可用適當折現率貼現的現金流決定的」有異曲同工之妙。也正因為如此，儘管在較為準確估算企業未來可持續現金流和較為合理選擇貼現率時，可能存在較強的主觀色彩而使得估算出的企業內生價值與財務會計中、審計學中反覆強調的客觀性原則和可稽核性原則相背離，但這絲毫不影響企業內生價值在現代財務估值中的核心地位：企業價值就是企業內生價值。

3. 價值管理中的企業價值

價值管理就是基於價值的管理（Value Based Management，VBM），這一現代財務學中的核心概念最早由美國學者肯・布蘭查在《價值管理》一書中提出。價值管理就是在企業的經營管理活動中奉行「創造價值并實現價值增長」的財務價值管理理念，通過有效整合包括資本要素在內的所有戰略性資源要素，在不斷制定出投資創造價值的連續財務決策過程中，依據價值可持續增長規律來整合優化各種不同的價值驅動因素，并通過財務規劃、財務預算、財務薪酬實施、財務管理報告等主要管理環節來不斷地梳理、探索價值創造的運行模式和管理技術，以實現利益相關者價值最大化財務目標的新型的管理價值的模式。這種新型管理價值的模式源自為實現企業利益相關者追求價值最大化的內在需求應構建以對企業價值的估值為基礎，通過規劃財務價值目標與財務價值決策來整合各種財務價值驅動因素和財務管理技術來不斷培育、保持、提升企業可持續價值創造的核心競爭力。

基於上述對價值管理的理解與界定，價值管理中的企業價值是一種可能涵蓋股東價值、客戶價值、員工價值、持續經營價值、預算規劃價值、EVA、智力資本價值等價值在內的價值整合體，或者說是這些不同價值的集合體。這一價值整合體中最重要的企業價值包括：

（1）股東價值。股東價值就是基於股東對企業未來收益所有權而對企業現在（或未來預期規劃）持續經營活動中能夠預期的未來盈利現金流通過風險折現後的現值和。其中，風險折現體現出股東出於對其投入資本可能面臨諸如「資本被經營者消耗而無回報」「資本報酬率小於期望報酬率」「可能喪失的機會成本」等風險時要求經營者必須保全資本的約定與承諾。就股東價值的估值而言，依據企業價值＝市場價值＝股權資本的市場價值+債務資本的市場價值，不難得出股東價值＝企業價值-債務資本的市場價值。為此，要確定股東價值，應該首先估算出整個企業（或企業內部的某一個業務單位）的價值和債務資本的市場價值。通常債務資本的市場價值可近似地用債務資本的帳面價值來替代，這樣，估算整個企業（或企業內部的某一個業務單位）的價值成為確定股東價值的關鍵。實務中，估算整個企業的價值涉及三個方面：對預期營業現金流現值

的估算、對預測期末營業殘值的估算、對可轉換證券市場價的估算。

股東價值的管理涉及對營銷、銷售、營運、財務活動的管理等不同方面。為創造股東價值進行的營銷管理就是為企業選擇具有可持續競爭優勢的目標市場。由於目標市場的選擇是對企業可開發潛能大小和企業獲取競爭市場優勢可能性的總體考慮。因此，整體而言，如果企業在現有市場上保持著一定的強勢地位，那麼大規模現存市場應該是企業較好的目標市場；如果企業在現有市場上不存在一定的強勢地位，那麼那些小規模的未開發市場就是企業較好的目標市場。無論如何，從營銷規則轉換成對魚池比率的監控是進行營銷活動管理屢試不敗的經營法則。為創造股東價值進行的銷售管理就是拓展并提升企業銷售市場份額的同時來不斷增加股東價值。這就要求企業在能夠實現現有競爭優勢潛在收益的同時打造更具有未來競爭優勢的未來細分市場，不斷增大能夠增加價值的收益、減少只能夠維持價值不變的收益、根除磨損價值創造的收益。其中，能夠增加價值的收益就是企業在主營競爭市場內由於現有或可預期的競爭優勢獲取的類似壟斷租金的收益；維持價值不變的收益就是主營競爭市場外在沒有堵塞競爭優勢缺口和改變競爭優勢期間的前提下以增加營運資本為代價而實現的機會性銷售收入；磨損價值創造的收益就是主營競爭市場外以犧牲企業的稀缺性資本為代價而實現的資源收入。為創造股東價值進行的營運管理就是在科學合理區分企業主營核心業務領域和附營關聯業務領域的基礎上針對兩類不同的關聯業務實施不同的組織流程再造管理，從而使企業稀缺有限的要素資本能夠在主營核心業務領域和附營關聯業務領域之間進行科學高效的合理配置，以期不斷提升股東價值。為創造股東價值進行的財務活動管理就是根據企業不同的生命週期來設計、打造能夠獲取可持續競爭優勢的財務流程，使企業的財務活動是始終能夠保持其可持續競爭優勢進而為股東可持續創造價值的財務活動。之所以如此，這是由企業財務部門的職能決定的。即，作為各種財務預算活動的牽頭者，各種財務報告的編制者、報送者以及財務經營成果的監管者，企業財務部門是企業和股東形成財務共識的唯一窗口和通道。

（2）員工價值。員工價值就是在不斷提升企業雇員滿意度的前提下，由雇員滿意度引發對企業的忠誠度而為企業不斷創造的價值。雇員對企業不斷提升的忠誠度會提升企業的生產效率，減少企業招聘和培訓新員工的各種費用支出，對吸引各種潛在的客戶消費群更多消費企業的產品和服務起到標杆示範作用……所有這一切都是企業獲取可持續成本競爭優勢、增加企業價值的關鍵途徑。一般而言，雇員生產效率的高低與不斷增長是員工價值的核心之所在。為此，企業必須實施員工低成本戰略和員工學習曲線戰略。員工低成本戰略認為雇員是能夠將企業的收益和成本同時聯繫在一起并在提升企業收益的同時降低企業成本的關鍵因素，因而應該以雇員人均收入為基礎實行有差別的薪酬政策，即為那些能夠保持企業生產效率不斷增長的高質量骨幹員工提供較高的可持續薪酬補償。員工學習曲線戰略認為員工為企業創造的價值、實現的利潤總額是員工生產率曲線和員工報酬率曲線的函數，數量上等於員工生產率曲線對應的收益與員工報酬率曲線對應的收益的差。同時員工生產率曲線和員工報酬率曲線的正相關性、同向變動性表明員工獲取高報酬和提升生產效率、增加員工對企業利潤實現的貢獻度休戚與共。因此，

在設計企業的競爭優勢戰略時必須考慮員工個體的學習曲線戰略，通過增加員工對企業的滿意度、忠誠度來不斷延長員工在企業的服務期限，這種管理思路本質上涉及人力資源管理機制設計時對企業各種無形資本要素的配置。這些無形資本要素如果實現了合理高效的配置就會形成企業生產率可持續增加的源泉，成為不斷為企業可持續創造價值而競爭對手無法模仿的可持續競爭優勢，這正是員工學習曲線戰略的真諦之所在。

（3）客戶價值。客戶價值是企業價值賴以存在和實現的本源之所在，是企業價值創造的關鍵驅動因素。對此，管理大師德魯克形象地將其描述為：「對企業目的只有一個有效的定義，使客戶得到滿足……客戶界定了企業是什麼。」[1] 對客戶價值的理解可借助企業的經營利潤鏈來進行。企業的經營利潤鏈是連接企業的利潤增長，企業內部員工的滿意度、忠誠度和基於雇員能力的勞動生產率提升，顧客對企業、企業提供產品和服務忠誠度、滿意度以及客戶獲取企業產品與服務價值的橋樑。而這一橋樑的核心樞紐就是企業經營利潤鏈中的顧客價值恆等式。顧客價值恆等式對企業經營管理者的借鑑就是企業為客戶提供的產品和服務價值，企業為客戶提供的服務過程質量、客戶對服務的效用感受以及客戶購買服務過程中所支付的價格、所耗費的成本費用三者之間緊密相關：企業實現利潤的最基本條件就是客戶通過對企業產品和服務的消費而體現出的滿意度效用所創造的產品和服務的最終價值必須不小於產品和服務的總體成本。與此相對應，企業實現利潤的程度決定於客戶對產品和服務價值的預期值，即產品和服務價格的高低。因此，基於客戶價值創造的企業經營利潤鏈戰略設計的基本思路就是降價策略：企業實現利潤的多少與企業向顧客讓渡價值的多少呈正相關，要實現利潤的最大化，必須保證為顧客讓渡最大的價值，這可以通過降低企業產品和服務的價格、降低客戶購買企業產品和服務的成本來實現。

就客戶價值的管理而言，被眾多企業在客戶價值管理中推崇的首選「客戶價值基礎法」。「客戶價值基礎法」是一套能夠平衡與協調企業與客戶所需的流程集合。它包括顧客需求子流程、顧客對企業表現認知子流程、顧客抱怨子流程、顧客服務子流程、獲取顧客機會優先順序子流程、企業財務規劃子流程。[2]

二、財務價值

企業價值的多樣性形態（企業價值是對價值創造中的企業價值、價值估值中的企業價值、價值管理中的企業價值的整合體）決定了財務價值的多樣性形態。由於財務價值就是企業的財務價值，因此也可以從價值創造中的財務價值、價值估值中的財務價值、價值管理中的財務價值三個不同的思路來理解財務價值。就價值創造、價值估值、價值管理三者之間的關係分析，價值估值是對企業所創造價值的評估，價值估值的目標就是為了進行價值管理，只有對企業所創造的價值進行較為科學準確的估值，才能通過價值管理的各種方法和途徑為企業創造出更大的價值。可見，價值估值下推就是價值創造、

---

[1] 喬治·達伊. 市場驅動戰略 [M]. 牛海鵬, 等, 譯. 北京：華夏出版社, 2000: 20.
[2] 楊雄勝. 高級財務管理 [M]. 沈陽：東北財經大學出版社, 2004: 50-52.

上推就是價值創造。價值估值是聯繫價值創造和價值管理的基礎。三者之間的關係可形象地用圖 2-1 來描述。

| 價值創造：從本源上要解決企業價值源自何方的命題。對此命題經典的解釋理論主要有：勞動價值論、效用價值論、新古典經濟學價值論、成本價值論、市場價值論、未來價值論 | 價值估值就是對價值創造的估值 | 價值估值：從技術上解決如何估量企業創造的價值這一基本命題。價值估值中企業價值常用以下形式來度量：企業價值＝企業帳面價、企業價值＝企業市場價值、企業價值＝企業公允價值、企業價值＝企業內生價值 | 價值估值的目標是價值管理 | 價值管理：從機制上解決企業如何獲取可持續競爭優勢，以期爲企業可持續創造價值這一基本命題。價值管理中的企業價值常用以下形式來度量：股東價值、員工價值、顧客價值 |

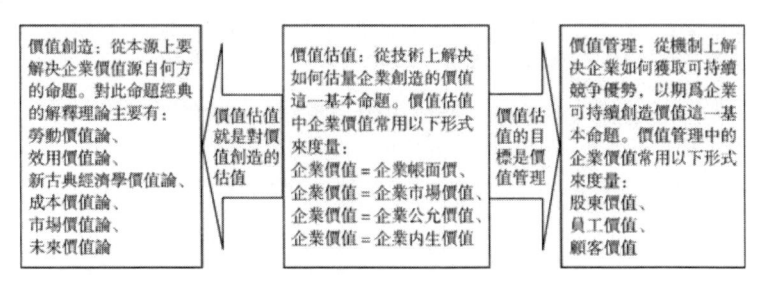

圖 2-1　價值創造、價值估值、價值管理三者之間的關係

基於上述分析思路，我們將企業價值界定爲財務價值估值中的內生價值，那麼財務價值可界定為：財務價值就是企業的財務價值，是與企業財務價值決策相對應的企業內生價值。這種內生價值就是通過財務價值估值決策中借助不同的估值方法或技術能夠比較精確測定的一種價格形式。為更好地理解財務價值，可從以下方面來進一步說明：

1. 財務價值是對現有各種企業內生價值概念的拓展與完善

（1）對內生價值內涵的拓展與完善。現有文獻對企業內生價值比較一致的理解是企業內生價值就是企業未來可持續經營期的現金流折現值和。這樣現金流就成為估算企業價值創造經濟效益的一種工具或者方法之一。事實上，立足於企業財務價值估值視角，估算企業價值創造經濟效益的工具或方法是多樣性的。從 1930 年 Irving Fisher 推出資本價值定價理論來估算企業內生價值後，理論界相繼推出了眾多估算企業內生價值的理論：1958 年 Modigliani 和 Miller 推出的 MM 定理；1965 年 Sharpae，Mossin，Lintner 等推出的資本資產定價理論；1970 年 Eugene Fama 推出的市場有效假設理論；1995 年 Ohlson，Feltham 和 Ohlson 推出的剩餘收益理論；實物期權公允價值估值理論……就具體財務價值估值實踐看，EVA 是業界最為推崇的估值方法。EVA 績效評價表明：企業利潤的實現是在企業的收益完全補償了企業生產經營過程中的經營成本、資金成本後的剩餘。也就是說，只有企業實現的利潤在完全補償了權益資本成本和債務資本成本後，如果還有大於零的剩餘，這一大於零的剩餘才是企業創造的價值。可見，現金流和經濟利潤都是能夠度量企業內生價值的工具。企業內生價值的創造應該是同時使得預期現金流現值最大與 EVA 最大的組合。因此，企業內生價值是企業未來可持續經營期形成的現金流折現值與經濟利潤貼現值的和。

（2）對界定內生價值視角的拓展與完善。毫無疑問，現有文獻對企業內生價值的界定都是股東價值最大化這一財務目標導向下的產物。股東價值最大化中的股東僅僅是指擁有最後決策權的普通股股東，債權人、優先股股東、潛在的利益相關者是被股東價值最大化財務目標所遺忘了的。事實上，財務目標從利潤最大化，再到股東價值最大化到企業價值最大化的演進變遷深深表明企業價值的創造是利益相關者共同合力作用的結果。因此，企業內生價值就是基於利益相關者財務契約的能夠實現企業內外部利益相關

者價值最大化的企業未來可持續經營期形成的現金流折現值與經濟利潤貼現值的和。

（3）對界定內生價值時現金流量的拓展與完善。現有文獻界定企業內生價值時的兩個最關鍵因素就是未來現金流和風險折現率。未來現金流是決定估算企業內生價值精確與否的決定要素之一。需要說明的是，界定企業內生價值時的現金流相當於會計上的留存收益扣除優先股股息後應該由普通股股東擁有的股權資本收益現金流，是利潤總額減去債務利息（體現著企業必須履行的財務責任），再減去公積金後的留存收益（企業再投資所需要的資本來源之一），并減去優先股股息後的剩餘現金流量（股權資本收益現金流）。事實上，依據資本恆等式：資本=債務資本+股權資本=債務資本+普通股股權資本+優先股股權資本，資本收益現金流應該由債務資本收益現金流、普通股股權資本收益現金流、優先股股權資本收益現金流三部分組成。界定企業內生價值時的現金流僅僅對應普通股股權資本收益現金流，這與企業全部資本創造價值的邏輯相背離。因此，應將界定企業內生價值時的普通股股權資本收益現金流拓展到能夠同時包含并反應債務資本收益現金流、普通股股權資本收益現金流、優先股股權資本收益現金流的循環週轉方面。能夠扮演這一角色的只有自由現金流。

可見，企業內生價值就是在企業的某一特定期間，企業未來可持續經營期為利益相關者形成的自由現金流折現值與經濟利潤貼現值的和。

2. 與財務價值決策相關的財務價值

儘管不同的財務價值決策有著不同的側重點，但財務價值決策本質上是利益相關者基於各種不同的財務信息、運用不同的定量財務價值決策方法所進行的定量財務決策活動。因此，與財務價值決策相關的財務價值應同時符合以下基本條件：利益相關者、財務價值可測定性。就利益相關者而言，該詞最早出現在1963年斯坦福研究所的一份備忘錄中，指「那些沒有其支持組織便不復存在的集團」。Donalson、Thomas、Preston 認為利益相關者是「在公司的程序性活動和實體性活動中享有合法性利益的自然人或社會團體」。Clarkson認為利益相關者就是「對公司現在、過去或未來的活動享有或者主張所有權、權利或者利益的自然人或社會團體。可劃分為兩類：一類是一級利害關係人團體，包括股東、投資者、雇員、顧客、供應商及政府和社區六部分；另一類是二級利害關係人團體，包括大眾傳媒和各類專門的利益集團。」[1] 大衛·威勒、瑪麗亞·西蘭芭（2002）認為根據利益相關者與公司的關係，利益相關者應分為四類：第一類是主要社會利益相關者，包括投資者、員工和管理人員、客戶、供應商、業務夥伴、當地社區等；第二類是次要社會利益相關者，包括政府、社團和工會、競爭對手等；第三類是主要非社會利益相關者，包括自然環境和人類後代等；第四類是次要非社會利益相關者，包括環境壓力集團和動物利益壓力集團等[2]。我們認為與財務價值決策相關的創造財務價值的利益相關者主要涉及債權人、優先股股東、普通股股東、顯性資本投資者等。因此，基於利益相關者和財務價值可測定性，可從以下方面來理解財務價值：

---

[1] 李心合. 公司價值取向及其演進趨勢 [J]. 財經研究，2004（10）：34.
[2] 李心合. 公司價值取向及其演進趨勢 [J]. 財經研究，2004（10）：35.

(1) 債務資本所有者視角。債務資本所有者通過投入債務資本期望從企業獲取利息和本金。由於企業內生價值可從自由現金流折現值與經濟利潤貼現值思路來理解，因此，基於自由現金流折現值思路，債務資本所有者視角的企業內生價值就是：企業內生價值＝預期稅後利息收益＋本金的到期收回額－對企業的再投資額。基於經濟利潤貼現值思路思路，債務資本所有者視角的企業內生價值就是：企業內生價值＝企業未來可持續經營期為債務資本所有者形成的經濟利潤貼現值和。

無論何種思路，風險折現率的確定是從債務資本所有者視角估算企業內生價值的關鍵因素。理論上看，風險折現率應不小於債務資本所有者的期望投資收益率。估值實踐中一般用債務資本所有者的資本成本來替代風險折現率進行估值。這樣，債務資本所有者視角的企業內生價值可用下邊的估值公式來定量估算：

$$EVE_{DC} = \sum_{m=1}^{n} \frac{[I_m \times (1-T) + P_m - IDN_m]}{(1 + DR_{DC})^m}$$

公式中，DC 表示債務資本（Debt Capital）、EVE 表示企業內生價值（the Endogenous Value of Enterprise）、IND 表示發行的新債（Issuance of New Debt）、DR 表示折現率（The Discount Rate）；EVE_{DC} 表示債務資本所有者視角的企業內生價值，I_m 表示第 m 期的利息，P_m 表示第 m 期的應該償還的本金，IDN_m 表示第 m 期企業發行的新債，DR_{DC} 表示債務資本的風險折現率，T 表示所得稅稅率。

(2) 股權資本所有者優先股股東視角。對優先股股東而言，獲取持續穩定優先股現金股息是其進行股權資本投資的最基本預期。因此，優先股現金股息既是企業未來可持續經營期為優先股股東形成的自由現金流也是優先股股東形成的經濟利潤。這樣，基於股權資本所有者優先股股東視角的企業內生價值就是：企業內生價值＝預期優先股現金股息折現值的和。同時，如果用優先股股東的資本成本來表示風險折現率，則股權資本所有者優先股股東視角的企業內生價值可用下邊的估值公式來定量估算：

$$EVE_{PSC} = \sum_{m=1}^{n} \frac{PSCD_m}{(1 + DR_{PSC})^m}$$

公式中，PSC 表示優先股資本（Preferred Stock Capital），PSCD 表示優先股現金股息（Preferred Stock Cash Dividends），EVE_{PSC} 表示股權資本所有者優先股股東視角的企業內生價值，$PSCD_m$ 表示第 m 期的優先股現金股息，DR_{PSC} 表示優先股資本成本的風險折現率。

(3) 股權資本所有者普通股股東視角。立足於股權資本所有者普通股股東視角看，估算企業內生價值時的自由現金流就是會計上的留存收益扣除優先股股息後的股權資本收益現金流，是利潤總額減去債務利息（利息體現著企業已經履行的財務責任）減去公積金後的留存收益（企業內源性籌資所需要的資本來源），再減去優先股股息後的剩餘現金流量（股權資本收益現金流）。即：企業內生價值＝預期股權資本收益現金流折現值的和＝股權自由現金流量折現值的和。在財務估值實踐中，股權自由現金流量（Free Cash Flow of Equity）通常表示為稅後淨利潤（After-Tax Net Profit，ATNP）、折舊額（Amount of Depreciation，AD）、營運資本增量（Incremental Working Capital，IWC）、固定資產支出（Fixed Asset Expenditures，FAE）、優先股現金股息（Preferred Stock Cash

Dividends，PSCD)、I企業發行的新債（Issuance of New Debt，IND）和企業應該歸還的債務本金的函數。這樣，如果用普通股股東的資本成本來表示風險折現率，則股權資本所有者普通股股東視角的企業內生價值可用下邊的估值公式來定量估算：

$$EVE_{CSC} = \sum_{m=1}^{n} \frac{FCFE_m}{(1 + DR_{CSC})^m}$$

$$FCFE_m = ATNP_m + AD_m + IND_m - IWC_m - FAE_m - PSCD_m - P_m$$

公式中，CSC 表示普通股資本（Common Stock of Capital），EVE_{CSC} 表示股權資本所有者普通股股東視角的企業內生價值，$FCFE_m$ 表示第 m 期的股權自由現金流量，DR_{CSC} 表示普通股資本成本的風險折現率，$ATNP_m$ 表示第 m 期的稅後淨利潤，AD_m 表示第 m 期的折舊額，IND_m 表示第 m 期企業發行的新債，IWC_m 表示第 m 期的營運資本增量，FAE_m 表示第 m 期的固定資產支出，$PSCD_m$ 表示第 m 期的優先股現金股息，P_m 表示第 m 期的企業應歸還的本金。

（4）顯性資本投資者視角。顯性資本投資者（Dominant Capital Investors，DCI）就是預期資本收益能夠較為精確估算的利益相關者。在企業內生價值財務估值實踐中，債務資本所有者、普通股股東、優先股股東的預期資本收益能夠通過現有的估值技術或方法進行較為精確的估算，基於此，顯性資本投資者一般是指債務資本所有者、普通股股東、優先股股東。所以，顯性資本投資者視角的企業內生價值就是企業未來可持續經營期為債務資本所有者、普通股股東、優先股股東形成的自由現金流折現值的和，即：企業內生價值＝預期債務資本自由現金流量折現值+預期普通股自由現金流量折現值+預期優先股自由現金流量折現值。如果用債務資本和股權資本的加權平均資本成本來度量顯性資本投資者的風險折現率，則基於顯性資本投資者視角的企業內生價值可用下邊的估值公式來定量估算：

$$EVE_{DCI} = \sum_{m=1}^{n} \frac{[I_m \times (1 - T) + P_m - IDN_m]}{(1 + WACC_{DCI})^m} + \sum_{m=1}^{n} \frac{PSCD_m}{(1 + WACC_{DCI})^m}$$

$$+ \sum_{m=1}^{n} \frac{FCFE_m}{(1 + WACC_{DCI})^m}$$

$$= \sum_{m=1}^{n} \frac{[I_m \times (1 - T) + P_m - IDN_m]}{(1 + DR_{DCI})^m} + \sum_{m=1}^{n} \frac{PSCD_m}{(1 + DR_{DCI})^m}$$

$$+ \sum_{m=1}^{n} \frac{FCFE_m}{(1 + DR_{DCI})^m}$$

公式中，EVE_{DCI} 表示顯性資本投資者視角的企業內生價值，DR_{DCI} 表示顯性投資資本的風險折現率，$WACC_{DCI}$ 表示顯性資本投資者加權平均資本成本，其他符號所表示的含義同上。

三、財務價值決策

需要說明的是現有文獻幾乎沒有財務價值決策的概念，更多的是對財務決策的探討。整理財務決策研究的已有研究文獻，MBA智庫百科從財務決策的概念和類型，財務

決策的目標和作用，財務決策的根據、方法和步驟等方面概述了財務決策的最基本內容[1]。財務決策是短期財務決策的同義詞，在財務管理中處於核心地位（財務管理就是對財務決策的管理），是對不同類型的財務方案、財務政策在財務預測基礎上針對財務預測的結果進行的多標準分析選擇、取捨判定的綜合決策過程。依據決策能否程序化，財務決策可分為程序化財務決策和非程序化財務決策；依據決策的財務環境條件，可分為確定型財務決策、風險型財務決策和非確定型財務決策；依據決策主體，可分為生產決策、市場營銷決策。財務決策的目標在於收益最大化或成本最小化，財務決策能夠促使企業經營管理者在進行各項財務活動時增強預見性、計劃性，減少盲目性并通過對企業各種資源的合理配置來評價和選擇企業的經營決策[2]。財務決策的依據就是各種財務信息和非財務信息。財務決策方法有定性決策方法和定量決策方法兩類。常用的定性財務決策方法主要有專家會議法、德爾菲法等，常用的定量財務決策方法又進一步區分為定量的確定型財務決策方法（本量利分析法、線性規劃法、差量分析決策法、效用曲線法、馬爾可夫法等）、定量的不確定型財務決策方法（小中取大法、大中取大法、大中取小法、後悔值法等）。財務決策通常按照決策目標的確定、進行財務預測、對不同決策方案的評價與選擇、決策反饋等步驟進行[3]。

Collins 和 Maydew（1997）基於美國上市公司中財務數據的研究表明：淨資產和財務收益對股票內生價格具有不隨時間而下降的解釋能力[4]。Bernard（1998）的研究表明企業內生價值的 F-O 估值模型比現金流模型具有較好的解釋能力，淨資產、財務收益和企業內生價值正相關，F-O 模型的解釋能力為 68%~80%，現金流模型的解釋能力僅為 29%[5]。Dechow（1999）基於 COMPUSTAT、CRSP、I/B/E/S 等數據庫中美國上市公司近 20 年財務預測、財務回報率等財務數據，通過不同 ω、λ 的組合進行剩餘模型檢驗，發現財務信息動態特徵、分析師預測超常收益資本化模型、企業當前的內生價值三者正相關，但過多的分析師預測數據影響到會計盈餘的財務信息量[6]。Hans 和 Hammerschmidt（2005）通過修正企業內生價值估值中有關財務決策和股東價值之間的關係缺陷推出了修正折現現金流模型，電信領域對該模型的實證分析表明未來財務決策的模擬、對異質性財務信息的識別決定了該模型的適用性[7]。Albeverio 等（2010）應用財務指數多維度估值模型對存在交互影響作用的基於資產組合決策的權益聯結型企業制定財務合同時

---

[1] MBA 智庫百科：http://wiki.mbalib.com/wiki/財務決策.

[2] MBA 智庫百科：http://wiki.mbalib.com/wiki/財務決策.

[3] MBA 智庫百科：http://wiki.mbalib.com/wiki/財務決策.

[4] Penman Stephen. H and Theodore Sougiannis. A comparison of dividend, cash flow and earnings approaches to equity valuation [J]. Contemporary Accounting Research, 1998 (15): 343-383.

[5] Peixoto S. Economic value added: an application to Portuguese public companies [R]. Working Paper (Moderna University of Porto), 2002.

[6] Fama and French. Disappearing dividends: changing firm characteristics or increased reluctance to pay [J]. Journal of Financial Economics, 2001 (60): 3-43.

[7] Aboody D, Barth M E, Kasznik R. Revaluation of fixed assets and future firm performance evidence from the UK [J]. Journal of Accounting and Economics, 2006, 26 (1): 149-178.

企業內生價值的估值問題進行研究[1]。吳世農、吳育輝（2008）認為 CEO 的財務決策應從 CEO 解讀、分析企業財務報表開始，通常進行營運資本管理財務決策、投資項目效益評價財務決策、負債管理理論與實踐財務決策、股利政策理論與實踐財務決策、投資價值分析財務決策六個方面的財務決策[2]。郝梅瑞（2003）認為財務投資決策是影響企業未來生產經營活動現金流形成的關鍵性因素，財務融資決策的稅盾效應可能僅僅對這一現金流量產生修正作用。可以說，科學的財務投資決策是保證企業內生價值持續增長、能夠在企業不同的發展階段都會產生預期大量現金流的決定性因素。財務融資決策與財務股利決策的有限協調配合將會影響到估算企業內生價值時決定折現率的 WACC[3]。王健康、周豔（2008）構建了基於貸款和存款水平、新貸款和新存款、不履行貸款和費用收入的企業內生價值財務估值模型，并通過這一模型在分析中國上市公司財務決策形成過程的同時驗證了 Preinrein 剩餘收益法在中國上市公司的適用性[4]。

通過對上述引用文獻分析可知，現有文獻對財務價值決策的探討更多的是側重於財務決策，要麼以財務管理中涉及的籌資、投資、營運、分配等財務活動為主線進行財務籌資決策、財務投資決策、財務營運決策、財務分配決策；要麼將財務報表分析和管理會計的內容相融合進行利潤規劃決策、內部經營財務決策、投資項目決策、價值工程決策、標準成本系統決策、存貨分析與控製決策、經營預算決策、責任會計決策；要麼將稅收與財務決策相融合進行稅收結構決策、稅收槓桿效應決策、財政政策抉擇決策、稅前收益最大化投資決策、基於有效現金流入量餘缺的財務目標調整決策、有效現金流入量約束下的投資規模配置決策、企業稅收籌劃決策；要麼從現金收購財務決策、換股收購財務決策、槓桿收購財務決策等方面分析收購兼并中的財務決策；要麼從數據倉庫技術、數據挖掘技術出發，基於財務分析決策、財務預測決策、財務籌資決策、財務投資決策、財務成本決策、股利分配決策的需要來設計財務分析系統、財務預測系統、籌資決策支持系統、投資決策支持系統、成本決策支持系統、股利分配決策支持系統等財務決策支持系統。

基於對上述現有財務決策研究文獻的梳理分析，我們認為財務價值決策就是從利益相關者價值最大化的財務決策目標出發，以為利益相關者的價值創造、價值估值、價值管理的各項財務決策提供有用的各種信息為宗旨，基於對各種財務信息和非財務信息進行預測的基礎上，整合應用各種現有的決策方法和技術而進行的財務價值創造決策、財務價值分析決策、財務價值估值決策和財務價值管理決策。財務價值創造決策、財務價值分析決策、財務價值估值決策、財務價值管理決策既構成了財務價值決策的基本內容，也是界定財務價值決策必不可少的四個維度。其中，財務價值創造決策是為利益相關者解答企業財務價值究竟源自何處，在利益相關者投入企業的各種戰略性要素資源和

---

[1] Stefan Hronec, Beata Merickova, Zuzana Marcinekova. The Medicine Education Investment Evaluation Methods [J]. Economic Management, 2011（2）: 89-99.
[2] 吳世農, 吳育輝. CEO 財務分析與決策 [M]. 北京: 北京大學出版社, 2008.
[3] 郝梅瑞. 企業價值的分析、評價與培育 [D]. 北京: 首都經濟貿易大學, 2003.
[4] 王健康, 周豔. 企業財務決策的剩餘收益法實證檢驗 [J]. 稅務與經濟, 2008（2）: 38-41.

非戰略性要素資源中，究竟哪些要素資源在為利益相關者創造價值，哪些要素資源是為利益相關者創造價值的直接驅動力。這樣就會引導利益相關者對投入企業的各種要素資源進行科學高效地合理配置，將那些對價值創造貢獻度較大的要素資源或者說將那些價值創造最需要的要素資源科學高效的配置到創造價值的價值鏈中去，以實現利益相關者價值最大化的財務決策目標。財務價值分析決策就是基於會計報表所提供的各種會計信息，整合應用各種財務分析方法和技術，在進行償債能力分析、盈利能力分析、營運能力分析、現金流分析、財務趨勢分析、財務綜合分析的定量分析在為利益相關者揭示某一特定會計期間或某一特定會計時點上企業經營管理的財務狀況、經營成果和現金流量信息的基礎上，通過對價值創造的定量會計測定來回答利益相關者投入企業的各種要素資源到底為其創造了多少價值，以便為企業內外部利益相關者進一步的財務投資決策提供最基本和最需要的決策信息。財務價值估值決策的基本目標和思路與財務價值分析決策相似，只不過是基於財務學視角來定量測定和估算利益相關者投入企業的各種要素資源為其創造的價值大小。MM 定理的推出既開創了現代財務價值估值的新紀元，也為借助會計信息的現代財務價值估值提供了新思路，促使財務價值分析決策和財務價值估值決策呈現出相互融合的發展趨勢，為高效的財務價值管理決策奠定了理論和實務基礎。財務價值管理決策是財務價值決策的歸宿，旨在通過對各種價值創造鏈的整合優化來尋找和捕捉企業可持續競爭優勢之所在，為企業創造可持續價值提供本源驅動力。因此，價值管理決策既是對價值創造決策的拓展深化也是財務價值分析決策和財務價值估值決策的歸宿。

財務價值創造決策、財務價值分析決策、財務價值估值決策、財務價值管理決策四個子系統既相互關聯又相互作用和影響，共同形成完整的財務價值決策循環系統。其中，價值創造決策子系統既是財務價值決策循環系統的起始點，也是財務價值分析決策子系統和財務價值估值決策子系統的基礎，更是價值管理決策子系統的對象。沒有價值創造決策子系統累積的各種基礎信息，財務價值分析決策子系統和財務價值估值決策子系統的運行就偏離了利益相關者價值最大化這一財務價值決策的本質目標，也會使財務價值管理所進行的一切財務決策成為「無的放矢」的產物。財務價值分析決策子系統和財務價值估值決策子系統是財務價值決策循環系統的運行過程系統，在整個財務價值決策循環系統發揮著承上（財務價值創造決策）啟下（財務價值管理決策）的作用。因此，財務價值分析決策子系統和財務價值估值決策子系統是整個財務價值決策循環系統良性高效運行的核心，這兩個子系統在良性運行中如果出現任何偏差，整個財務價值決策循環系統輕則發生價值創造的「漏斗效應」或「哈哈鏡效應」，重則可能面臨運行困境甚至癱瘓的情況。財務價值管理決策子系統是一個完整的財務價值決策循環系統的歸宿和終點，在對利益相關者是否實現了價值最大化的財務目標進行檢驗反饋的基礎上為利益相關者可持續的價值創造探尋、構建、保持、提升可持續的競爭優勢驅動力，就此意義而言成為下一個財務價值決策系統運行的關鍵起始點。上述描述可用圖 2-2 形象地來表示：

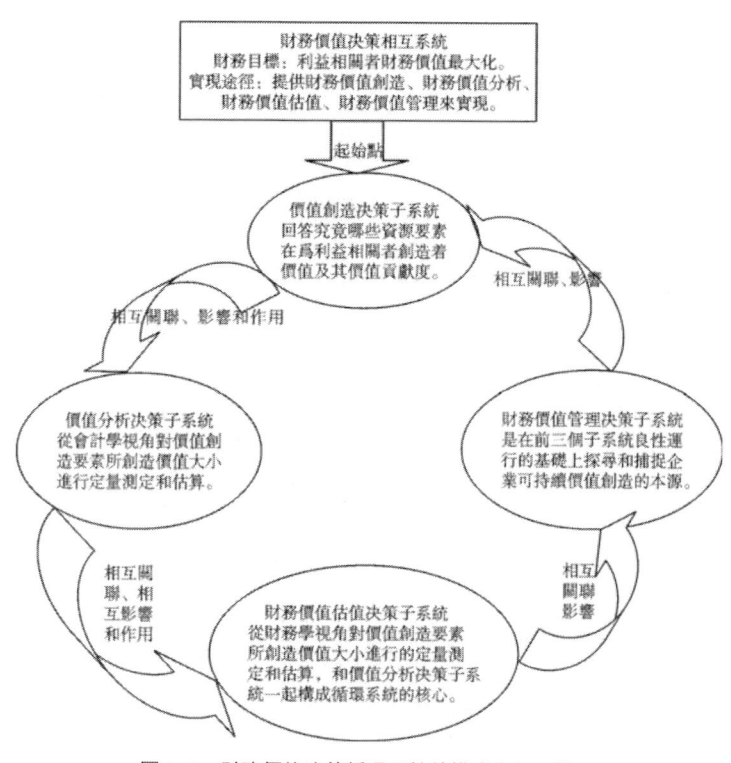

圖 2-2　財務價值決策循環系統的構成與相互機理

第三節　基於財務資本結構的財務價值決策

　　如前所述，現有財務價值決策研究文獻僅僅局限於背離財務價值創造、財務價值分析和估值、財務價值管理的短期財務決策方面，對知識經濟時代人力資本、信息資本、知識資本等戰略性要素資本價值創造和估值管理的探討較少涉及。究其原因，基於貨幣資本、物質資本、自然資本等狹義財務資本視角下的傳統資本結構理論更多強調籌資創造價值的理念無疑是僅僅分析探討財務決策而非財務價值決策的重要影響因素。不容置疑的是，基於工業經濟時代貨幣資本、物質資本、自然資本等資本要素創造價值的傳統資本結構理論時至今日仍然有其存在和進行財務實踐的合理性，但基於知識經濟時代以關鍵利益相關者財務價值最大化為財務決策目標導向的財務價值決策分析，作為產業組織理論和競爭戰略理論研究重點的人力資本、信息資本、知識資本對財務價值創造的貢獻度遠遠超過作為傳統資本結構理論研究重點的貨幣資本、物質資本、自然資本對財務價值創造的貢獻度。因此，基於財務資本結構的財務價值決策就是以融合產業組織理論、競爭戰略理論、企業契約理論、企業能力理論為一體的現代財務資本結構理論（產

業競爭戰略管理理論）為支撐，通過對各種產業競爭戰略方法和技術的應用在為企業關鍵利益相關者價值創造與實現中的投資性戰略要素資本的選擇投資、財務差異化競爭戰略的規劃與實施、企業可持續競爭優勢的獲取和企業關鍵利益相關者價值最大化的實現等財務活動環節所進行的財務價值創造決策、財務價值分析決策、財務價值估值決策和財務價值管理決策。因此，基於財務資本結構的財務價值決策本質上仍然是由財務價值創造決策、財務價值分析決策、財務價值估值決策和財務價值管理決策四個子系統構成的循環系統，但推動這一循環系統良性運行的驅動力源自區別於傳統資本結構理論的現代財務資本結構理論（產業競爭戰略管理理論）的支撐。與傳統資本結構理論支撐的財務決策相比較，基於現代財務資本結構理論支撐的財務價值決策在降低戰略性要素資本融資成本的同時，也會降低由於企業股東和債權人、企業股東和企業經營管理者的衝突而引發的各種代理成本，在能夠完善基於財務控製權合理配置的公司治理機制的同時也會促使企業獲取的可持續競爭優勢最大可能的價值化為能夠定量估值的可持續經濟利潤，以最終實現企業關鍵利益相關者價值最大化的現代財務價值決策目標。上述研究思路可以從基於財務資本結構的財務價值決策影響因素和作用原理兩個方面來表述。

一、基於財務資本結構的財務價值決策影響因素

基於財務資本結構的財務價值決策本質上作為一種依據企業財務戰略、競爭戰略和外部環境等因素基於競爭性環境設計并實施的產業競爭戰略決策，必然受到來自企業戰略、競爭戰略和外部環境的影響。

1. 企業戰略

Andrews 將企業戰略理解為一種決策模式，認為這種決策模式在區分了企業隸屬類型的前提下限定了企業已經從事或應從事的生產經營範圍。對企業隸屬類型的區分和生產經營範圍的限定決定著企業的目標定位和實現這些目標應設計、規劃的戰略方針與計劃。Ansoff 將企業戰略理解成為貫穿企業各種生產經營活動與在何種市場上進行產品生產的一條紅線。企業的產品與市場範圍、增長向量、競爭優勢和協同作用等要素是設計企業戰略時必須考慮的基本要素[①]。立足於企業財務契約理論、企業能力理論視角，企業戰略對財務價值決策的影響體現為：財務資本結構對化解企業戰略設計和實施過程中普遍存在的各種治理衝突發揮著積極作用。交易成本理論表明企業的治理結構和交易成本一一對應，企業不同的治理結構存在不同的交易成本，企業交易成本的最小化是企業形成最優治理結構的基礎。企業籌融資時所採取的內源性股權籌融資和外源性負債籌融資本質上就是企業不同的治理模式。企業財務契約理論表明債務資本所有者和企業締結債務契約的目標在於債務資本的保值（本金）增值（利息），也就是按照財務契約的約定在定期收回本金的基礎上獲取債務資本的利息收益。可見，作為企業外部利益相關者的債權人在能夠按照財務契約的約定定期獲取本金和利息的前提下是不會主動干涉企業具體的生產經營管理的。企業沒有履行締結財務契約時約定的各項責權利而出現財務違

---

① 任曙明．企業價值導向的資本結構優化模型研究 [D]．大連：大連理工大學，2008：24.

約行為時，債務資本所有者依據財務契約配置的財務控製權會要求對企業進行清算并享有對清算收益分配的優先權。同樣依據財務契約配置的財務控製權，儘管股東是企業清算收益分配的最後享有者，但對企業清算價值的分配會通過決定對背離股東價值最大化管理層的任免和促使董事會制定有利於股東價值最大化企業戰略的實施而體現出其擁有的最強、最終財務控製權。這樣依據財務契約配置給債務資本所有者約束企業經營管理者的財務控製權和配置給股權資本所有者自由裁定企業經營管理者的財務控製權，而使這兩種財務控製權各自發揮作用①。問題在於資產的專用性和資產的變現價值通常是反向變動的。當企業由於陷入財務困境、發生財務危機而被破產清算時，較低的資產變現價值將對應專用性較高的資產。和依據財務契約對企業資產擁有很強財務控製權的股東相比較，對企業資產擁有財務控製權很低的債務資本所有者由於承擔著較高財務風險，必然要求較高的債務資本回報率。這樣，如果企業採用外源性負債融資，將會面臨較高的融資成本。可見，專用性較高的資產適宜於內源性權益資本融資方式。反之，專用性較低的資產適宜於外源性債務資本資本融資方式。② 因此，資產專用性影響到企業的籌融資方式，進而影響到企業戰略設計和實施過程中的財務資本結構和普遍存在的各種治理衝突。

2. 競爭戰略

企業可持續價值的創造是企業在獲取可持續競爭優勢的基礎上來設計競爭戰略，并在競爭戰略的實施過程中將可持續競爭優勢引導的企業核心能力資源內生為經濟利潤的實現。一般而言，企業核心能力資源具有動態性、持久性以及不可模仿性等特質③。動態性表明企業目前擁有的資產要素、技能、知識等資源以及高效配置這些資源時體現出的能力，與競爭對手相比較僅僅具有暫時的核心競爭力和基於核心競爭力的暫時競爭優勢，要獲取可持續競爭優勢就必須對基於核心能力資源形成的核心競爭力進行不斷的培育、保持和提升。持久性就是企業擁有的核心能力資源在創造價值時被提折舊速度的快慢。可模仿性就是核心競爭力被競爭對手在識別基礎上進行複製、模仿的週期長短。持久性以及不可模仿性表明企業為獲取并保持可持續競爭優勢就必須提升其核心競爭力的隱蔽性、不可轉移性和不可複製性。企業可以通過設計并實施多元化競爭戰略來實現上述目標。設計企業競爭戰略通常需要考慮整個企業在成長期成長方向的穩定性和收縮性，通過產品交易參與競爭時的競爭行業或競爭市場的SWOT和基於經營管理層轉移、培育能力核心資源時的協調活動④。企業競爭戰略在實施時體現出職能戰略為經營戰略服務、經營戰略為公司戰略服務的戰略層次關係，而驅動這種戰略層次關係的就是企業的財務資本結構決策。競爭戰略的動態變化要求企業在調整其財務資本結構時和企業競爭戰略相匹配。多元化競爭戰略是企業依據其擁有的各種資源稟賦和籌融資模式而實施

---

① Williamson E. Corporate finance and corporate governance [J]. Journal of Finance, 1988, 43 (3): 567-591.
② 王永海，範明. 資產專用性視角下的資本結構動態分析 [J]. 中國工業經濟, 2004 (1): 93-98.
③ J. 戴維·亨格，托馬斯·L. 惠倫. 戰略管理精要 [M]. 王毅，譯. 北京：電子工業出版社, 2004.
④ 嚴志勇. 資本結構與公司治理的關係研究 [D]. 合肥：中國科學技術大學, 2003.

的一種調整戰略。多元化競爭戰略一般和資產專用性、籌融資模式緊密相關。當企業擁有資產的專用性較高時，資產的清算價值較低，這時企業傾向於內源性權益資本融資并通過實施多元化競爭戰略來獲取競爭優勢；反之，當資產專用性較低時，企業一般傾向於外源性債務資本融資并通過實施非多元化競爭戰略來獲取競爭優勢①。

3. 外部環境因素

外部環境對企業財務價值決策的影響是動態變化的多種外部因素發揮整合作用力的結果。就基於財務資本結構的財務價值決策而言，最直接的外部環境因素體現在以下幾方面：①宏觀經濟因素波動的影響。在經濟波動的高漲期，社會對企業生產產品或提供服務的需求不斷增加，宏觀經濟對需求呈現出正向拉動趨勢。這時，由於企業將會擴大生產產品或服務的規模和數量，因而體現出對現金流的旺盛需要的籌融資擴張動機。當內源性權益資本滿足不了擴張動機所需要的現金流時，企業只能採取債務資本來籌融資。因此，這時企業的舉債數量呈現出上升趨勢。相反，在經濟波動的衰退期，社會對企業生產產品或提供服務的需求不斷減少，宏觀經濟對需求呈現出負向衝擊趨勢。由於企業將會減少生產產品或服務的規模和數量，因而體現出對現金流需要減少的籌融資縮減動機，這時內源性權益資本基本上能夠滿足縮減動機所需要的現金流，企業的舉債數量呈現出下降趨勢。面對宏觀經濟的不斷波動，企業應對的措施就是根據宏觀經濟的波動變化和宏觀經濟波動時資本市場的現實（影響到財務資本結構動態調整的所耗費的成本和所需要的速度）不斷調整其財務資本結構。同時，宏觀經濟波動也會通過影響產品市場競爭強度從而影響企業財務資本結構決策。在經濟波動的衰退期，如果企業位於市場集中度相對較高的行業并具有比較大的舉債數量，那麼，經濟波動和行業因素（市場集中度）的雙重影響會使得企業的市場佔有度縮減，市場佔有度的縮減會造成企業銷售量的下降，從而減少企業的利潤獲取。②基於市場集中度的行業因素影響。產業生命週期理論認為企業的產業生命週期可劃分為進入期、成長期、成熟期和衰退期四個不同的階段。在這四個不同階段，企業面臨的經營風險、財務風險、市場集中度、舉債水平和數量都呈現出階段性的特徵。總體上看，從進入期到衰退期，企業面臨的經營風險依次下降②。由於企業的經營風險和財務風險、舉債水平和數量反向變動，所以，在進入期經營風險最大、財務風險最小、企業舉債水平和數量最低時，企業就會採取內源性權益資本融資的財務價值決策。相反，在衰退期經營風險最下、財務風險最大、企業舉債水平和數量最高時，企業就會採取外源性債務資本融資的財務價值決策。如果這時企業位於市場集中度比較高的行業，企業較高的外源性債務資本融資又面臨資本短缺的融資約束，則舉債水平和數量較低的競爭對手企業就會形成競爭優勢，從而使企業陷入財務困境，引發財務危機。

---

① 童光榮，胡耀亭. 公司的成長機會、銀行債務與資本結構的選擇——來自中國上市公司的證據 [J]. 南開管理評論，2005（4）：54-59.

② 趙蒲，孫愛英. 資本結構與產業生命週期：基於中國上市公司的實證研究 [J]. 管理工程學報，2005（3）：42-46.

二、基於財務資本結構的財務價值決策原理

1. 淨現金流拓展機理

Smit 和 Trigeorgi（2006）認為基於傳統財務資本結構理論的財務價值決策對企業內生價值的估值是不精確的，這種不精確性源自假定完全競爭的資本市場上企業未來可持續形成的預期淨現金流。將傳統的淨現金流拓展到由淨現金流、靈活性價值、戰略承諾價值構成的戰略型淨現值是產業競爭戰略管理理論導向的現代財務價值決策的必然要求[①]。淨現金流的拓展機理就是企業的戰略規劃設計、企業價值創造的驅動因素和企業內生價值估值三者之間的整合互動機理。企業的戰略規劃設計就是對企業擁有或控製的戰略性要素資本，諸如獨有并領先的技術能力、強勢的產品研發能力、良好的售後服務信譽度、廣闊而暢通的分銷渠道等。這些戰略性要素資本具有的異質性、較弱流動性等特徵決定了這些資源難以被競爭對手模仿，當企業已獲取并維持累積了這些戰略性要素資本時，就形成相對於競爭對手的可持續競爭優勢。當企業對這些戰略性要素資本進行投資交易時，可持續競爭優勢就會內化為企業經濟利潤的源泉。企業價值創造的驅動因素體現在企業可持續價值優勢的獲取、企業對競爭性財務環境的適應能力和企業在競爭性資本市場上的戰略定位以及已獲取的戰略地位上。可持續價值優勢能夠為企業形成傳統的淨現金流、企業對競爭性財務環境的適應能力決定著所謂的靈活性價值、企業在競爭性資本市場上的戰略定位以及已獲取的戰略地位是戰略承諾價值的根源之所在。上述三種價值創造驅動因素的疊加形成構成企業內生價值的淨現金流拓展機理，可用圖 2-3 表述如下。

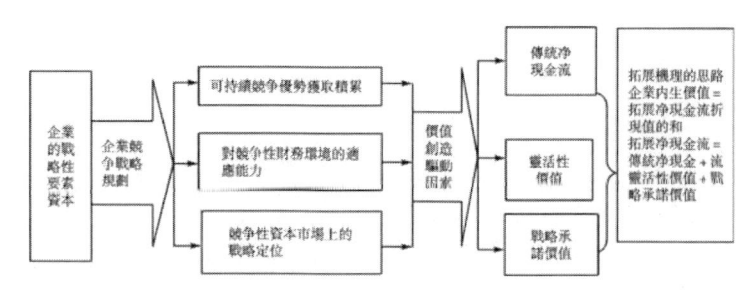

圖 2-3　淨現金流拓展機理

資料來源：梯若爾. 公司金融理論 [M]．王永欽，等，譯. 北京：中國人民大學出版社，2007；Han T J Smit，Lenos Trigeorgis.戰略投資學——實物期權和博弈論[M]．狄瑞鵬,譯. 北京:高等教育出版社，2006.

2. 關鍵利益相關者機理

對關鍵利益相關者的界定和關鍵利益相關者機理的分析是基於財務資本結構的財務價值決策的核心之所在。就現有研究文獻看，儘管對利益相關者的研究多側重於從企業

[①] 梯若爾. 公司金融理論 [M]．王永欽，等，譯. 北京：中國人民大學出版社，2007；Han T J Smit，Lenos Trigeorgis. 戰略投資學——實物期權和博弈論 [M]．狄瑞鵬,譯. 北京:高等教育出版社，2006.

的治理結構、企業的社會責任、企業戰略組織設計的視角進行，但遺憾的是學術界對利益相關者概念和如何辨別關鍵利益相關者還沒有形成統一的認識。從企業治理結構視角理解，利益相關者是基於梯若爾（2007）將利益相關者群體指管理層的廣泛任務[①]這一思路出發，認為企業的利益相關者就是向企業進行各種要素資源（財務資本、人力資本、關係資本）投資而期望從企業經營管理者為其創造的價值中獲取預期收益的個人或群體。從企業的社會責任視角看，利益相關者就是構成企業不同層面的財務關係（這種財務關係可能是直接較大的或間接較小的，也可能是顯性或隱性的）并能夠影響企業戰略目標的全部個人或群體[②]。Freeman（2001）基於戰略管理視角將利益相關者界定為：能夠影響某一組織戰略目標的實現或被某一組織在實現其戰略目標過程中影響的人，包括股東、管理者、債權人、員工、供應商、顧客、政府和社區等，可進一步從以下方面來理解利益相關者：利益相關者在企業戰略管理過程中，在影響企業可持續經營的同時也影響著企業戰略的設計制定、分析實施[③]。Clarkson（1995）從資產專用性視角來界定利益相關者，認為利益相關者就是向企業進行了物質資本、人力資本、財務資源等專用性資產投資并承擔了一定財務風險的人[④]。陳宏輝、賈生華（2004）認為利益相關者就是對企業進行專用性資產投資的個體或群體，能夠影響企業戰略目標但沒有進行專用性資產投資的個體或群體不應該包含在利益相關者之內[⑤]。

　　本書認為企業利益相關者就是能夠影響企業的財務價值創造，在資本市場上通過向企業投入財務資本、人力資本、關係資本而與企業形成直接資本交易，并在這一資本交易過程中通過締結財務契約來規範各個締約方的責權利，在履行財務契約時依據財務契約配置的財務權力期望獲取各種預期資本收益的個體或群體，具體包括企業的股東、企業的經營管理者、企業的員工、債權人、供應商、客戶、政府六類。

　　基於梯若爾（2007）將利益相關者的本質理解為促使企業經營管理者主動考慮企業利益關聯方的外部性價值創造和分享而設計的一種激勵機制的思路，關鍵利益相關者就是能夠將企業已獲取或擁有的競爭優勢直接轉化為企業的經濟收益并在協調存在於不同利益相關者存之間矛盾和衝突的價值創造和分配博弈中處於核心地位，能夠直接影響基於財務資本的財務價值決策的利益相關者。為此，對關鍵利益相關者進行科學的識別分類成為分析關鍵利益相關者發揮價值創造機理的切入點。借助陳宏輝、賈生華（2004）從主動性、重要性和緊急性三個角度對利益相關者進行分類的思路和實證結果，企業的利益相關者可以分為核心利益相關者、蟄伏利益相關者和邊緣利益相關者三類。其中，核心利益相關者就是符合樣本篩選率在80%以上，在主動性、重要性和緊急性三個角度

---

① 梯若爾. 公司金融理論 [M]. 王永欽, 等, 譯. 北京: 中國人民大學出版社, 2007.

② 崔浩. 企業利益相關者共同治理研究 [D]. 合肥: 中國科學技術大學, 2005.

③ Freeman R E, McVea J. A stakeholder approach to strategic management [M]. Blackwell Handbook of Strategic Management, 2001, 189-207.

④ Clarkson M E. A stakeholder framework for analyzing and evaluating corporate social performance [J]. Academy of Management Review, 1995, 20 (1): 92-117.

⑤ 陳宏輝, 賈生華. 企業利益相關者三維分類的實證分析 [J]. 經濟研究, 2004 (4): 80-90.

得分至少在 4 分以下的利益相關者，主要包括企業的經營管理者、企業員工和股東三類利益相關者①。

　　本書認為，企業價值創造是企業的利益相關者依據締結財務契約時約定的顯隱性責權利，以投入各類戰略性要素資本為基礎，通過配置的財務控製權和收益追索權在財務行為博弈協調的動態過程中來實現利益相關者價值最大化的財務價值決策過程。因此，核心利益相關者並不全是關鍵利益相關者。關鍵利益相關者應以利益相關者分別投入企業的戰略性財務要素資本為出發點，應以有助於利益相關者基於財務資本結構的財務價值決策為關鍵思路，應突顯知識經濟時代人力資本、關係資本等隱性財務資本對企業價值創造的巨大貢獻度為核心價值。因此，關鍵利益相關者就是由於對企業價值創造貢獻度巨大而與企業存在直接收益分享的利益追索關係，能夠直接影響企業的生存和可持續發展並在企業財務價值決策中處於核心位置、能夠發揮決定性作用的企業必不可少的內外部利益群體，包括能夠為企業提供內源性、外源性融投資資本的股東、債權人；以及在新經濟時代對企業價值創造貢獻巨大但在對企業創造的價值進行估值時預期收益可能具有不確定性的人力資本供給者（企業經營管理者、企業雇員）、關係資本供給者（供應商、客戶）以及資本市場這只「無形之手」在對企業戰略性財務要素資本配置和調節的作用發揮失靈時能夠直接左右企業的生存發展和可持續價值創造的各級各類政府。換言之，關鍵利益相關者就是由股東、債權人、經營管理者、雇員、供應商、客戶和政府構成的集合體。

---

① 陳宏輝，賈生華. 企業利益相關者三維分類的實證分析 [J]. 經濟研究，2004（4）：85-96.

第三章　財務價值決策理論

為企業利益相關者創造可測定的最大化財務價值是企業可持續發展、成為長壽企業的生命之本。企業存在并長盛不衰的價值就在於不斷地為股東、客戶、雇員和社會可持續創造價值并實現企業自身價值的最終提升。為企業利益相關者可持續創造價值能力的高低已經成為現代企業競爭的本質之所在。伴隨著從工業經濟時代向知識經濟時代的轉變，企業價值創造也突顯出從價值鏈模式導向下的傳統價值創造模式向產業價值鏈導向下的現代價值創造模式的變遷趨勢。傳統價值創造模式側重於分析通過對企業價值鏈上的各種不同資源要素和企業已擁有和控製的各種核心競爭能力的累積配置，在實現這些資源要素和核心競爭力在企業不同職能部門之間轉移的同時，如何通過優化不同職能部門的業務活動來實現企業利益相關者價值創造的最大化。在以知識、能力、客戶、關係等要素資本創造更大價值為導向的新經濟時代，資本市場上供應鏈與供應鏈之間的競爭合作已經成為影響企業內外部價值鏈之間如何通過競爭合作來實現利益相關者價值創造最大化的關鍵要素。這就要求企業一方面必須高效、合理配置內部價值鏈價值創造活動必不可少的各種資源要素和核心競爭能力；另一方面必須對這些內部的資源要素、核心競爭能力和外部價值鏈參與者的有效參與進行高效整合，以期實現企業整個產業價值鏈上利益相關者價值創造的最大化。基於財務學視角，企業價值創造的最大化就是財務價值創造的最大化，企業整個產業價值鏈上利益相關者價值創造最大化就是產業價值鏈上利益相關者財務價值創造的最大化。這一財務決策目標的定位成為財務價值決策理論與實踐的立論基礎。基於財務價值決策就是財務價值創造決策、財務價值估值決策以及財務價值管理決策集合體視角，財務價值決策理論擬從財務價值創造理論、財務價值估值理論和財務價值管理理論三個方面進行分析探討。

第一節　財務價值創造理論

孫豔霞（2012）將企業理解成一個能夠將資本、勞動力、技術、信息等各種投入要素資本轉換成企業能夠向不同消費者生產的各種產品或服務的過程，再把這些不同的產品或服務提供給消費者進行消費的生產經營整體。這一生產經營整體在價值的創造、轉換、傳遞過程中遵循相應的邏輯規律，在歸納了從勞動、資本、土地、管理、知識、信

息、技術等生產要素視角，投入產出流程視角，客戶視角，財務學視角等不同角度分析企業價值創造的模式基礎上，具體探討了供給決定論、需求決定論等生產要素思路的企業價值創造，價值鏈、虛擬價值鏈、價值網等投入產出流程思路的企業價值創造，企業提供的消費者感受效用價值、顧客創造、實現的企業價值等客戶思路的企業價值創造以及基於自由現金流的企業價值、基於 EVA 和 MVA 的企業價值、基於托賓 Q 值的企業價值和基於期權定價的企業價值等財務學思路的企業價值創造[1]。王世權（2010）針對理論上對企業價值創造命題研究爭議性實際，基於利益相關者治理思路，認為本質上價值創造是有效履行「創造知識」與「知識創造」契約目標的的循環過程。這一循環過程的邏輯起點在於利益相關者在競爭合作基礎上對所創造價值的剩餘進行的分配，終點是「以價值創造網為平臺的利益相關者之間進行的互補性」創出。就對價值創造的治理而言，資本承諾、組織整合和內部人控製，特別是基於核心利益相關者的治理是促進價值創造實現的關鍵[2]。李海艦、馮麗（2004）認為立足於知識經濟時代，價值創造的來源範圍和實現途徑將發生從勞動價值創造論、資本價值創造論等傳統價值創造論為導向轉換為以客戶價值創造論等現代價值創造論為導向的變遷趨勢。本質上，勞動價值創造論、資本價值創造論以及客戶價值創造論是一個相互聯繫又相互影響的整體價值創造體系。對不同時期的不同企業而言，這一體系僅僅存在價值創造主導定位的差異[3]。湯世靜（2006）分析了企業價值創造型財務管理模式的內涵和理論基礎，從籌資、投資及經營等財務活動循環的思路和價值規劃、價值控製和價值評價等財務管理職能思路梳理了企業價值創造的財務路徑并探討了價值創造型財務管理模式的應用[4]。毛海燕（2009）將企業價值創造理解為企業在扣除耗用各種資源要素的機會成本後利潤的剩餘。在對價值創造理論、價值創造驅動因素進行分析的基礎上，從財務指標和非財務指標兩個方面設計了價值創造的影響指標并進行了實證研究。得出了獲利能力、現金經營能力是影響企業價值創造的關鍵性財務指標和智力資本因素、製度因素是影響企業價值創造的非關鍵性財務指標的結論[5]。楊依依（2006）在對企業價值與企業價值創造進行分析界定的前提下，集中探討了基於價值鏈的企業價值創造、客戶價值創造和企業客戶資本價值實現、資本經營和企業價值創造和企業品牌資本與價值創造[6]。葛運欣（2006）從財務戰略決策、實施、評價三個不同的財務戰略管理階段出發，在分析了財務戰略和企業價值創造的關係，財務戰略管理內外部環境因素對財務戰略決策的影響，將期權理論和博弈論整合通過期權博弈思想分析不確定性競爭環境條件下財務戰略決策應有的分析思路等

---

[1] 孫豔霞. 基於不同視角的企業價值創造研究綜述［J］. 南開經濟研究，2012（1）：145-153.
[2] 王世權. 試論價值創造的本原性質、內在機理與治理要義——基於利益相關者治理視角［J］. 外國經濟與管理，2010（8）：10-17.
[3] 李海艦，馮麗. 企業價值來源及其理論研究［J］. 中國工業經濟，2004（3）：52-60.
[4] 湯世靜. 企業價值創造型財務管理模式研究［D］. 天津：天津財經大學，2006.
[5] 毛海燕. 企業價值創造的驅動因素研究——基於財務學的分析視角［D］. 北京：首都經濟貿易大學，2009.
[6] 楊依依. 企業價值與價值創造的理論研究［D］. 武漢：武漢理工大學，2006.

基礎上①，探討了如何通過應用價值創造視角的財務預算來將財務戰略決策體現到財務戰略實施過程的企業經營管理中，并就如何整合應用基於 EVA、和 MVA 以及平衡記分卡構成的基於企業財務價值創造的財務戰略績效評價體系來有效評價企業財務戰略實施結果，以保持企業可持續競爭優勢，最終實現企業利益相關者財務價值最大化的財務目標定位②。張野（2011）認為存在於現代企業之間的任何競爭本質上都是企業不同的價值創造模式之間的競爭，企業價值創造模式應在企業價值創造過程中處於核心位置。從國內外不同企業價值創造模式的成功財務實踐看，財務價值創造實踐中的確存在著能夠被企業掌握的、能夠促使企業「創利」活動向「創值」活動轉換的所謂的創值創造模式。他從價值創造模式提出和分類、價值創造模式的功效和匹配條件出發設計了選擇企業價值創造模式時的分析框架，探討了企業價值創造模式的功效和基於企業願景的價值創造模式選擇理念，以及如何通過整合企業內部儲備資源的有效匹配和企業外部創值環境的適應來具體實施不同的企業價值創造模式問題③。何文章（2013）認為企業的價值創造就是企業自己擁有的能力資源與企業競爭合作方擁有的知識技能和信息等能力資源在產業價值鏈上通過不同的整合方式所進行的能力資源組合與交換，以滿足企業內外部財務環境變化所需求的能力資源來提升企業整體及整個產業價值鏈競爭力的過程。他在分析了企業價值創造的商品主導模式和服務主導模式基礎上對產業價值鏈價值創造理論和基於企業能力的產業價值鏈價值創造進行了較為詳細的探討④。

　　系統梳理、比較分析上述研究文獻可知，這些研究文獻從不同的視角（經濟學角度、管理學角度、財務學角度、客戶資本角度、財務價值創造模式、產業價值鏈價值創造）探討了企業財務價值創造的不同理論和企業財務價值創造的模式、方式或者說是手段。這些不同角度的財務價值創造理論事實上涉及財務價值創造兩方面的命題：是什麼創造了財務價值？如何進行財務價值創造？是什麼創造了財務價值的命題希望對財務價值源自何處進行解答，如何進行財務價值創造的命題則是希望對財務價值創造的方式進行解決。基於上述分析，可對財務價值創造理論從下邊兩方面進行分析探討：

一、什麼要素創造財務價值

　　勞動、資本、土地、人力、知識、信息、技術、能力等全息生產要素在企業不同的生產經營模式和不同的管理方式下都有可能創造財務價值。基於工業經濟時代的傳統財務價值創造主要定位於勞動、資本、土地、價值工程技術等要素資源對財務價值的創造，基於知識經濟時代代的現代財務價值創造主要定位於人力、知識、信息、能力、客戶、關係、品牌等要素資源對財務價值的創造。儘管工業經濟時代知識、信息、能力、客戶、關係、品牌等無形資本對財務價值創造的貢獻度遠遠大於勞動、土地、價值工程

---

① 葛運欣. 基於價值創造的企業財務戰略管理研究 [D]. 濟南：山東大學，2006.
② 葛運欣. 基於價值創造的企業財務戰略管理研究 [D]. 濟南：山東大學，2006.
③ 張野. 企業價值創造模式選擇研究——一個分析框架及其具體應用指引 [D]. 南京：南京大學，2011.
④ 何文章. 企業能力視角下產業價值鏈價值創造研究 [D]. 南昌：江西財經大學，2013.

技術等有形資本對財務價值創造的貢獻度，但缺失有形資本支撐的財務價值創造不可能是可持續的財務價值創造。因此，可持續財務價值創造是企業擁有的全息生產要素共同作用力的結果。受篇幅所限制，我們重點探討資本財務價值創造、客戶財務價值創造和關係財務價值創造。

1. 資本財務價值創造論

資本財務價值創造論認為企業財務價值的創造是企業能夠擁有或控製的各種要素資本比如，有形資本、無形資本、智力資本等整合作用力的結果。①有形資本。有形資本在企業中的存在形態表現為兩個方面：硬資本和軟資本①。事實上，有形資本所創造財務價值的關鍵在於對財務價值的可計量性。如果財務價值能反應在財務報表中，說明有形資本創造了可計量的剛性財務價值，反之說明有形資本創造了不可計量的彈性財務價值。因此，我們從創造的財務價值能不能計量這一最基本屬性出發，將有形資本的存在形態區分為剛性資本和彈性資本兩個方面：以製造產品所需要的廠房機器、技術設備和生產流水線、原材料等實物資本存在的剛性資本和以能夠獲取競爭優勢所需要的知識產權、營銷網路渠道、適應競爭環境而不斷優化的業務流程再造模式、治理機制的制度安排等無形資本存在的彈性資本。有形資本對財務價值創造的貢獻是剛性資本和彈性資本共同創造的結果。剛性資本對應製造經濟時代的生產製造領域，創造的財務價值集中在企業生產製造產品的各個作業環節進行的，創造的財務價值最終反應在資產負債表和利潤表的相關會計科目中。剛性資本具有的同質性、易模仿性和易複製性特徵決定了企業擁有這類資本只能獲取短期的競爭優勢并有可能僅僅只實現短期利潤最大化，儘管彈性資本在知識經濟時代對企業財務價值的創造發揮著越來越重要的作用，不斷增加彈性資本的持續供給能夠提升企業財務價值創造的可持續高速增長，但部分彈性資本創造的財務價值依據現有的測度技術是不能夠精確測定的，因此很難將其創造的財務價值反應在財務報表中并進行披露。可見，有形資本創造的財務價值是能夠可靠計量的剛性資本創造的價值和不能夠精確計量的彈性資本創造的價值和。②無形資本。無形資本基本上是企業擁有或控製的能夠創造巨大財務價值的隱性資本。比如，構成財務管理價值創造最基本理念的貨幣的時間價值。貨幣時間價值的本質意義就在於處於流通領域的貨幣會隨著時間的推移而產生超過本金的利息，也就是經濟學上所謂的本金租金。在貨幣時間價值中最核心的財務環節是時間而不是貨幣本身，是貨幣在隱性的時間作用下所能夠產生的財務價值含量。現代物流業之所以如雨後春筍般欣欣向榮就在於現代物流業借助「物聯網」這一平臺在消費者期待的「第一時間」內通過「第一速度」為消費者提供了能夠滿足其消費需求效用的消費品。這樣，通過縮短消費品的循環週轉時間，消費者為基於「物聯網」平臺的不同企業創造出巨大的財務價值。西門子管理專家的估算結果表明：產品開發時間每縮短 1 天就會增加 0.3% 的經濟利潤，縮短 5 天就可以增加 1.6% 的經濟利潤，而縮短 10 天就能夠增加 3.5% 的經濟利潤。② 無形資本對財務價值創造的貢

---

① 李海艦，馮麗. 企業價值來源及其理論研究 [J]. 中國工業經濟，2004（3）：53-57.
② 李海艦，馮麗. 企業價值來源及其理論研究 [J]. 中國工業經濟，2004（3）：55.

獻度由此可見。③智力資本。智力資本就是體現在企業產業價值鏈上，對企業的生產經營績效和核心競爭力能夠產生直接巨大影響的，對企業產業價值鏈上企業擁有或控製的包含各種管理文化、各種知識產權和商譽信息及員工的技術經驗等要素在內的不同的知識資源的整合能力。智力資本對企業財務價值創造的作用是直接作用、間接作用和合作作用的結果。直接作用就是智力資本能夠直接發揮獨立於其他形態資本要素的促使企業財務價值增值的作用。突顯在通過降低企業生產經營過程中的生產營運成本和消費者群體的不斷增加來導致企業營業收入和利潤總額的持續良性增長和企業淨現金流入量的持續增加。間接作用就是智力資本對財務價值創造的貢獻和降低企業成本、增加收益和利潤等容易測度的顯性要素相比較體現出難以精確測度的隱蔽性。間接作用是構成智力資本的不同要素在相互影響和轉換、相互週轉和循環的動態財務運動中間接作用於財務價值創造，體現在通過對企業各種財務風險的防範和控製、企業生產營運效率的提高和自主研發能力、企業整體形象的提升來作用於財務價值創造并實現企業財務價值的增值。合作作用表明智力資本對財務價值創造的貢獻是在智力資本和其他資本要素（尤其是財務資本）的競爭合作中共同創造并實現的，離開了其他資本要素的競爭性支撐，智力資本的財務價值貢獻度可能是短暫而非持久的。比如，企業投資於未來預期收益較高的新項目時就會引起資本投資者、專業經理人員和競爭合作者的廣泛關注。這些利益相關者擁有的關係資本一旦和企業規範高效的財務製度流程、有口皆碑的企業文化相結合，就會在形成企業利益相關者良性互動關係中不斷提升企業產品和服務的市場佔有度，并通過企業已經形成的關係資本直接作用於財務價值來實現企業財務價值的增值。

2. 客戶財務價值創造論

客戶財務價值創造論將企業財務價值的來源和價值創造的大小轉換到企業外部的客戶群體，認為需求主導下的客戶本位是決定企業財務價值來源和創值大小的根本驅動力。即，客戶對企業生產產品或提供服務的個性化認同感受度和消費該產品和服務時的認同感受效用決定著財務價值的來源和創值大小。客戶的認同度、效用感受度和企業財務價值的大小正相關。認同度高、效用感受度大客戶就會大量消費企業提供的產品或服務，這時企業在增加銷售量的基礎上同時增加了營業收入和營業利潤，更多的淨現金流就會流入企業，財務價值在創造、保值的基礎上實現了較大的增值；反之，就會虧損財務價值。

客戶財務價值創造論是新經濟時代伴隨著互聯網在全球範圍內的普及應用而引發的網路經濟下信息戰略對傳統競爭戰略的挑戰：互聯網降低了銷售企業產品和服務時的客戶成本，使得企業可持續競爭優勢的獲取主要來自於對消費終端客戶的吸引和保持，客戶是財務價值鏈上創造價值的重要稀缺性資源，以客戶為導向的客戶營銷是企業之所以存在、可持續發展的理由和直接企業財務價值創造的最終要素。而財務價值創造的「二八法則」，即知識經濟時代「企業20%客戶實現企業80%利潤」的規律表明客戶對企業財務價值的創造呈現出層次性，即基於對財務價值的貢獻度，企業不同的客戶群體可區分為三類：創造最大財務價值的客戶、引發財務價值最大增長的潛在客戶和損值客戶。客戶財務價值創造呈現出的層次性要求企業經營管理者在實施客戶管理時應體現出「兩

頭驅中戰略」：緊緊錨定創造最大財務價值客戶和分解、剔除損值客戶這兩頭，通過各種財務方式促進那些能夠引發財務價值最大增長的潛在客戶轉換為創造最大財務價值客戶群。同時，對創造最大財務價值的客戶群應作為客戶管理的重中之重，通過與之構建并保持長期的良性協助關係來延長創造最大財務價值客戶群創造最大財務價值的生命週期，以實現企業可持續財務價值的創造和實現。就客戶財務價值創造論的理論思想分析，客戶經濟和體驗經濟①的有機整合、主觀效用價值理論和客戶價值理論的現實融合成為支撐客戶財務價值創造論的經濟學基礎②，而基於 Kotler（1997）思想的顧客讓渡價值理論③、Zaithaml（1998）思想的顧客感知價值理論④和 Holbrook（1999）思想的顧客體驗價值理論⑤成為直接支撐客戶財務價值創造論的管理學基礎。

3. 關係財務價值創造論

關係財務價值創造論就是立足於關係資本視角來分析關係資本對企業財務價值創造的貢獻度。公司進化論、企業資源論、企業知識論、企業能力論、企業關係論是分析關係資本和企業財務價值創造之間相互關係的理論基礎⑥。一般而言，關係資本就是企業與其內外部利益相關者依據締結的互利協作財務關係契約在企業具體的生產經營過程中基於互利協作財務關係契約而形成的具有無形資本形態的特殊的無形要素資本，并在對這種特殊的無形資本要素進行財務投資和營運的管理過程中，使其在為企業獲取可持續競爭優勢的同時實現基於企業可持續競爭優勢的利益相關者財務價值最大化目標。基於企業財務價值創造的產業價值鏈思路，關係資本涉及鏈內關係資本和鏈外關係資本兩個方面：鏈內關係資本主要包括縱向的企業與其內部不同的組織職能部門之間的相互關係而形成的資本，橫向的企業內部不同的組織職能部門之間的相互關係而形成的資本；鏈外關係資本主要包括縱向的企業與其客戶、供應商等外部利益相關者之間的相互關係而形成的資本，橫向的企業與其債權人、各級政府、競爭與協作對手等外部利益相關者之間的相互關係而形成的資本。鏈外關係資本對企業在提升核心資源獲取能力的同時增強企業整體競爭優勢以提高企業財務價值的創造效率發揮著關鍵性作用，鏈內關係資本對企業內部利益相關者在形成良性融洽財務關係的基礎上發揮著企業財務價值創造的調節器作用。

關係財務價值創造論認為企業競爭可持續優勢的獲取既可能源自企業自身已擁有或控制的內部資源和能力，也可能源自不同的資源要素通過不同組合方式打破實物資產邊

---

① B. 約瑟夫·派恩，詹姆斯·H. 吉爾摩. 體驗經濟 [M]. 魯煒，譯. 北京：機械工業出版社，2002.

② 特里·A. 布里頓，戴安娜·拉薩利. 體驗——從平凡到卓越的產品策略 [M]. 王成，等，譯. 北京：中信出版社，2003.

③ Philip Kotler. Marketing Management [M]. New York：Prentice Hall Inc，1997.

④ Valarie A. Zeithaml. Consumer Perception of Price, Quality and Value: A Means-End Model and Synthesis of Evidence [J]. The Journal of Marketing, 1998, 52 (3): 2-22.

⑤ Morris B. Holbrook, Takeo Kuwahara. Probing Explorations, Deep Displays, Virtual Reality and Profound Insights: The Four Faces of Stereographic Three-Dimensional Images in Marketing and Consumer Research [J]. Advances in Consumer Research, 1999 (26): 50-240.

⑥ 楊孝海. 企業關係資本與價值創造關係研究 [D]. 成都：西南財經大學，2010.

界的約束而在不同企業之間自由流動時所形成的企業外部的基於關係租金的關係認同和構建。關係租金就是不同資源要素的不同組合方式所創造的價值超過某一資源要素單獨創造價值的差值。因此，企業進行資源要素的不同組合時所體現出的外部交易關係和企業內部的資源和能力一樣是創造租金價值的重要來源。關係認同和構建就是企業基於對其擁有或控制資產的互補性需求在和其他企業進行資源要素競爭與合作的交易時創造價值的財務行為。這種財務行為本質上是參與交易的雙方通過專用性投資所形成的關係資本。關係資本在形成企業特有的可持續競爭優勢的同時驅動企業財務價值的創造和增值。

二、如何創造財務價值

如何創造財務價值側重於從財務價值創造實踐視角來分析是什麼樣的財務工具、方式或財務流程、財務模式等創造了財務價值。可見，財務價值創造實踐視角的財務價值創造仍然呈現出多樣性特徵。本書認為，基於供應鏈、產業鏈、價值鏈、虛擬價值鏈、價值網構成的財務價值創造流程網在應用於具體的資本經營財務實踐中創造出了實踐視角的財務價值。因此，對如何創造財務價值的命題可從以下兩方面進行分析探討：

1. 財務價值創造流程網

財務價值創造流程網就是由供應鏈、產業鏈、價值鏈、虛擬價值鏈、價值網構成的創造財務價值的網狀鏈條。

（1）供應鏈。就供應鏈來看，Christopher（1992）認為供應鏈是進行產品生產的上下游企業之間、企業和客戶之間通過提供、消費產品或服務而進行企業價值創造活動的一種價值網路。Londe 和 Masters（1994）認為供應鏈就是由位於企業不同生產環節的能夠提供原材料和零部件的生產製造商、進行原材料和零部件生產的生產加工商和位於流通領域的產品批發零售商構成的創造價值的鏈條。供應鏈管理就是對企業內部物質流、信息流的控制和企業外部不同企業之間交易活動的規劃。Stevens（1999）將供應鏈理解成以供應商提供企業進行生產經營所需要的原材料及零部件為起點，將企業生產的產品或服務由不同的銷售渠道提供給消費者進行消費為終點的一個流程循環，在這一流程循環中實現了企業財務價值的創造和增值。本書認為，供應鏈就是企業內外部利益相關者（涉及進行產品生產必須的原料與零件供應商、製造加工商、批發運輸商、零售消費商）在進行物流、信息流和資本流等創造財務價值的交易活動中形成的一種網路系統。事實上，供應鏈從為提供消費者需求的產品或服務的供應為切入點，通過對產品或服務等物流的流動速度和流動方向的設計試圖控制存在於企業供應商製造加工商、批發運輸商、零售消費商等之間的供應流程成本，在降低這些供應流程成本、實現供應流程成本最小化的同時提升從供應商開始逐步向下流向顧客結束的整個供應流程的運行效率。

（2）產業鏈。就產業鏈而言，亞當·斯密以「制針」勞動中不同的流程和作用將產業鏈理解為企業內部工業生產活動中基於不同的勞動分工進行迂迴生產時對企業資源利用的鏈條。馬歇爾將勞動分工思路進一步拓展到不同企業之間的競爭合作并以此突顯產業鏈上分工合作的重要性。Houlihan（1988）認為產業鏈就是貫穿於企業產品生產過程

中，從原材料的供應商開始中間經過製造加工商的加工製造，最後體現為客戶所能夠消費的產品和服務這一流程中所有參與生產製造的物質流。Stevens（1989）認為產業鏈就是借助前向、後向反饋的物質流和信息流能夠將供應商、製造商、分銷商和消費客戶整合聯繫在網狀鏈條的一個系統。需要說明的是，人們對產業鏈至今沒有形成統一規範的認識。一般而言，可以從技術經濟相關聯視角、戰略聯盟視角、價值鏈視角、供應鏈視角來分析理解產業鏈[①]。就技術經濟相關聯視角分析，產業鏈就是不同產業組織所從事經濟活動中，基於前向預測、後向反饋的產業組織相互關聯度將不同產業整合在一起而形成的網路系統。就戰略聯盟視角分析，產業鏈就是企業為提升其核心競爭力、發揮不同產業在價值創造中的協作效應，通過將具有前後向關聯度的不同產業耦合起來而形成的一種戰略聯盟。就價值鏈視角分析，產業鏈就是存在於企業內部不同的組織職能部門之間和外部不同的企業之間的為實現價值最大化所進行的財務活動過程，這一財務活動過程以能夠產出可供交易的產品或服務為導向，貫穿在從原材料採購、加工製造、客戶消費等不同的階段。就供應鏈視角分析，產業鏈體現著從原材料採購加工、中間產品形成、最終消費品的產出等企業不同的生產鏈條上無關聯關係的不同企業之間的供求關係。事實上，作為具有雙向流動性的產業鏈在從產業整體思路來分析，存在於不同產業之間上游、下游產能的時空協調均衡和產業內不同組織形式的企業空間佈局，以追求產業整體價值創造的最大化的同時也整合了從客戶的消費效用出發而形成的需求流、物質流、信息流沿產業鏈上游移動，而將這些需求流、物質流、信息流反饋到供應商處（價值鏈思路）以及企業從供應商的原材料供給能力出發而形成的物質供給流、生產加工信息流沿產業鏈下游移動反饋給客戶，表明企業所能提供的產品或服務等（供應鏈思路）以實現企業利益相關者財務價值最大化的價值創造目標。

（3）價值鏈和虛擬價值鏈。就價值鏈、虛擬價值鏈分析，自 1985 年 Porter 提出價值鏈概念以來，後續研究者在拓展研究中形成了所謂的價值鏈理論。價值鏈理論基於企業存在的價值在於可持續創造價值思路將企業界定為由一系列位於不同的生產營銷環節、具有不同性質作用、單獨而具體但又相互聯繫的價值創造活動，以及能夠推動價值創造具有競爭優勢功能活動的集合體。企業的價值鏈由基本價值鏈和輔助價值鏈（包括供應商價值鏈、營銷渠道價值鏈、客戶價值鏈等）構成。基本價值鏈就是由企業價值創造過程中的基本價值創造活動形成的鏈條，這些基本價值創造活動主要涉及企業內部的生產經營活動、外部的市場銷售與售後服務活動。輔助價值鏈就是由企業價值創造過程中的輔助價值創造活動形成的鏈條，這些輔助價值創造活動主要涉及企業內部的人力資源開發管理和財務戰略活動、外部的原材料採購供應和稅賦繳納活動。企業內部價值鏈是價值鏈系統的一個子系統，就整個價值鏈系統而言，作為價值傳遞載體的企業，價值鏈系統中不同子系統之間的財務價值行為關係都會影響到企業可持續競爭優勢的獲取。隨著互聯網信息技術的普及應用，1995 年，Rayport 和 Sviokla 提出了一種非線性的虛擬價值鏈。虛擬價值鏈也就是信息價值創造鏈，它將企業基於競爭的生存發展劃分為兩個

[①] 何文章. 企業能力視角下產業價值鏈價值創造研究 [D]. 南昌：江西財經大學，2013：9.

相互聯繫又相互影響的財務環境：財務資本環境和信息資本環境。財務資本環境中的虛擬價值鏈等同於實物價值鏈，這時企業憑藉其擁有的各種不同的物質資本要素通過實物價值鏈上需求流、物質流、信息流的定向流動為客戶提供產品和服務，以實現企業價值創造的最大化。信息資本環境中的虛擬價值鏈具有非線性、輸入輸出潛在性特徵，通過水平作用於實物價值鏈的不同環節來實現初始信息的財務價值創造和增值。就財務價值創造和增值的環節、階段而言，虛擬價值鏈價值創造活動涉及五個階段：信息收集階段、信息組織階段、信息選擇階段、信息合成階段以及信息分配階段。

（4）價值網。就價值網分析，價值網概念由 Adrian Slywotzky 在《利潤區》中首次提出。他認為價值網是企業基於互聯網的普及應用衝擊下消費市場高度競爭導致顧客對產品和服務多樣性需求不斷增加的財務環境下，不同企業由惡性競爭轉變為良性協作過程中，通過對彼此擁有資源要素的收益分成式共享和相互競爭優勢互補，在為客戶提供多樣性產品和服務時出於追求彼此收益最大化而形成的資源交換和收益分享網。大衛·波維特認為，價值網就是基於數字信息化供應鏈理念，能夠將企業的合作供應商、企業的生產經營和顧客多樣性需求連接起來而提升數字信息化供應鏈的基於營運到戰略角度的一種商業經營模式。這種模式通過將數字信息化供應鏈的營運提高到戰略角度的設計，在增加企業利潤實現、提升客戶滿意度的同時也為合作供應商的戰略定制提供瞭解決方案。事實上，價值網思想源自 Michael E. Porter 的差異化競爭優勢。在提出企業內部價值鏈概念後，Porter 認為價值鏈推移存在於企業外部的商務機構和客戶群中。企業內部客戶與外部客戶價值鏈的高效對接是差異化競爭優勢的來源。這樣，如何以客戶價值鏈為導向，在突破企業內部線性價值鏈上不同價值創造活動在順序上相互分離的機械模式的同時將內部線性價值鏈不同價值創造活動的利益主體以整體價值鏈價值創造最大化原則高效對接在一起，重構客戶導向的價值鏈就成為價值網思想的核心之所在。為此，價值網借助企業治理機制和價值鏈上價值傳遞的差異性機制，以專用性資產為紐帶，將價值鏈上不同價值創造活動的利益相關者結合在一起來共同實現客戶價值的創造。客戶由於消費產品或服務而為利益相關者創造的價值是價值網上的利益相關者共同創造最終由關鍵利益相關者整合實現。這樣，價值網上的每一個利益相關者創造的價值形成整體價值的一個部分。可見，價值網就是在專業化分工生產服務模式下，通過企業內外部利益相關者之間的相互影響和相互作用而形成的關於企業價值創造、轉移、分配使用的關係結構網。[①]

2. 資本經營與財務價值創造

和企業的生產經營相對應，資本經營就是以預期資本收益最大化為導向，在資本經營戰略的引導下通過對企業資本的籌資經營、投資經營實現資本營運的財務價值創造和增值的資本循環週轉過程。可見，資本經營就是資本化經營，是資本營運或者說是資本營運的同義詞。資本經營是利用資本循環週轉過程中所體現出的不同形態變化，在直接對資本進行消費時通過對資本使用價值的高效利用來實現資本預期收益最大化的一種財

---

① 胡大立. 基於價值網模型的企業競爭戰略研究 [J]. 中國工業經濟, 2006 (9): 87-93.

務活動。就資本經營的實踐過程分析，資本經營是在對企業內部生產經營條件和外部財務環境進行充分分析基礎上首選設計并制定經營資本的財務戰略目標定位，在財務戰略目標引導下進行資本的籌投資決策。籌措資本是為了進行資本的投資，資本投資就是對企業經過籌資而擁有的債務金融資本、權益產權資本進行的價值創造和增值的經營活動。在資本投資創造財務價值基礎上通過對設定的經營資本財務戰略目標是否實現的反饋來設計新的資本經營戰略目標，從而催生在對資本進行的新一輪經營活動中來實現資本增值的最大化。因此，就過程而言，資本經營就是資本的籌投資循環。這一循環的起點就是對資本進行的籌融資。資本籌融資是在集合投資所需要資本過程中進行資本結構優化來選擇最佳資本結構，并在是否追加資本籌資中如何維繫最佳資本結構所進行的決策活動。這一決策活動涉及對資本集合方式和籌融資渠道的選擇。

資本集合方式主要有對資本進行的累積和對資本進行的集中。資本累積是一種內源性資本籌融資方式，是將資產負債表中的留存收益進行再投資的一種方式。資本集中是一種外源性資本籌融資方式，是在對資本不同持有者承諾其預期資本收益率不小於機會成本的基礎上進行的不同資本的結合。資本籌融資渠道包括傳統的留存收益渠道、銀行借款渠道、發行股票和債券渠道等，也包括企業兼并重組、聯合收購、項目融資租賃、證券化經營等現代籌融資渠道。

資本的證券化經營是發揮財務價值創造槓桿效應，通過促進資本市場上交易資本的流動變現能力來提升企業在資本市場上的核心競爭力和對資本的控製力，實現資本市場價值最大化的強有力工具，是資本化經營的高級形態。其發揮的財務價值創造功能表現為：①在證券市場上通過催生并加強交易資本的流動變現能力來實現資本的市場價值高於其帳面價值的增值額和資本市場價值增值幅度的增加，無論是資本市場價值增值額的增加還是資本市場價值增值幅度的增加，其結果必然提升了財務價值創造額。②基於金融衍生工具的證券市場使得股東財富的集中能力和速度大幅度提升，股東財富高速擴張和增加必然引發股東財富市場價值的增加，從而實現企業財務價值的增值。③資本的證券化經營能夠使企業用較少資源來控製較大資源，用較小資本的投入控製巨大的股東財富市值產出，發揮對資本控製能力「倍數放大效應」。控能力「倍數放大效應」的發揮使得企業對證券市場上資本要素和股東財富的控股權不斷提升，也使得資本的市場價值或股東財富的市場價值倍增。④資本的證券化經營使得流動性資產的不同組合既能夠實現資產流動的套現又可以規避由政治經濟風險、財務市場風險、信用風險等可能引發的企業財務危機。對企業財務危機的化解無疑是實現資本保值增值、創造企業財務價值的必由之路（楊依依，2006）。①

---

① 楊依依. 企業價值與價值創造的理論研究 [D]. 武漢：武漢理工大學，2006：109-110.

第二節　財務價值估值理論

　　財務價值估值就是財務評估人員或財務評估機構在預測企業財務環境因素對企業價值創造的影響和在考慮企業利益相關者對投資資本要素預期收益的基礎上，通過應用現有的各種不同估值技術、方法或這些不同技術、方法的有效組合對企業在生產經營、資本經營等財務活動過程中創造的財務價值進行科學合理的預測、定量計量的估算，以期向企業利益相關者反饋企業利益相關者價值最大化的財務目標是否實現。基於締結財務契約時約定的財務收益分配政策是否客觀公正和公平合理，在此基礎上為企業利益相關者進行下一步的財務價值決策提供必要的決策信息。可見，企業內外部利益相關者進行財務價值創造和價值分配的財務戰略決策需求催生了財務價值估值的充分必要性。就內部利益相關者看，財務價值估值結果提供的相關性財務信息影響在一定程度上決定著內部利益相關者進一步的財務投融資決策、財務重組并購決策等。就外部利益相關者分析，財務價值估值結果提供的相關性財務信息既是企業外部利益相關者考察分析基於財務契約約定并賦予的各種財務價值收益是否實現的信息基礎，也是影響并決定其是否進一步投資的主觀需求。

　　就財務價值估值思路而言，分析并預測企業內外部財務環境因素影響、基於財務報表信息設定估值結果的假設值、選擇科學的財務估值方法技術進行財務價值估算、和假設值相比較確定財務價值估值結果的準確性這四個不同的環節構成了一次完整的財務價值估值。由此可見，財務價值估值本質上是一個循環系統。這一循環系統的起始點就是對企業內外部財務環境因素進行的分析預測，終點就是對財務估值結果進行的驗證和反饋。企業利益相關者財務價值創造最大化和資本要素預期財務收益分配最大化的雙重財務目標的結合是這一循環系統的直接驅動力。其中，分析并預測企業內外部財務環境因素的影響就是對被估值企業在進行行業定位確定其所在行業基礎上，進一步分析所在行業面對的宏觀經濟環境、產業環境、法律環境、金融環境等不同環境呈現出的行業特徵，進一步考察這些不同的財務環境要素如何影響企業競爭優勢的獲取和核心競爭能力的發揮。基於財務報表信息設定估值結果的假設值就是充分利用財務會計報表所能披露、提供的不同信息，在科學分析企業的財務治理結構、財務控製權、追索權的配置和約束、企業的財務市場戰略定位等企業核心流程基礎上，再結合對企業已進行的內外部財務環境分析來設定財務價值估值結果的預計假設值。選擇科學的財務估值方法技術進行財務價值估算就是在對制約各種財務估值方法技術的兩個核心因素（企業自由現金流和風險折現率）確定的基礎上，要求對財務估值方法技術的選擇必須符合成本效益原則導向下的切實可行性。和假設值相比較確定財務價值估值結果的準確性就是在比較分析預計假設值和實際估算值誤差範圍時，判定實際估算值是否在可容忍誤差範圍內，并確定本次財務估值結果的準確性。

　　一般而言，財務價值估值理論的內容由財務估值基礎理論和財務價值估值方法

構成。

一、財務估值基礎理論

就估值文獻分析，Irving Fisher（1906）率先提出用概率分布這一分析來進行財務估值的基本思路：資本價值源自締結資本契約時約定的收益權利，這種收益權利保證了資本創造價值後資本持有者能夠獲取預期的資本利得。對預期資本利得進行折現得到的折現值就是資本內生價值。1930年，Irving Fisher 將投資項目實現的價值表示為無風險利率折現值；Modigliani 和 Miller 在 1958 年提出的 MM 定律奠定了財務估值的基本框架。Sharpae、Mossin 和 Lintner 在 1965 年提出的資本資產定價模型揭開了對金融資本進行定量財務估值的新思路。1992 年，Fama 和 French 提出了進行財務比較估值的市場有效假設理論。1995 年，Ohlson、Feltham 和 Ohlson 提出對接財務會計信息進行財務估值的 EBO 模式，使得財務估值第一次建立在以歷史成本反應的財務會計報表中，為揭示內生財務價值創造大小提供了積極的分析視角。資本價值定價估值理論、市場有效假設估值理論、公允價值估值理論共同形成能夠支撐并解釋進行財務價值估值的完整理論體系。

1. 資本價值定價估值理論

資本價值定價估值理論奠定了進行財務價值估值時的兩種不同思路或者說是兩個不同的視角：基於 MM 定理的財務價值估值和基於投資組合理論、資本資產定價理論、套利定價理論的財務價值估值。

（1）基於 MM 定理的財務價值估值。在滿足 MM 資本結構定理一系列假設條件（比如，假設不存在市場交易成本、財務危機成本和代理成本，企業以負債方式籌資時不考慮系統風險，以股票方式籌資時不考慮非系統風險，自由現金流永續零增長率等）時，企業舉債經營的財務價值數值上與無負債經營財務價值、稅盾收益折現價值的和相等。在不考慮企業所得稅的影響時，投資創造企業財務價值和企業資本結構無關聯，WACC 僅僅由股權資本成本決定，同樣和企業資本結構不相關。這顯然不符合財務價值估值實踐。1976 年，Jensen 和 Meckilng 通過修正 MM 定理不考慮財務危機成本、代理成本的假設，將財務危機成本、代理成本導入 MM 定理形成代理成本財務估值理論。該理論認為企業財務價值的大小等於稅盾收益折現價值之和減去財務危機成本後再減去代理成本後的差額。當收益現值大於危機成本與代理成本的和時，財務價值隨企業舉債數量的增加而呈現出上升趨勢；反之，企業財務價值隨企業舉債數量的增加而呈現出下降趨勢。企業財務價值最大值對應著倒鐘形曲線的拐點。

（2）基於投資組合理論、資本資產定價理論、套利定價理論的財務價值估值。1930 年，Irving Fisher 提出確定性條件下估算資本價值的基本思路：投資資本創造的價值數量上和對經營收益進行無風險利率折現時的折現值之和相等[1]。由於僅僅考慮確定性條件下的財務價值估算，因此，Irving Fisher 的估值思路具有較大的缺陷性。但 Irving Fisher

---

[1] Irving Fisher. The rate of Interest: Its Nature, Determination and Relation to Economic Phenomena [M]. New York: The Macmillan co, 1907: 420-476.

財務估值思路為投資組合理論和資本資產定價理論的提出提供了直接的思想。投資組合理論和資本資產定價理論以估算不確定性條件（存在不同財務風險）下風險資本持有者的預期報酬率為導向，認為進行財務價值估算時如何確定分母上風險折現率（股權資本成本）的大小是財務估值面臨的最大挑戰。對此，投資組合理論認為由於財務價值估值中面臨的財務風險從估算角度應分為不可分散的系統風險和能夠分散的非系統風險，不同投資資本的組合方式可以分散掉能夠分散的非系統風險對財務價值估算的影響，這樣，進行財務價值估值時只需要考慮不可分散的系統風險形成的影響；因此可通過設定或估算風險補償率來近似替代分母上的風險折現率進行財務價值估值。資本資產定價模型直接將風險資本投資者的預期最低報酬率表示成無風險收益率和市場風險補償率之差的一元線性函數，在此基礎上提出了估算分母上風險折現率最簡單的思路：風險折現率等於無風險收益率加上 β 系數乘以風險收益率和市場風險補償率的差。這樣，憑藉預期收益折現模型就可以進行財務價值的估值了。套利定價理論是針對應用資本資產定價理論進行具體的財務價值估算時表現出的局限性：資本市場上，風險資本收益是多影響因素共同作用的結果，單個風險投資資本僅僅存在著套利收益機會而不能對其預期收益進行類似一元線性函數關係模型的定量估算。換言之，基於資本資產定價理論估算某一風險資本的預期收益時，估算值就會超出可容忍誤差範圍而使得財務估值失去現實意義。1976 年，Ross 將風險投資資本不同組合方式形成的無套利收益概率引入資本資產定價理論，提出了能夠估算風險投資資本預期最低報酬率的多因素財務估值模型，這就是所謂的套利定價理論。套利定價理論表明風險投資資本的預期最低報酬率是不同 β 系數的多元線性函數組合，從理論上為不確定性條件下的財務價值估值提供了切實可行的思路。

2. 基於市場有效假設的估值理論

市場有效假設理論是有效市場假定理論（Efficient Markets Hypothesis，EMH）的同義詞。Fama（1970）對市場有效的理解思路是：如果資本市場上金融資本的價格完全揭示了資本市場上金融資本交易者能夠獲取的全部信息，這時的資本市場就是有效的市場。市場有效假設理論認為金融資本交易者根據在資本市場上能夠獲取的不同信息進行金融資本交易時體現出的理性交易行為或非理性交易行為是資本市場對金融資本定價是否有效的標誌；如果交易者能夠獲取資本市場的各種信息，這時其交易與否取決於資本市場對金融資本的定價，理性的交易行為如果是理性定價的無差別替代，則資本市場對金融資本的定價體現出強有效；如果交易者獲取的資本市場信息是不完全的或交易者的交易行為是非理性的，這時交易者隨機交易的趨同趨勢以及資本市場上套利交易者的存在也能夠使金融資本的市場價和其內生價值呈現出一致性，即資本市場上的隨機交易行為、套利行為保證了資本市場對金融資本的定價仍然是其內在價值的一種可替代的無偏估計量。市場有效假設估值理論的價值在於提供了憑藉資本市場有效時可以獲取的上市公司股價，通過財務估值比較分析來對非上市公司進行財務估值的新途徑和這種財務估值實踐的可行性。

3. 基於實物期權公允價值的估值理論

Myers 於 1977 年率先提出借助實物期權公允價值進行投融資創造價值估值的思路并

論證了這種估值思路的可操作性①。1984 年，Kester②、Pindyck③ 彼此獨立提出導入實物期權公允價值來修正傳統的 NPV 價值估算缺陷進而進行財務價值估算的思想：依據傳統 NPV 估值應用原理，NPV 小於零的某投資項目或方案是不創造價值反而毀損價值的項目或方案，為此就應放棄對該項目或方案的初始投資或進一步投資。由於 NPV 和分母上的風險折現率反向變動，因此不確定性風險的增加必然導致投資項目或方案的 NPV 減小。可見，應用傳統 NPV 估值時，風險投資資本的不確定性對應著風險資本創造價值的概率損失并且兩者正相關，不確定性越大，價值創造的概率損失就越大。儘管在高新技術企業的生命初始期 NPV 基本上都小於零，但這些企業在其生命週期的可持續期間創造出遠遠大於其他企業的 NPV，其 EVA 更是遙遙領先於其他企業的 EVA，對這些悖論的 NPV 估值解釋顯然是蒼白無力的。而借助公允價值估值理論來理解這些悖論無疑具有良好的解釋力。基於實物期權公允價值的財務估值理論將不確定性理解為風險投資資本獲取資本利得進而提升價值創造貢獻度的機會，不確定性就是一種機會收益。不確定性、風險投資資本獲取的利得和企業財務價值創造正相關。不確定性的增加導致風險投資資本獲取資本利得的概率增加，同時導致企業財務價值創造的可能性和增值的概率相應增加。基於這樣的基本思路，在應用該理論進行財務價值估值時，核心就是通過定量測定不確定性機會收益進而較為準確地測度財務公允價值。就財務估值實踐看，應用該理論的程序是：從類型不同、時間不同、規模不同的不確定性投資決策中首先篩選并分析不確定性（概率）源自何方，在釐清不確定性的來源後估算不確定性機會收益或者說估算風險投資資本的概率利得，在此基礎上構建公允價值財務估值模型并將相關數據導入公允價值財務估值模型後，在得出相關財務估值結果的同時對這些估值結果進行進一步的相關檢驗以確定其可靠性和解釋能力。

二、財務價值估值方法

財務價值估值是一個隨著企業財務環境變遷，其側重點和估值方法受到財務會計信息的支撐、影響而不斷完善的動態過程。在財務價值估值方法或技術不斷完善成熟的動態變化過程中，財務會計信息起到直接的推動作用。財務價值估值方法與財務會計信息緊密結合推動財務價值估值方法不斷完善成熟的趨勢，既是會計學和財務學同源性的體現也是會計學和財務學基本職能有機整合的體現。會計學的本質就是一個會計信息的反應和披露系統，財務學的本質就是基於「決策有用」理念進行各種財務決策的系統。基於會計信息最基本功能分析，借助會計信息進行的財務價值估值和財務價值決策是會計信息最基本功能發揮的充分表現。因此，分析財務價值的估值方法離不開會計信息，財務價值估值方法的演進過程就是財務估值技術和會計信息相互融合并隨著會計信息質量

---

① Myers Stewart C. Determinants of corporate borrowing [J]. Journal of Financial Economics，1977（5）：147-175.

② Kester Carl W. Today options for tomorrow's growth [J]. Harvard Business Review，1984（62）：1051-1075.

③ Pindyck Robert S. Irreversible investment capacity choice and the value of the firm [J]. American Economic Review，1988（78）：969-985.

的提升而動態完善的過程。基於上述思路，下邊對財務價值估值方法的演進過程進行基本的梳理和回顧。

就現有財務價值估值文獻分析，現代意義上具有可操作性的財務估值思想和技術源自 Irving Fisher。1906 年，Fisher 率先提出用概率分布技術來估算金融資本的預期收益思路；1930 年，Fisher 提出用無風險利率進行折現的方法來估算項目投資所創造價值大小的觀點。在 Fisher 一系列思想的啓發下，1938 年，Williams 提出了現代財務估值史上具有里程碑意義的在資本市場上對股票定價估算的股利貼現模型。1952 年，Markowitz 提出基於均值—方差來估算和風險相對應的預期收益的方法。同年，David Durand 提出折衷 NI 理論、NOI 理論等傳統理論、能夠估算資本化率的 Durand 公式：$ERI = MR + IV \frac{dC}{dR}$。1956 年，Gordon 和 Shapiro 將未來股票收益增長率引入股利貼現模型并由 Gordon 在 1962 年提出股利折現增長估值模型。1956 年，Modigliani 和 Miller 提出無所得稅的權益資本成本估值技術。1963 年，Modigliani 和 Miller 又提出結合了所得稅的權益資本成本估值技術。同樣在 1963 年，Solomn 提出度量企業總資本成本的估值模型。1964—1965 年，Sharpae、Mossin 和 Lintner 提出能夠較為精確估算權益資本成本的 CAPM。1969 年，Hamada 提出結合所得稅的 CAPM 估值模式。1970 年，Brennan 推出結合不同稅率的 CAPM 估值技術。1972 年，Black 推出了雙因素 CAPM 雙估值模式。同樣在 1972 年，Mayers 推出了估算某些無法市場化資本的 CAPM 估值技術。1973 年，Merton 推出了跨期 CAPM 估值方法。同樣在 1973 年，Breeden 提出了消費導向的 CAPM 估算模型。1976 年，Ross 推出了套利定價估值模式。1983 年，Engle、Lilien 和 Robins 推出 CAPM 時間序列估值模型。1992 年，Fama 和 French 推出了三因素 CAPM 估值模型。1995 年，Ohlson、Feltham 和 Ohlson 推出估算權益資本剩餘收益的 EBO 估值模型。1997 年，Carhart 提出了四因素 CAPM 估值模型。1999 年，Damodaran 提出兩階段增長股利折現估值模型。2000 年，O'Hanlon 和 Steele 提出了估算權益資本剩餘收益的 OS 估值技術。2001 年，Gebhardt、Lee 和 Swanunathan 提出估算權益資本剩餘收益的 GLS 估值方法。同樣在 2001 年，Claus 和 Thomas 提出了估算權益資本剩餘收益的 GT 估值方法。2002 年，Easton、Taylor、Shroff 和 Sougiannis 提出了估算權益資本剩餘收益的 ETSS 估值方法。2003—2004 年，Easton 和 Monahan，Easton 提出了估算權益資本剩餘收益的 PEG 估值方法。2005 年，Ohlson 和 Juettner-Nauroth 將 EPS、EPS 增長導入 RIVM，提出了估算權益資本剩餘收益的 OJ 估值方法。

從是否基於會計信息支撐和財務價值估值實踐的操作性程度高低兩個方面來梳理，上述估值方法可分為以下三類最基本的方法：

1. 股利折現估值法（Dividend Discount Valuation Method，DDVM）

（1）基本股利折現估值法。Williams（1938）認為資本市場上股票價格是股票內生價值的無偏估計量，這樣就可用股票的價格近似表示股票內生價值。基於此思路，股票內生價值可定義為股票未來預期股利與風險折現率的多元函數，大小等於股票可持續交易期間的未來預期股利對風險折現率（股權資本成本）進行折現得到的折現值的和。

用 IV 表示股票的內生價值（Intrinsic Value）；用 R_n 表示股票投資者預期收益率或股權資本成本；$EDPS_t$ 表示第 t 期預期每股股利（Expected Dividends Per Share，EDPS），則基本股利折現模型可表示為：

$$IV = \sum_{t=1}^{\infty} \frac{EDPS_t}{(1+R_n)^t} TCBY_0 \qquad 公式（3-1）$$

理論上看，根據上述公式，在 $EPDS$、R_n 的數據能夠由會計報表中的會計信息反應并確定的基礎上，就可以結合上述公式憑藉複利現值系數表對股票內生價值或企業財務價值進行估算了。上述公式在財務價值估值實踐應用中存在的最嚴重問題在於股權資本成本 R_n，如何精確估算股權資本成本已成為影響基本股利折現估值法應用的障礙。

（2）對基本股利折現估值法的拓展。從理論上分析，基本股利折現估值法在估算企業內生價值時無疑是可行的，但估算股權資本成本的難度又影響到該方法的實際應用。在財務價值估值實踐中，常結合企業的生命週期來挑戰基本股利折現估值法以增強該估值方法的實際應用性。①永續年金現值估值法：在公式（3-1）中，假設分子上的預期每股股利是常數（預期每股股利無增長）、分母上的股權資本成本也是常數，這樣基本股利折現估值法就拓展成永續年金現值估值法：

$$IV = \frac{EDPS}{R_n}$$

永續年金現值估值法常應用在當上市企業位於生命成熟期階段時來估算優先般的內生價值，因為這時優先股的內生價值可近似用優先般永續年金現值來近似表示。②Gordon 和 Shapiro 股利折現估值法[①]：1956 年，Gordon 和 Shapiro 在實證檢驗基本股利折現估值法發現，當上市企業在其可持續經營期內股票的股利和企業的 EBIT 正相關並且以穩定的增長率同步增長、股票股利的持續穩定增長率小於股權資本成本時，則公式 1 就變形為如下的公式：

$$IV = \frac{EDPS_1}{R_n - R}$$

其中，$EDPS_1$ 表示企業第一期的優先股股利，R_n 表示股權資本成本，R 表示股票股利持續穩定增長率。這一公式體現的估值思路就是所謂的 Gordon 和 Shapiro 股利折現估值法。③ Malkiel 股利非穩定—穩定增長折現估值法[②]：Malkiel（1963）認為在現實的資本市場上，基本上不存在股票股利無增長或者股票股利和企業的 EBIT 同步增長的證據，這是因為股票股利的波動同時呈現出增長或下降的趨勢，就企業某一會計區間股票股利的增長趨勢而言，基於財務估值的可操作性，可以將股利的增長近似地區分為非穩定增長期和穩定增長期。因此，企業財務價值可以表示為股利在非穩定增長期折現值與股利在穩定增長期折現值的函數，大小等於股利在非穩定增長期折現值的和再加上股利在穩

---

① Gordon J. Myron, Shapiro Eli. Capital equipment analysis: the required rate of rate of profit [J]. Management Science, 1956, 3 (1): 102-110.

② Malkiel G. Burton. Equity yields, growth, and the structure of share prices. American [J]. Economic Review. 1963, 53 (5): 1004-1031.

定增長期折現值的和。④ Fuller 和 Hsia 股利線性非穩定—穩定增長折現估值法[①]：Fuller 和 Hsia（1984）通過實證發現股票股利的增長率在非穩定增長期呈現出先線性下降後線性上升的趨勢，當非穩定增長期線性上升增長率達到穩定增長期的增長率時，股票股利就會以穩定增長期的增長率暫時穩定增長。這樣，企業財務價值仍然可以表示為非穩定增長期折現值與穩定增長期折現值的函數，只不過分母上的風險折現率是基於股利非穩定線性增長率、股利穩定增長率和股權資本成本的加權平均資本成本。

2. 現金流折現估值法（Discounted Cash Flow Valuation Method，DCFVM）

首先需要說明或澄清的是，儘管現金流在財務管理學中可能存在不同的內涵，對現金流可以基於不同的視角來進行理解，但現金流折現估值法中現金流約定俗成為自由現金流（Free Cash Flow，FCF）。自由現金流是一種剩餘現金流，是指會計學上基於權責發生制在現金流量表上反應的企業持續經營期間形成的現金流和財務學上基於收付實現制而確定的現金流在數量上相等時，減去維護企業各項資產所必需支付的成本用途現金流後，企業用來償還債務資本所有者本金和利息的現金流以及支付普通股、優先股股利的現金流。因此，自由現金流就是支付的本利現金流、支付的普通股股利現金流、支付的優先股股利現金流的和。

受財務學財務目標定位的影響，與股東財富最大化財務目標對應的自由現金流被稱為權益自由現金流（Free Cash Flow of Equity，FCFE），而與企業價值最大化財務目標對應的自由現金流被稱為企業自由現金流（Free Cash Flow of Firm，FCFF）。順理成章，基於 FCFE、FCFF 而形成現金流折現估值法的兩種不同思路：權益自由現金流折現估值法和自由現金流折現估值法。在估值實際中，又常常對現金流從調整的思路、資本的思路進行應用，因此又形成現金流折現調整估值法、現金流折現資本估值法。可見，在現金流折現估值實踐中，同時存在著權益自由現金流折現估值法、自由現金流折現估值法、現金流折現調整估值法、現金流折現資本估值法四種具體的方法。為規範統一現金流折現估值法應用中存在的由於估值方法的多樣性可能導致的混亂，1982 年，Chambers 等從理論上證明了這四種估值方法的等價性[②]。估值實務中，應用廣泛的企業自由現金流折現估值法（Free Cash Flow of Firm Valuation Method，FCFFVM）逐漸成為現金流折現估值法（Discounted Cash Flow Valuation Method，DCFVM）的代名詞。和 DDVM 的思路一樣，FCFFVM 將企業財務價值表示為用股權資本成本對 FCFF 進行折現的函數，大小等於用股權資本成本對 FCFF 進行折現後得到的現值和，即：

$$IV = \sum_{t=1}^{\infty} \frac{FCFE_t}{(1 + R_n)^t} \qquad 公式（3-2）$$

公式（3-2）中，IV 表示股票（或權益資本）的財務價值，R_n 表示股票預期收益率

[①] Fuller J. Russell, Chi-Cheng Hsia. A simplified common stock valuation model [J]. Financial Analysts Journal, 1984, 40 (5): 49-56.

[②] Chambers R. Donald, Harris S. Robert, Pringle J. John. Treatment of financing mix analyzing investment opportunities [J]. Financial Management, 1982, 11 (2): 24-41.

或股權資本成本,$FCFE_t$表示企業第 t 期的自由現金流。上述公式表明：在 $FCFE_t$ 數據能夠獲取、R_n 能夠確定時憑藉複利現值系數表通過公式 2 就可以估算出股票（權益資本）的財務價值。

和 DDVM 的拓展思路相類似，後續研究者將企業生命週期和 DCFVM 相結合提出 DCFVM 的多樣性拓展估值方法：永續年金現金流折現估值法、現金流穩定增長折現估值法、非穩定—穩定增長現金流折現估值法、非穩定增長—持續下降—穩定增長現金流折現估值法等。2002 年，Maureen 和 Jerry 將企業財務價值表示為初始投資現金流折現值與後續投資現金流折現值的函數，大小等於初始投資現金流折現值的和再加上後續投資現金流折現值的和[1]。初始投資現金流是企業的現時資本已實現稅後淨經營利潤對 WACC 的折現值；後續投資現金流就是後續自由現金流乘以留存收益率之後對 WACC 的折現值。

3. 剩餘收益估值法（Residual Income Valuation Method, RIVM）

（1）理解剩餘收益時的多樣性思路。Marshall（1890）認為企業利潤在補償各中經營成本種和投資成本後仍存在大於零的利潤，說明企業為不同資本投資者創造了價值。Preinreich（1938）認為剩餘收益是一種差額利潤，大小等於資本財務價值減去資本帳面價值後差額的折現值。事實上，剩餘收益就是稅後淨利潤減去權益資本預期收益後得到的差額，就財務價值估值而言，可以將剩餘收益定義為普通股每股收益、股權資本成本、權益帳面價三個變量的函數。

如果分別用 RI_t 表示第 t 期的剩餘收益（Residual Income, RI），$BVPS_{t-1}$ 表示第 $t-1$ 期的普通股每股帳面價值（Book Value Per Share, BVPS），CI_t 表示第 t 期的綜合收益（Comprehensive Income, CI）R_n 表示股權資本成本，EPS_t 表示第 t 期的普通股每股收益（Earnings Per Share, EPS），ROE_t 表示第 t 期的淨資產收益率（Rate of Return on Common Stockholders' Equity, ROE），SR_t 表示第 t 期的銷售收益（Sales Revenue），ROS_t 表示第 t 期的銷售收益率（Return On Sales, ROS），TAT_t 表示第 t 期的總資產週轉率（Total Asset Turnover, TAT），EM_{t-1} 表示第 $t-1$ 期的權益乘數（Equity Multiplier, EM），則剩餘收益可以從不同的估值思路來理解，用不同的公式看表示如下：

$RI_t = CI_t - R_n \times BVPS_{t-1}$ 公式（3-3）

$RI_t = EPS_t - R_n \times BVPS_{t-1}$ 公式（3-4）

$RI_t = BVPS_{t-1} \times (ROE_t - R_n)$ 公式（3-5）

$RI_t = SR_t \times \left(ROS_t - \dfrac{R_n}{TAT_t \times EM_{t-1}} \right)$ 公式（3-6）[2]

公式（3-3）表明剩餘收益是綜合收益、股權資本成本和普通股每股帳面價的線性函數；公式（3-4）表明剩餘收益是普通股每股收益、股權資本成本和普通股每股帳面價的線性函數；公式（3-5）表明剩餘收益是淨資產收益率、股權資本成本和普通股每

---

[1] Roger. Maureen, Cheryl. Jerry. 公司價值 [M]. 張平淡, 等, 譯. 北京：企業管理出版社, 2002.

[2] 譚三豔. 剩餘收益估價模型及其應用改進 [J]. 財會月刊, 2009 (9)：9.

股帳面價的線性函數；公式（3-6）表明剩餘收益是銷售收益、銷售收益率、股權資本成本、總資產週轉率和權益乘數的線性函數。上述關於剩餘收益多樣性的表述公式反應著對剩餘收益概念理解時理解思想和視角的變化：剩餘收益就是綜合收益的差值收益→剩餘收益就是滿足乾淨盈餘關係假定的收益→剩餘收益就是由淨資產收益率決定的收益→剩餘收益就是由權益乘數決定的收益。這種理解思想和視角的變化體現出財務價值估值中對剩餘收益估值法的不斷修正完善和其實踐應用可行性的不斷提升。

（2）基本剩餘收益估值法及拓展。基本剩餘收益估值法由於僅僅是將乾淨盈餘關係假定導入 DDVM 而得出的一種剩餘收益估值方法，本質上仍然是 DDVM 財務估值思想的體現，因此又被人們稱為古典剩餘收益估值法。用公式可表示如下：

$$IV_t = BVPS_t + \sum_{t=1}^{\infty} \frac{RI_t}{(1+R_n)^t} \qquad 公式（3-7）$$

或者 $$IV_t = BVPS_t + \sum_{t=1}^{\infty} \frac{EPS_t - R_n \times BVPS_{t-1}}{(1+R_n)^t} \qquad 公式（3-8）$$

這樣，企業財務價值就可以表示為：

$$IV_t = \sum_{t=1}^{\infty} \frac{EDPS_t}{(1+R_n)^t} \qquad 公式（3-9）$$

根據乾淨盈餘關係假定，$BVPS_s = BVPS_{s-1} + EPS_s - EDPS_s$ 就可以進一步得出：$EDPS_t = EPS_t + BVPS_{t-1} - BVPS_t$ 公式（3-10）

將公式（3-7）、公式（3-10）帶入公式（3-9）後經過對表達式的反覆處理就可以得到：

$$IV_t = BVPS_t + \sum_{t=1}^{\infty} \frac{RI_t}{(1+R_n)^t} \qquad 公式（3-11）$$

即：$$IV_t = BVPS_t + \sum_{t=1}^{\infty} \frac{EPS_t - R_n \times BVPS_{t-1}}{(1+R_n)^t} \qquad 公式（3-12）$$

公式（3-11）、公式（3-12）就是古典剩餘收益估值法的基本表達式。公式（3-9）中的預期普通股每股股利（EDPS）的確定是金融分析師預測的結果，因此明顯帶有主觀的人為因素。公式（3-11）、公式（3-12）在剔除了 EDPS 對財務價值估值的影響外，EPS、BVPS 的數據完全可從相關財務報表中持續穩定獲取，其意義在於：公式（3-11）、公式（3-12）對淨資產帳面價值和剩餘收益折現觀原理的整合使得公式（3-11）、公式（3-12）和財務價值應有的本質內涵對應起來，揭示出真正創造企業財務價值的驅動力和管理財務價值管理最核心的精髓理念是大於零的剩餘收益意味著企業財務價值大於歷史成本導向的帳面價值，表明在創造并實現了股東價值保值的同時也實現了企業利益相關者價值的增值；小於零的剩餘收益意味著企業財務價值小於歷史成本導向的帳面價值，表明股東價值和企業利益相關者價值發生了貶值，在侵蝕和毀損股東價值的同時也是對企業利益相關者價值的侵蝕和毀損；等於零的剩餘收益意味著企業財務價值等於歷史成本導向的帳面價值，僅僅是對股東價值和企業利益相關者價值的一種保值。基於上述分析，古典剩餘收益估值法體現出很強的應用價值。

第三節　財務價值管理理論

一、財務價值管理的思想與模式

在以互聯網為代表的信息技術在全球化範圍內不斷推廣、普及以及由此引發、催生的經濟全球化步伐不斷推進的前提下，全球化範圍內的資本市場也呈現出機構投資多元化、管制規則寬泛化、價值創造全球化的鮮明特徵。而資本與生俱來的價值創造性和週轉流動性的結合使得財務學從最基本的投融資價值創造與分配決策全方位向基於價值管理的財務競爭戰略、企業治理機構完善、價值管理流程再造等現代財務學研究的重點領域轉變。在此背景下，20世紀80年代，價值管理作為美國麥肯錫諮詢公司率先向美國企業界倡導和推廣的一種全新的管理理念引發了美國企業界的廣泛關注和全力實踐，經過理論界的不斷完善和實務界成功實踐的推介，價值管理這一管理理念與信息技術全球化、經濟全球化一樣引發了全球範圍內企業財務管理的管理理念和模式革命。

一般而言，全球範圍內的價值管理經歷了數字管理、戰略管理和整合管理三個不同階段[1]。數字管理階段的基本特徵就是基於企業財務報表數據的短期企業買賣交易。這一階段源自20世紀80年代全球範圍內的企業并購重組浪潮，企業價值創造是一種短期行為，是通過評估機構對企業財務報表基於惡意收購者的收購意圖，經過對財務報表的包裝後在短期內進行的買賣交易中實現短期的股東價值創造。戰略管理階段的基本特徵就是基於資產負債表左邊的對企業擁有或控製的各種要素資本如何在戰略性經營中創造價值并對創造的財務價值進行科學的評估。換言之，戰略性資本營運創造價值和對財務價值的估值成為戰略管理階段的主題，整合管理階段的基本特徵就是企業的價值管理和組織文化有機結合導向下的企業利益相關者價值創造文化管理。

財務價值管理就是以企業利益相關者價值最大化財務目標為導向，通過對財務價值創造核心驅動因素的分析，將財務價值規劃、財務價值估值、財務價值控制等財務戰略職能導入并貫穿於財務價值創造的融資、投資、營運、分配等構成財務管理循環的不同時空的財務活動中，在實現企業利益相關者財務價值可持續增長的同時追求財務價值最大化的一種管理理念和方法。作為一種管理理念和方法，財務價值管理在其演進完善的過程中出現了如下幾種比較典型的模式：

1. 麥肯錫財務價值管理模式[2]

該管理模式的基本思路就是在實現以股東價值最大化為導向的價值創造財務活動中，企業內部利益相關者應該具有怎樣的價值創造思維以及將這些價值創造思維轉化為價值創造的財務行動時應設計怎樣的制度規範與之相配合。價值創造思維涉及基於企業

---

[1] 湯世靜. 企業價值創造型財務管理模式研究 [D]. 天津：天津財經大學，2006.

[2] 湯姆·科普蘭，蒂姆·科勒，傑克·默林. 價值評估——公司價值的衡量與管理 [M]. 3版. 賈輝然，等，譯. 北京：電子工業出版社，2002：72.

管理者個人績效管理和企業業務績效管理兩方面的價值思想定位、價值衡量標準。價值思想定位衡量企業管理者對價值創造的貢獻度和價值管理的長短期導向,價值衡量標準表明了企業管理者對企業如何創造價值的造值標準以及怎樣評估企業創造價值大小的估值標準的理性判斷和選擇。如,長短期造值標準的合理取捨,經濟指標、會計指標估值標準的理性選擇等。與價值創造相配合的製度規範主要表現為:價值創造目標和價值創造評價指標的結合,共性業務價值創造和特殊業務價值創造相結合,組織設計價值創造和文化管理強化價值創造相結合,共性業務主次驅動因素相結合,企業業務經營單元價值創造目標和績效評價指標相結合,物質激勵和非物質激勵相結合。

2. 拉帕波特財務價值管理模式①

該管理模式的基本思想就是在價值創造財務活動過程中如何實施相互聯繫、相互影響的價值創造原則、價值管理實踐、價值創造階段三個子系統的高效對接來實現可持續股東價值最大化。價值創造原則包括:企業創造的財務價值是可持續現金流經過風險折現率調整的折現值,財務增長和財務創造價值并不一一對應,進行價值創造的投資決策規劃結果有可能是一種毀損價值創造的戰略行為。價值管理實踐包括:戰略性要素資本呈現出差異化的價值創造潛在能力,應將不同戰略性要素資本的最大價值創造力和實施的預期股東最大增值戰略對應起來,缺乏投資價值創造機會的閒置資本通過科學的股利分配政策以現金股利形式發放給股東。價值創造階段包括取得承諾、達成變革共識階段,導入股東價值管理方法的變革階段和增強股東價值管理方法的確保變革程序性階段。

3. 基於 VBM 框架的財務價值管理模式②

該模式是以實現企業財務價值最大化為財務決策導向,通過整合財務價值目標設計、財務價值估值和財務價值驅動因素等各種價值管理技術後能夠將財務價值管理目標、財務價值戰略管理和財務價值流程管理有機融合在一起的全新的一種財務價值管理模式。就財務價值管理的企業價值最大化目標定位看,這一目標定位是以財務估值實踐中能夠較為精確測度的價值最大化為導向,在充分權衡企業財務環境中能夠影響價值創造和估值最直接的財務因素收益和風險的基礎上,基於能夠從企業財務報表中持續獲取的衡量收益大小的自由現金流數據和能夠較為精確估算的衡量風險強弱的 WACC 數據而確定的。就財務價值戰略管理而言,該模式將財務價值戰略管理的戰略規劃、戰略控制、戰略評價三個階段和財務價值流程管理涉及的目標—戰略—財務管理這一價值管理框架,企業財務治理與 SBU 業務流程這一價值組織流程,KVD 和 FCF 這一價值驅動流程,基於價值的戰略數據和預算這一價值規劃流程,基於價值報告的預警機理這一價值報告流程,基於風險控制和分散的多元化投資資產組合這一價值管控流程,基於激勵製度設計的價值化 KPI 這一價值績效評價流程等環節高效對接來,提供了理論上創新財

---

① 阿爾弗洛德·拉帕波特.創造股東價值 [M].於世龘,鄭迎旭,譯.昆明:雲南人民出版社,2002:172.

② 湯谷良,林長泉.打造 VBM 框架下的價值型財務管理模式 [J].會計研究,2003:23-27.

務管理實踐中切實可行的新思路。其中，戰略規劃無縫對接價值管理框架、價值組織流程、價值驅動流程和價值規劃流程；戰略控製高效對接價值規劃流程、價值報告流程、價值管控流程和績效評價流程；戰略評價有機耦合績效評價流程。

二、基於 EVA 的財務價值管理

（一）價值管理導向的 EVA 與 MVA

基於財務價值管理推出的 EVA 與 MVA 是和財務目標定位從利潤最大化到股東財富最大化這一質的飛躍緊密相關的。股東財富最大化代替利潤最大化的理由在於：利潤最大化就是企業短期會計報表中所反應的會計利潤最大化。因此這一目標定位存在固有局限性：沒有考慮最大化會計利潤的實現和投入資本的對應關係效應；會計利潤最大化是不考慮貨幣時間價值效應的最大化；會計利潤最大化是不考慮財務風險效應的最大化。同時，出於借助有效資本市場上財務報表所提供的會計信息進行財務估值的實踐需要，Jeffrey M. Bacidone, John A. Boquist（1997）認為由於資本市場上股票價格的隨機性波動和信息噪音并不影響股東價值最大化導向的財務估值，因此，資本市場上股東財富的變化成為估算財務價值增值績效的優先選擇[1]。1989 年，Stern 和 Bennet Stewart 實踐出基於股東價值最大化目標導向的既能夠獨立使用也能夠結合使用的兩個財務價值管理指標：經濟價值增加（Economic Value Added）值和市場價值增加（Marked Value Added）值、即所謂的經濟增加值（EVA）和市場增加值（MVA）。EVA 與 MVA 被全球範圍內的不同類型企業廣泛應用於通過評價企業經營管理績效來設計對經營管理者的激勵約束機制；并購重組中全面估算不同類型企業的資本收益；估算證券市場上證券類項目投資的預期收益等方面。

EVA 是用來衡量某一會計期間企業內部利益相關者為股東價值最大化創值程度的一種短期財務績效估算和管理方法，大小等於稅後淨營業利潤現金流減去投資資本 WACC 的差值。大於零的 EVA 表明短期內在創造股東財富的基礎上實現了股東價值的保值增值，小於零的 EVA 表明短期內在沒有創造股東財富的基礎上僅僅是對股東價值的毀損。MVA 是用來衡量企業存續期外部利益相關者為股東價值最大化創值程度的一種長期財務績效估算和管理方法，大小等於企業市場價值減去投資資本帳面價的差值。同樣，大於零的 MVA 表明長期內在創造股東財富的前提下實現了股東價值的保值增值，小於零的 MVA 表明長期內在沒有創造股東財富的前提下僅僅是對股東價值的毀損，等於零的 MVA 表明企業創造價值只能夠補償權益資本成本。因此，MVA 是企業期望在資本市場上長期獲取未來 EVA 預期的一種體現。就 EVA、MVA 這兩種既能夠單獨使用又能夠相互配合使用的管理指標的設計動機分析，這兩種價值管理方法的結合使用在充分發揮估算財務績效整體協同效應的同時也充分體現出長短期財務價值管理的時間價值效應。而這些價值管理相應的發揮取決於借助 EVA 和 MVA 進行價值管理時管理者所面臨的財務

---

[1] Jeffrey M. Bacidone, John A. Boquist. the search for the best financial performance measure [J]. Financial Analysts Journal, 1997（53）：10-11.

環境。換言之，資本市場上財務條件約束與否是影響品質優良的 EVA 和 MVA 作為價值管理工具能否被有效應用的關鍵。比如，考察性質相同的央企，能否享受政策性稅率會使不同行業央企的 EVA 和 MVA 估算結果不具有可比性。這是導致財務價值管理實踐中央企負責人之所以操縱會計盈餘或剩餘收益的動機之所在。即，央企享受稅率的不平等可能會混淆價值管理實踐中負責人對價值創造的貢獻度、影響到為價值管理所設計的激勵機制的有效發揮。

(二) EVA 在中國央企的價值管理實踐

央企是中國國有企業狹義的同義詞，其績效考評標準的演進是隨著中國經濟體制改革的不斷探索完善而不斷修正完善的過程，體現著中國經濟體制改革途徑的縮略圖：改革開放前中國公有制企業經營業績考核→放權讓利、利改稅政策時代的公有制企業經營業績考核→承包經營責任制、公司制改造政策時代的國有企業經營績效考核→抓大放小政策時代的國有企業經營業績考核→EVA 政策導向下的央企績效考評。央企負責人 EVA 經營績效考評體系的引入、實施和推行是中國企業績效考評史上的標誌性變革。因此，以是否實施 EVA 經營績效考評為分水嶺，中國央企績效考評體系可區分為非 EVA 考評和 EVA 考評兩不同階段來分析中國國有企業經營績效考核的歷史演進。

1. 非 EVA 經營業績考核階段

從覆蓋時間上看，這一階段是從 1949 年中華人民共和國成立到 2003 年《中央企業負責人經營業績考核暫行辦法》的實施，這一階段又可進一步細分為如下兩個階段：

(1) 從 1949 年新中國成立到 1992 年中國建立現代企業製度之前。這一時期對應的中國經濟體制改革經歷了從新中國成立到改革開放前的計劃經濟時代向改革開放初期的計劃經濟為主、市場調節為輔以及兩權分離之下的計劃與市場相結合轉變，對應的中國公有制企業生產經營權改革機制實現了三種不同模式導向下的改革試點：放權讓利模式（允許企業適當保留利潤以擴大企業的經營自主權）、利改稅模式（通過國家適當減少國有企業的上繳利潤來擴大企業的經營自主權）、承包經營責任模式（所有權和經營權兩權分離以擴大企業的經營自主權）。與上述改革試點模式相對應，中國公有制企業經營業績考核實現了從實物量模式（以企業規模、企業產值和企業生產產品質量為導向）向利潤模式（以投入資金賺取利潤和管控資金成本為導向）的轉變。經典的中國公有制企業經營業績考核標準有：1975 年實施的以產品品種、產量和質量、流動資金成本和獲取利潤等八項指標為代表的《公有制企業經濟技術考核體系》（以下簡稱「國 8 條」）；1982 年實施的《公有制企業經濟效益考評體系》（以下簡稱「國 16 條」）明確規定企業應在合理選擇企業的總產值與增長率，產品銷售收入與增長率，利潤與增長率等 16 項主要考核指標基礎上必須科學選擇改善指標、持平指標等輔助指標設計出企業具體的動態經濟效益綜合指標并通過計算出的動態經濟效益綜合指標數據來綜合考核公有制企業的經營業績；1992 年實施的《公有制企業企業經濟效益考評體系》（以下簡稱「國 6 條」）規定企業應在科學選擇并確定流動資金週轉率、產品銷售率和成本費用利潤率等 6 項具體指標及其數據的前提下來確定綜合經濟效益的考評分值，并用綜合經濟效益考評分值作為考核根據進行企業經濟效益的考評。以「國 8 條」「國 16 條」「國 6 條」為

代表的中國國有企業非 EVA 經營業績考核體系對國有企業實現產值利潤最大化、提高流動資本的週轉效益發揮了積極的引導促進作用，反應出中國公有制企業業績考評可行性途徑的不斷探索和考評機制的不斷完善。同時，在實施這些考評體系時引發并存在的諸如企業之間相互攀比的激勵性獎金發放、有意壓低計劃指標以實現擴大自銷收益而導致的國家稅收流失等問題是這些考評體系存在時代缺陷性的真實寫照。

（2）從 1993 年現代企業財務制度確立到 2003 年 EVA 績效考評體系實施之前。1993 年，財政部推出基於建立中國國有企業現代企業財務製度的《企業會計準則》和《企業財務通則》。借助《企業財務通則》，1993 年財政部設計了以流動比率和速動比率、應收帳款週轉率和存貨週轉率、資產負債率等 8 個指標為標準的國有企業財務績效考核體系；1995 年財政部設計并實施以資本保值增值率、總資產報酬率和社會貢獻累積率等 11 個具體指標為標準的《企業經濟效益評價指標體系（試行）》；1997 年國家計委、國家統計局、國家經貿委三部委在聯合修訂「國 6 條」時提出應以資本保值增值率、總資產報酬率等指標為標準對國有企業財務績效考核進行考核的所謂的「國 7 條」體系；1999 年財政部、國家計委、國家統計局、國家經貿委等四部委聯合頒布《國有資本金效績評價規則》和《國有資本金效績評價操作細則》，設計了能夠結合 8 項基本指標、16 項修正指標、8 項評議指標的綜合指標體系對國有企業的償債能力、經營能力、獲利能力和可持續發展能力進行全面考核；1999 年，出於全面反應和科學考評國有企業生產經營的財務狀況和生產經營者的經營績效思路，財政部等四部委聯合頒布了所謂的「國 32 條」。從國有企業的具體考核實踐來看，「國 32 條」通過對兩個相結合（短期的績效考核與促進長期可持續發展相結合、財務績效考評與促進國有企業市場競爭力提升相結合）考核目標的實現從整體上客觀反應了中國國有企業的投入產出效益以及國有企業負責人的經營績效。為此，「國 32 條」考評體系一直被沿用到中央企業採用 EVA 績效考評體系之前。

2. EVA 經營績效考評階段

2003 年，國資委審議通過并頒布了《中央企業負責人經營業績考核暫行辦法》。考慮到 EVA 經營績效考評和 1999 年四部委聯合頒布的《國有資本金效績評價規則》《國有資本金效績評價操作細則》的過渡銜接問題，在中央企業負責人經營績效的第一輪任期考核（2004—2006）和第二輪任期考核（2007—2009）中并沒有剛性推行 EVA 績效考評體系，只是引導、鼓勵央企負責人試行 EVA 績效考評體系。2003 年的考核暫行辦法設計分為基本指標、分類指標、經營難度系數、央企負責人遞延績效年薪兌現、年度考核指標、任期考核指標上限（不超過 4 個）、央企績效考評結果排名 7 個方面。之所以設定考核指標的上限限制（不超過 4 個），一方面，出於引導央企負責人將生產經營的重點放在價值創造這一出資人最關心的最關鍵指標方面的考慮，因此不能大而全只能少而精；另一方面，國資委監管的跨越十多個不同行業的央企行業特徵和央企規模大小不同、盈利多少不同的自身各異特徵決定了考核指標必須能在不同央企的考核實踐中具備宏觀上的可操作性，同時，具備大而全特點的《國有資本金效績評價規則》《國有資本金效績評價操作細則》在績效考核中引發的「考評指標越多則質疑指標的人數就越

多」的經驗教訓等兩方面因素決定了限制指標的設定上限不超過4個。2009年修訂、2010年正式實施的《考核暫行辦法》用EVA替換了ROE，表明EVA績效考評體系將從第三輪央企負責人任期考核（2010—2012）開始強制推行實施。2012年對《考核暫行辦法》的新一輪修訂更是突出了強化EVA考核指標以促使央企負責人為資本所有者創造最大化財務價值的EVA績效考評精髓。

（三）央企EVA績效考評管理內容

2012年12月29日，國資委對《考核暫行辦法》進行了第三次修訂并規定從2013年1月1日起實施。2013年版《考核暫行辦法》共47條，由5部分具體內容構成。其中，第一章五條主要對經營績效考評動機與對象以及考評原則進行了總體說明；第二章十條主要規定了央企負責人如何簽訂經營績效責任書，經營績效考評應針對哪些具體內容進行考核以及如何設置和選擇基本指標與分類指標；第三章八條主要規定了央企負責人如何簽訂任期經營績效責任書，任期經營績效考評應針對哪些具體內容進行考核以及如何設置和選擇任期考核的基本指標與分類指標；第四章十五條主要對考核結果等級設定、基於年度考核結果的央企負責人年度薪酬構成與扣減績效薪金的計算方法、對經營績效考評的談話、公示製度和因決策失誤對央企負責人進行的懲處四方面內容的規定；第五章九條主要規定了央企負責人如何變更經營績效考評責任書，如何對央企黨委負責人和紀委負責人進行考評，如何對央企董事會成員、高級管理人員進行考評等內容。

《考核暫行辦法》還附有EVA考核細則、年度經營績效考評計分細則、任期經營績效考評計分細則、任期特別獎實施細則四個附件。①《EVA考核細則》主要是對EVA概念和計算公式，依據會計報表在計算EVA時如何進行項目調整，如何結合通用資本成本率、專用資本成本率、上浮資本成本率來計算資本成本率，影響央企負責人績效考評的重大調整事項類型四方面內容進行了明確的規定。②《年度經營績效考評計分細則》是對年度經營績效考評綜合計分公式如何應用，年度經營績效考評各項具體指標如何計分，獎懲如何計分，績效考核系數如何設置等進行的規範和具體操作指導。③《任期經營績效考評計分細則》的基本內容和《年度經營績效考評計分細則》相似仍然是對任期經營績效考評綜合計分公式如何應用，任期經營績效考評各項具體指標如何計分，考評如何扣分，績效考核系數如何設置等進行的規範和具體操作指導。④《任期特別獎實施細則》是對央企負責人任期特別獎類型和獎勵方式、獲獎條件和評定辦法的具體規範。

（四）現行央企負責人EVA績效考評管理現狀與存在問題

在第三輪央企負責人任期考核正式實施EVA績效考評後，央企的財務價值呈現出可喜的創造現狀：EVA價值管理理念在不斷普及實施中實現了三次根本性轉變（央企用了算到央企算了用的轉變、央企做不如央企買到央企買不如央企租的轉變、央企創造了利潤不一定創造價值到央企創造了價值就一定創造利潤的轉變），央企負責人在優化央企資本結構、提高國有資本使用效率的同時也不斷提升了國有資本的可持續價值創造能力。2009—2011年，央企實現淨利潤年均增長率20.8%，實現國有資本占用年均增長率15.9%。2011年，央企實現利潤1.27萬億元，創造EVA價值3,700億元（是2004年

EVA 價值的近 2 倍），累積 50% 以上央企的 EVA 實現了由負值向正值的轉變[1]。國資委統計數據顯示，在 EVA 績效考評體系試點過程中，自願參加試點的央企數量由 2007 年的 87 家上升到 2009 年的 105 家[2]。從 2010 年開始，國資委將在直接監管的 113 家央企全面推行 EVA 績效考評體系并計劃將這一體系逐步拓展到非直接監管的其他央企和地方央企。同時，在央企實踐 EVA 績效考評體系過程中也逐步出現了一些可能由考評體系自身缺陷和中國資本市場不完善性導致的問題。

1. EVA 績效考評管理體系自身缺陷引發的問題

以股東價值最大化戰略目標為導向設計的 EVA 績效考評管理體系在能夠有效結合財務報表會計信息對央企負責人經營績效進行考核管理的同時也促進了央企可持續價值創造能力的提升。但基於歷史成本編制的財務報表所提供的會計信息由於缺乏預測價值而使 EVA 考評結果既無法揭示央企負責人經營績效低下的真實原因也使不同規模央企的 EVA 不具有可比性。

（1）確定央企 EVA 考評單元時存在的問題。中國央企身分的特殊性體現在組織形式的多樣性：法律意義上的央企（母子公司、分公司的差異問題），編制合并報表時的合營央企、聯營央企（同一控制和非同一控制問題），直管央企和代管央企（監管區域、監管權限問題）。對存在多樣性組織形式的央企如何來確定 EVA 考評單元成為影響 EVA 績效考評體系的基礎性問題。就確定 EVA 考評單元的實踐看可行性方法主要有：①按照央企市場區域分布的不同進行區分；②以央企戰略經營單元創造 EVA 時職能和隸屬層級的整合進行區分；③以央企生產產品種類的關聯度進行區分。事實上，以上述三種方法的某一種方式或某幾種組合方式來區分具有不同組織形式的中國集團央企的 EVA 考評單元仍然缺乏可操作性。截止目前還沒有能夠完全解決區分中國央企 EVA 考評單元的可行性方案。

（2）估算 WACC 和進行會計調整項目時存在的問題。①《考核暫行辦法》不考慮債務資本成本和股權資本成本統一將 WACC 設計成平均資本成本率，為方便央企選擇進一步區分為基本資本成本率（5.5%）、下調資本成本率（4.1%）、上浮資本成本率（6.0%）三個層次的 WACC。基本資本成本率 5.5% 比依據中國人民銀行公布的三年期銀行貸款平均利率估算的債務成本率 4.96%[3]高 0.54%。偏大的基本資本成本率導致的後果是稅盾效應的存在使依靠大量舉債進行生產經營的央企計算得出的 EVA 與無舉債進行生產經營的央企計算得出的 EVA 基本上無差異，無差異的 EVA 績效考評體系既不能遏制央企負責人進行大量舉債籌融資的偏好（違背了 EVA 績效考評體系的設計初衷），也不能較為準確地區分央企負責人為所有者創造差值價值的大小，使得通過 EVA 績效管理為所有者創造增量價值最大化流於形式。因此，忽視債權資本成本和股權資本

---

[1] 涉及的具體數據可參見國資委官方網站：http://www.sasac.gov.cn。
[2] 具體數據可參見國資委官方網站：http://www.sasac.gov.cn。
[3] 依據中國人民銀行 2010—2012 年貸款基準利率可以確定此三年期銀行貸款平均利率為 6.61%，進一步可確定債務成本率為 4.96%。

成本將 WACC 人為地統一規範為平均資本成本率除低估平均資本成本率導致 EVA 虛增、價值創造大小虛增、價值創造能力毀損外，不估算股權資本成本大小的 WACC 將嚴重扭曲 EVA 考評管理體系而與基於資本成本理論的 EVA 價值管理的精髓背道而馳。資本成本理論基於所有權和經營權分離的現實，在突出對不同投資資本的預期收益必須進行風險補償使得投資資本預期風險報酬不低於資本成本（這是理性投資者進行資本投資的先決條件）的理念的同時，更加體現出資本投資者預期收益最大或股東財富最大的企業經營觀念和資本市場上資本成本規律發生作用的基本要求。以 ROA、ROE 為代表的傳統績效評價體系由於會導致資本投資者預期收益的減少而在財務價值管理實踐中被淘汰的同時，人們設計出能夠阻止使資本投資者預期收益減少的 EVA 績效考評管理體系。可見，如果像《考核暫行辦法》不考慮債務資本成本和股權資本成本，統一將 WACC 設計成平均資本成本率而實施的 EVA 績效考評管理體系毀損價值創造的績效考評管理體系，和基於投資者預期收益最大或股東價值最大導向的基於資本成本理論設計并進行的 EVA 價值管理精髓背道而馳。②《考核暫行辦法》將計算 EVA 時進行的會計調整項目統一規範為利息支出、研發費用、非經常性收益、平均無息流動負債和平均在建工程五項。在估算 EVA 進行的涉及《考核暫行辦法》規定的項目調整實踐中存在利息支出扣除不科學、平均在建工程調整項目不完整、調整減值準備項目不規範等問題。利息扣除不科學是指從利潤表中的財務費用科目出發來調整利息支出將會使 EVA 虛增。這是因為利息費用支出是從稅前扣除、具有抵稅效應的一種短期性費用支出，基於利潤表財務費用科目來調整利息支出就會使利息收益較多的央企的 NOPAT 反而比利息收益較少的央企的 NOPAT 小，也就是說實際減少了利息收益較多的央企的 NOPAT，NOPAT 的實際減少必然導致 EVA 的虛增。平均在建工程調整項目不完整是指將本應該在計算投入資本占用時事前扣除的戰略性投資要素（折舊、工程預付款、工程項目的低值易耗品等）計入了體現在在建工程科目的資本占用中。減值準備調整項目不規範是指將不應該納入的流動資產減值準備不區分轉回的時間和轉回的可能性而納入調整項目中，也就是說，納入調整項目中的只能是長期資產減值準備而不包括流動資產減值準備。這是由於流動資產減值準備在未來會計期間具有很高的轉回可能性并且不影響到 EVA 的計算。

2. 中國資本市場異象引發的 EVA 績效考評管理體系問題

一般而言，在完善成熟的資本市場上，股票價格的正常波動變化是對上市公司股票價值高低和企業正常生產經營狀況、投融財務活動良性運行的信息反應。中國的資本市場卻是受政策性價格調整引導和機構投資者惡意價格操縱雙重影響的資本投機市場，存在著資本投資者的投機行為超過投資行為的異象。這一異象的現實表現除引發市場有效信息對股票價格波動變化的發現職能以及股票價格對其內生價值的反應職能弱化外，還直接催生了如下問題：①央企財務報表所反應和提供的可能是扭曲和失真的會計信息。扭曲失真的會計信息是財務報表中的帳面價值對企業市場價值背離的一種信息反應。由於計算 EVA 時的關鍵指標數據，比如稅後淨利潤、平均流動負債都源自財務報表，因此這種背離性首先使得關鍵指標的計算結果失去客觀真實性，自然，基於這些關鍵指標計算的 EVA 就失去應有的可信賴性，進一步就會直接影響到 EVA 績效考評管理的公允

性和《考核暫行辦法》的科學性。如果《考核暫行辦法》的科學性遭到央企負責人的質疑并因此而引發對《考核暫行辦法》的動搖，這種質疑、動搖和央企特殊的政治經濟職能疊加在一起將會直接影響中國宏觀經濟的良性運。②估算 WACC 的誤差問題。由於計算 EVA 需要減去 WACC 乘以全部投資資本的積，因此，估算 WACC 時存在的誤差問題將直接影響到 EVA 的計算結果，進一步直接影響到 EVA 績效考評管理體系。就 WACC 的具體估值而言，對債權資本成本和股權資本成本的提前合理估算是進一步估算 WACC 的基礎。就中國央企 WACC 的具體估值而言，對央企實施的扶持性政策會使其籌融資成本呈現出偏低的趨勢。央企偏低的債權資本成本就會導致估算 WACC 時較大誤差的存在，進而導致 EVA 虛增基礎上 EVA 績效考評管理體系應有的可比性和客觀公正性的動搖。此外，基於央企財務報表扭曲和失真的會計信息對股權資本成本進行估值時存在的誤差也是直接影響 EVA 績效考評管理體系客觀公正性的關鍵因素。這和設計 EVA 績效考評管理體系時的主旨分不開的：設計 EVA 價值管理體系應在保全不同資本投資者投入的全部資本基礎上來實現資本投資者預期收益的最大化或創造出最大化的企業價值。因此，合理測度股權資本成本既是估算 WACC 的核心之所在又是設計 EVA 價值管理體系時要求在保全權益資本的基礎上實現權益資本價值最大化的經營資本的精髓之所在。顯然，中國不完善的資本市場使得央企財務報表提供不了測度股權資本成本時需要的真實公允的財務數據，這必然導致 EVA 績效考評管理體系在實際實施中出現的各種問題。

第四章　基於智力資本的財務價值決策

　　Drueker（1993）認為企業的生產要素除傳統價值創造理論視角中的土地、資本和勞動力外，知識日益成為推動經濟增長發展的新要素資本。由企業雇員擁有的各種專業生產知識和能力、企業和內外部利益相關者形成的各種關係資本、企業和消費者群體基於產品服務交易形成的客戶資本等所有能實現企業價值創造的這些有形和無形知識要素整合形成的智力資本，既是企業從生產經營管理向戰略管理轉變過程中最核心的管理要素，也成為知識經濟時代企業可持續價值創造最關鍵的核心驅動力。智力資本作用使得有形實物資本和無形資本對企業價值創造的貢獻度發生了巨大的逆轉。Blair 對美國幾千家非金融類型企業1978—1998年的實證結果表明：1978年有形實物資本對公司市場價值的貢獻度為80%，無形資本的貢獻度僅為20%，兩者的貢獻度比例為4：1，1998年有形實物資本對公司市場價值的貢獻度僅為20%，無形資本的貢獻度增加到80%，兩者的貢獻度比例為1：4[1]；1995年，Microsoft 公司市場價值大約為4,910億元，有形實物資本價值450億元，無形資本價值4,360億元，無形資本對公司市場價值的貢獻度大約為90.8%。莊永南（2001）對國外可口可樂等企業市場價值與淨資產帳面價值差值（以下簡稱 MV-BV 差值，即市場價值（Market Value）減去淨資產帳面價值（Booking Value）所形成的差值）的實證結果表明：可口可樂公司的 MV-BV 差值為1,420億元，Microsoft 公司的 MV-BV 差值為1,120億元，Internet 公司的 MV-BV 差值為960億元，General Electric Company 的 MV-BV 差值為1380億元[2]。謝羽婷（2007）對國內聯想等企業市場價值與淨資產帳面價值差值的實證結果表明：聯想公司的 MV-BV 差值為550.79億元，海爾公司的 MV-BV 差值為555.19億元，五糧液公司的 MV-BV 差值為236.84億元，華為公司的 MV-BV 差值為225.92億元[3]。Suilivan（1996）將企業財務價值估值時導致企業市場價值與淨資產帳面價值產生差值雖然沒有反應在財務報告中，但

---

① http://www.brookings.edu/about.aspx.
② 莊永南. 知識經濟時代智力資本的重新定位—兼介紹智力資本評價的 VAIC 法 [J]. 四川會計, 2001 (12)：1-3.
③ 謝羽婷. 智力資本增值能力與企業市場價值實證研究——來自中國企業的經驗研究 [D]. 廣州：暨南大學，2007：2.

能夠被企業擁有和控制的無形資本理解為智力資本[①]。Sveiby（1998）認為國內外不同企業的 MV-BV 差值是一種隱性價值，這種隱性價值是一種由企業擁有的具備專有排他特質的特殊無形資本所創造的「溢出」價值，是這些特殊無形資本發揮價值創造「溢出效應」的一種體現，可將這些特殊的無形資本定義為智力資本[②]。基於上述分析，知識經濟時代 MV-BV 差值的存在具有普遍性，這種普遍性正是智力資本發揮財務價值創造的「溢出效應」，在知識經濟時代成為企業可持續財務價值創造最關鍵核心驅動力的體現，而知識經濟時代普遍存在的企業市場價值背離帳面價值的現象也表明了研究智力資本命題的意義和價值之所在。

第一節　智力資本財務價值創造

一、智力資本框架

1. 智力資本內涵

智力資本思想源自 Senior。Senior（1836）將智力資本等同於人力資本，認為個體所掌握的純粹知識形態的知識和持有的技能就是智力資本。Galbraith（1969）認為智力資本是靜態知識範疇的無形資本和基於智力活動的動態有效應用知識實現組織目標過程和手段的有機結合。Stewart（1991）最早提出智力資本這一概念并將智力資本定義為「公司中所有成員所知曉的能為企業在市場上獲得競爭優勢的事物之和」[③]。Stewart（1997）認為不同的企業組織、不同的國家之間的競爭本質上是智力資本的競爭。智力資本的內涵具有多樣性，能給企業實現價值的顯性、隱性知識，直接、間接經驗和新舊技術都可以理解為企業的智力資本。一般意義上的智力資本價值創造是人力資本、客戶資本、結構資本三者共同作用的結果[④]。Italni（1991）從無形資本與實物資本相比較而表現出的看不見、無具體形態的屬性出發，將無形資本中能給創造財務價值的知識，諸如企業和不同顧客形成的顧客關係、體現管理者營埋風格和經營理念的企業文化和管理者獨特的管理方法、技術等理解為智力資本[⑤]。Lev（2001）從會計學對智力資本確認和計量的思路將智力資本理解為滿足會計準則中的資產特性、能夠為所有者產生未來經濟收益、體現所有者依據締結的財務契約對企業未來創造的財務價值具有追索權的一種無形資本[⑥]。Daniel（2006）基於文獻分析法得出定義智力資本應基於知識資源、知識資本這兩個隱

---

① ullivan. Developing a Model for Managing Intellectual Capital [J]. European Management Journal, 1996, 14 (4): 356-364.
② Sveiby K. E. The organizational Wealth: Managing and measuring Knowledge-based Assets [M]. San Franciseo: Berrett-Koehler, 1997.
③ 趙罡, 陳武, 等. 智力資本內涵及構成研究綜述 [J]. 科技進步與對策, 2009 (4): 155.
④ Stewart T. A. Intellectual Capital: the New Wealth of Organization [M]. New York: Doubleday, 1997.
⑤ H Itami. Mobilizing Invisible Assets [M]. First Harvard University Press paperback edition, 1991.
⑥ Lev B. 無形資產: 管理、計量和呈報 [M]. 王志臺, 等, 譯. 北京: 勞動社會保障出版社, 2003.

性特質出發的結論。因此，智力資本是知識資源、知識資本的集合體。知識資源屬性表明了智力資本的知識資源觀理論基礎，智力資本創造財務價值的過程就是基於知識的價值創造實現與不斷提升過程，知識資本屬性表明了智力資本的最基本職能就是通過不斷的投資累積、估值測度和資本化管理而進行的價值創造①。Suilivan（2000）認為智力資本是能夠通過揭示企業市場價值和帳面價值差值利潤的知識資產，由處於未編碼知識形態的人力資產、已編碼知識形態的結構性資產和經營性客戶資產構成②。Hall（1992）認為智力資本就是由驅動企業價值創造能力不同、潛伏在企業各種有形生產經營資源之中的智力資產和知識資產③。Roos 等（1998）將任何企業中所有成員擁有的具有無形屬性但能夠為企業創造價值的知識資源（這些無形知識資源有形化之後可能具體化為企業的諸如商標專利權、各種生產經營業務流程等）總和理解為智力資本④。Mouritsen 等（2002）將對智力資本進行的會計披露和財務報告理解為一種知識管理流程，在這一知識活動流程中不同的知識資源和知識活動文件形成了對知識進行敘述和檢測的可識別系統⑤。Kaplan 和 Norton（1996）將企業通過投資於內外部利益相關者而形成的未來價值的累積值理解為智力資本，并認為就智力資本對企業價值創造的貢獻度而言，人力資本是構成智力資本最重要的要素⑥。Hersig 等（2001）將智力資本理解為能給企業創造價值使得一定經濟利益流入企業的無形資本⑦。FASB（2001）基於會計學確認計量智力資本思路，將構成智力資本的不同要素區分為技術資本、客戶資本、勞動力市場資本、組織合同資本等⑧。Nonaka 等（2000）將智力資本理解成是企業擁有的特殊資源要素，這種不可或缺的特殊資源是新經濟時代能夠為企業可持續創造價值的源泉⑨。Ghoshal 等（1998）認為智力資本是企業組織、專業知識群體等不同的社會團體為實現社團組織使命所必需的一種知識或知識技能⑩。Bontis（1998）認為智力資本是導致企業市場價值與

---

① Daniel Andriessen. on the metaphorical nature of intellectual capital: a textual analysis [J]. Journal of Intellectual Capital, 2006, 7（1）: 93-110.

② 沙利文. 智力資本管理——企業價值萃取的核心能力 [M]. 陳勁, 等, 譯. 北京: 知識產權出版社, 2006.

③ Hall R. The strategic analysis of intangible resources [J]. Strategic Management Journal, 1992, 13（2）: 135-144.

④ Roos, Edvinsson and Dragonetti. Intellectual Capital: Negeting in the new business landscape [M]. New York University Press, 1998.

⑤ Mouritsen J., Bukh P. N., Larsen H. T. Developing and managing knowledge through intellectual capital statements [J]. Journal of Intellectual Capital, 2002, 3（1）: 10-29.

⑥ Kaplan R. S. and Norton D. P. Translating Strategy into Action: The Balanced Scorecard [M]. Harvard Business School Press, Boston, MA.1996.

⑦ Heisig P., Vorbeek J., Niebubr J. Intellectual Capital in Mertins, Knowledge Management-Best Practice in Europe [M]. Springer, Berlin, 2001: 57-73.

⑧ FASB. Getting a grip on intangible assets-What they are, why they matter and who should be managing them in your organization [J]. Harvard Management Update, 2001, 6（2）: 6-8.

⑨ I. Nonaka, R. Toyama and N. Konno. SECI, ba and leadership: A unified model of dynamic knowledge creation [J]. Long Range Planning, 2000（33）: 5-34.

⑩ Nahapiet J., Ghoshal S. Social capital, intellectual capital and the organizational advantage [J]. Academy of Management Review, 1998, 23（2）: 242-266.

帳面價值存在隱性差值的根源在於企業擁有的智力要素資產，這些智力要素資產最基本的屬性就是為企業創造價值[1]。冉秋紅（2005）立足於對智力資本確認計量的會計學視角，認為智力資本具有資產、權益雙重屬性的知識資源要素，通過資本所有者基於預期收益而投入的被企業擁有或控制的由於價值創造的收益不確定而沒有反應在資產負債表中的無形知識資源要素就是智力資本[2]。洪茹燕、吳曉波（2005）認為智力資本是一種能夠為企業創造價值、實現利潤收益的處於相對無限知識形態的無形資本，這一概念拓展了傳統的實物資本範疇[3]。李冬琴（2004）將企業擁有控制的能夠形成企業持續競爭優勢并創造價值的動態性知識與能力定義為智力資本[4]。傅傳銳（2009）認為智力資本是企業擁有控制的知識、能力、關係等無形性知識資源的集合體，旨在通過為企業獲取競爭優勢而創造價值[5]。李冬偉（2010）通過梳理國內外研究文獻從價值鏈思路、戰略管理思路、知識管理思路、會計學思路等對智力資本進行的各種定義後，將智力資本界定為「企業的知識及知識創造并轉化成企業經濟和社會價值的過程，包括知識價值創造、知識價值提升和知識價值實現的整個過程」[6]。

綜上所述，我們認為智力資本是普遍存在於各種營利性組織（或非營利性組織）之中，是一種在知識經濟時代能夠對各種營利性組織（或非營利性組織）的價值創造體現出較大貢獻度的隱性財務資本。這種隱性財務資本是對傳統物質資本概念的一種拓展，是一種創造的價值不能夠精確估值而無法在財務報表中予以反應的無形資本。智力資本的本質是基於智慧和知識融合的核心價值創造能力，體現出知識經濟時代顯隱性財務資本在相互作用過程中共同為各種營利性組織（或非營利性組織）創造價值的時代特徵。

2. 智力資本的構成與分類

Marr B 和 Adams C（2004）歸納了在理論和實務界影響廣泛的對智力資本構成進行分類描述的 Brooking（1996）單因素構成分類模式，Sullivanll（1997）、Edvnisson 和 Sullivanll（1997）的二因素構成分類模式，Hubert（1996）、Bontins（1996）、Roos（1997）、Stewart（1997）、Sveiby（1997）、Dzinkowski（2000）的三因素構成分類模式，Johnson（1999）的四因素構成分類模式，Van Ruren（1999）、Andrcou（2006）的多因素構成分類模式等戰略要素分類模式[7]。李冬偉（2010）將智力資本構成要素歸納為戰略要素分類和功能發揮分類兩者模式[8]。趙罡等（2009）在梳理了國外學者對智力資本進行的 Brooking（1996）單因素構成分類的 11 分類模式和國內研究者對智力資本依據主

---

[1] Bontis N. Intellectual capital: an exploratory study that develops measures and models [J]. Management Deeision, 1998, 36（2）: 63-76.
[2] 冉秋紅. 智力資本管理會計研究 [D]. 武漢：武漢大學, 2005.
[3] 洪茹燕, 吳曉波. 國外企業智力資本研究述評 [J]. 外國經濟與管理, 2005（10）: 43.
[4] 李冬琴. 智力資本與企業績效的關係研究 [D]. 杭州：浙江大學, 2004.
[5] 傅傳銳. 基於智力資本的企業價值評估研究 [D]. 廈門：廈門大學, 2009, 11.
[6] 李冬偉. 智力資本與企業價值關係研究 [D]. 大連：大連理工大學, 2010, 15.
[7] Marr B. and Adams C. The balanced scorecard and intangible assets: similar ideas, unaligned concepts [J]. Measuring Business Excellence, 2004, 8（3）: 18-27.
[8] 李冬偉. 智力資本與企業價值關係研究 [D]. 大連：大連理工大學, 2010, 17.

體、構成、來源、作用和貢獻進行的分類後提出智力資本的動態三葉草分類模式，并根據這種模式將智力資本分為結構化智力資本和非結構化的內外部智力資本三類[①]。具體而言，Brooking（1996）單因素構成分類模式在將企業看作是有形實物資本和智力資本的集合體後進一步將智力資本等同於無形資產。因此，智力資本就是市場資本、人才資本、知識產權資本與基礎結構資本的有機結合。Sullivanll（1997）的二因素構成分類模式將智力資本定義為人力資本和智力資產的集合體。其中人力資本就是企業內部員工擁有的知識儲存，而智力資產就是體現在企業外部的知識系統。Edvnisson 和 Sullivanll（1997）的二因素構成分類模式將智力資本理解為人力資本和結構資本的集合體。其中人力資本就是企業利益相關者為實現并分享利益相關者價值而對投資的處於隱性未識別編號狀態的知識、能力和技巧，結構資本是獨立於人力資本而存在於企業的能將人力資本具有的知識、能力和技巧轉換為企業價值創造要素的能力。Hubert（1996）的三因素構成分類模式將智力資本看作是員工資本、結構資本與企業外部關係資本的集合。Bontins（1996）的三因素構成分類模式將智力資本理解為人力資本、結構資本與企業關係資本的集合。Roos（1997）的三因素構成分類模式將智力資本理解為由實現企業目標任務應具備的知識技能為導向的人力資本、由企業戰略協作過程中所必須的物質流、信息流、現金流構成的程序資本結合新管理理念、新工藝、新協作模式構成的創新資本為導向的結構資本以及由企業內外部利益相關者基於尊重、信任形成的顧客資本的集合體。Stewart（1997）的三因素構成分類模式將智力資本定義為人力資本、結構資本、客戶資本的結合。Sveiby（1997）的三因素構成分類模式將智力資本理解為雇員資本、外部結構資本和內部結構資本的集合體。內部結構資本是將雇員資本具備的知識、技能、技巧等要素傳遞并轉換為企業價值創造要素的萃取器，外部結構資本是實現內部結構資本創造最大價值的保障器。Dzinkowski（2000）的三因素構成分類模式將智力資本理解為人力資本、結構資本、關係資本的集合體，其中企業雇員的創新知識、職業教育認證程度等要素形成企業的人力資本，信息網路系統、商標專利的經營秘密、智力資產等要素形成企業的結構資本，基於企業與消費者群體交易活動形成的品牌滿意度、顧客美譽忠誠度、戰略特許權關係等要素則構成企業的關係資本。Van Buren（1999）的多因素構成分類模式將智力資本理解為人力資本、結構資本、創新資本、流程資本和客戶資本的集合體，其中人力資本就是企業員工擁有的知識技能經驗，結構資本就是由企業應用信息技術的系統工具、建立企業聲譽的知識庫、企業經營哲學的思維方式等要素形成的資本，創新資本就是以企業創新結果形式表現出來的企業所具有的創新能力，流程資本就是度量企業生產經營工作流程以及對產品進行技術創新流程的資本，客戶資本就是基於企業和客戶交易消費互動關係而形成的資本。Andreou（2006）的多因素構成分類模式將智力資本理解為人力資本、技術資本、市場資本、流程資本、決策資本的集合。李冬偉（2010）將智力資本定義為人力資本、流程資本、創新資本、客戶資本的集合體。趙罡等（2009）將智力資本理解為由人力資本、結構資本、關係資本、人力資本和結構

---

① 趙罡、陳武，等. 智力資本內涵及構成研究綜述 [J]. 科技進步與對策，2009（4）：156-159.

資本的交集形成的資本，人力資本和關係資本的交集形成的資本、關係資本和結構資本的交集形成的資本以及人力資本、結構資本、關係資本三者的交集形成的資本等要素資本的集合體。

上述國外研究者對智力資本構成要素進行分類的典型文獻涉及的智力資本構成因素包括智力資產、人力資本、關係資本、客戶資本、流程資本、結構資本、創新資本、員工資本、組織資本、市場資產資本、知識產權資本、外部關係資本、外部結構資本、內部結構資本等不同形態的資本要素，依據這些不同要素資本在研究文獻中出現頻率的高低，從高到低依次是人力資本、結構資本、關係資本（客戶資本）、流程資本（創新資本、員工資本、組織資本）。其中，括號中的資本表示與括號外的資本出現的頻率相同。這表明將智力資本區分為人力資本、結構資本和關係資本的三因素構成分類模式是得到較多研究者普遍認同的一種分類方法。其中，人力資本是企業雇員為實現企業的各種目標和任務而必須具備的不同知識技能，這種知識技能由於具有隱蔽性屬性較難被進行信息編碼識別，因此容易被企業管理者疏忽。結構資本是能夠將企業雇員擁有的不同知識技能轉換為企業能夠應用這些人力資本進行價值創造的一種獨立存在的能力要素，這種能力要素可能表現在企業內部有形的組織結構設計、規章製度的制定、企業文化的構建以及企業資產負債表中具有價值的實體資本中，可能表現在企業無形的信息技術數據庫、經營戰略流程等方面。關係資本是企業內外部利益相關者或者不同企業之間基於實現并分享財務價值最大化目標而形成的利益相關者關係網、戰略聯盟關係網。考慮到客戶資本在研究文獻中出現的頻率和關係資本相同，企業生產的產品或提供的服務脫離了顧客在消費市場上的交易消費，無論理論上智力資本為企業創造了多麼巨大的財務價值，事實上也不能形成企業的現金流。因此，我們認為顧客資本是構成企業智力資本不可或缺的一個要素。基於上述分析，我們認為智力資本是人力資本、結構資本、關係資本、客戶資本的集合體。

二、基於智力資本的財務價值創造

1. 智力資本財務價值創造模式

智力資本財務價值創造模式就是基於國內外企業市場價值（Market Value，MV）和淨資產帳面價值（Booking Value，BV）不相等的會計信息現實，如何揭示并解釋在知識經濟時代是什麼因素創造的財務價值的存在導致了這種市帳差（MV-BV）或市帳比（MV/BV）現象，這些因素創造的財務價值具體體現在哪些方面？立足於財務學視角分析，智力資本在新經濟時代獨特的價值創造功能是促使市帳差（MV-BV）或市帳比（MV/BV）現象存在的根源。因此，基於智力資本價值創造思路，其財務價值創造模式主要有：① Edvisson（1995）智力資本財務價值模式。該模式將企業市場價值看作是有形財務資本創造的價值和無形智力資本創造的價值的集合。智力資本價值內化為人力資本創造的價值和結構資本創造的價值，而結構資本價值可進一步分解為客戶資本創造的價值和組織資本創造的價值的和，組織資本價值又由創新資本創造的價值和流程資本創造的價值形成。這樣，智力資本價值＝人力資本創造的價值＋客戶資本創造的價值＋創新

資本創造的價值+流程資本創造的價值。② Brooking（1996）智力資本財務價值模式。該模式認為企業市場價值可分解為有形實體資產創造的價值與無形智力資本創造的價值兩部分的和。而智力資本價值人力資本創造的價值與市場資本創造的價值與智慧產權資本創造的價值與基礎設施資本創造的價值的和。這樣，智力資本價值=人力資本創造的價值+市場資本創造的價值+智慧產權資本創造的價值+基礎設施資本創造的價值。③ Roos（1997）智力資本財務價值模式。該模式將企業市場價值分解為有形財務資本創造的價值和無形智力資本創造的價值兩部分。進一步又將有形財務資本創造的價值分解為貨幣資本創造的價值和非貨幣性實物資本創造的價值，將無形智力資本創造的價值分解為人力資本創造的價值和結構資本創造的價值。這樣，智力資本價值=人力資本創造的價值+結構資本創造的價值+貨幣資本創造的價值+非貨幣性實物資本創造的價值。④ Johnson（1999）智力資本財務價值模式。該模式將企業市場價值分解為有形財務資本創造的價值和無形智力資本創造的價值兩部分。有形財務資本創造的價值僅僅體現為貨幣實物資本創造的價值，無形智力資本創造的價值是企業人力資本產生的價值和關係資本產生的價值和結構資本產生的價值的集合，人力資本產生的價值進一步可分解為觀念資本形成的價值和領導力資本形成的價值，結構資本產生的價值進一步可分解為創新資本形成的價值和流程資本形成的價值。這樣，智力資本價值=人力資本創造的價值+觀念資本形成的價值+領導力資本形成的價值+貨幣實物資本創造的價值+創新資本形成的價值+流程資本形成的價值。⑤ Stewart（1997）智力資本財務價值模式。該模式將智力資本創造的價值分解為人力資本產生的價值、顧客資本產生的價值和結構資本產生的價值三部分。由於人力資本直接影響著企業的存在和能不能可持續發展，因此，成為由企業文化、組織結構製度構成的結構資本創造價值的基礎，而不同形式結構資本的相互結合并作用於人力資本時才體現出人力資本價值創造的重要性，同時，人力資本和結構資本的耦合又形成客戶資本發揮價值創造作用的前提。可見，人力資本、顧客資本和結構資本三者之間存在的這種相互交互影響作用也是形成智力資本財務價值的重要方面。這樣，智力資本價值=人力資本創造的價值+顧客資本形成的價值+結構資本形成的價值+人力資本和顧客資本相結合創造的價值+人力資本和結構資本相結合形成的價值+結構資本和顧客資本相結合形成的價值+人力資本、結構資本和顧客資本三者相結合形成的價值。⑥ Kaplan 和 Norton（1996）提出的基於平衡計分卡的智力資本財務價值模式。儘管平衡計分卡本質上是測度評價企業財務績效的一種管理工具，但由客戶、內部業務流程、學習成長構成的非財務指標績效測度系統事實上也是構成智力資本的組成要素，因此，基於平衡計分卡的智力資本財務價值模式可理解為企業市場價值由有形財務資本創造的價值和無形智力資本創造的價值兩部分構成。無形智力資本創造價值就是客戶資本創造的價值、內部業務流程資本創造的價值、學習成長資本創造的價值的集合。這樣，智力資本價值=客戶資本創造的價值+內部業務流程資本形成的價值+學習成長資本形成的價值。

2. 智力資本財務價值創造原理

智力資本財務價值創造原理揭示并回答智力資本是如何創造企業財務價值這一基本

命題。VBM 認為企業價值創造的根源在於不同的價值創造要素在不可或缺價值創造驅動因素的驅動下通過各種作用機理最終為企業創造出財務價值。因此，研究企業價值創造原理的核心首先是對不可或缺價值創造驅動因素的分析。

（1）不可或缺價值創造驅動因素。價值創造驅動因素就是基於價值創造導向的對企業正常的生產經營活動和財務運作活動產生重大影響的價值管理思維方式，是價值創造思想和價值估值測度標準的集合體。其價值在於指導企業內部利益相關者在優化資源配置時就應如何協調統籌驅動因素不同順序形成一致性共識的同時，揭示企業財務價值創造的內生邏輯以及資本市場估算企業價值創造的技術方法。價值創造驅動因素是企業價值創造的根源之所在，有助於企業內外部利益相關者基於企業可持續發展過程中實現利益相關者價值最大化的戰略目標，結合企業短期財務狀況和經營成果的現狀來全面衡量影響企業可持續持續發展的驅動因素和不同的利益主體應為實現利益相關者價值最大化戰略目標的貢獻度，在動態維持價值利益分配均衡的同時促進企業財務價值創造的良性運行和企業的可持續穩定發展。可見，確定不可或缺價值創造驅動因素是分析智力資本財務價值創造原理的前提。Hall（1993）認為能夠用不同的會計學方法確認、計量的知識資產是企業無形資本（智力資本）價值創造的關鍵價值驅動力。實證發現企業雇員擁有的專業能力、企業為消費者提供產品服務的質量高低和信息的及時性以及在此基礎上形成的企業聲譽是驅動企業價值創造的核心因素，即人力資本、關係資本、聲譽資本是企業價值創造的核心驅動因素[1]。Eccle 和 Mavrinac（1995）的研究表明企業現金流利潤、基於市場份額增長的企業行業區域績效、市場份額、新產品或項目的資本性研發支出等財務因素以及產品服務理念創新、客戶對產品服務的滿意度、產品研發時企業文化的創新等非財務要素共同形成了企業的關鍵價值驅動力[2]。Bose 和 Thomas（2007）認為企業盈利能力和財務增長潛力、對獲取競爭優勢進行管理的能力等因素都會影響到企業現金流的形成潛力[3]。Bose 和 Oh（2004）對生物科技行業、信息技術行業、能源環境行業的實證研究表明儘管不同行業價值驅動要素相關性的強弱存在差異性，但企業財務盈利能力、產品服務創新能力、企業聲譽、持續發展前景、管理質量高低、經濟環境因素、風險因素形成企業價值驅動的重要影響因素[4]。Annie 和 Ryan（2005）通過整合無形資本平衡計分卡和價值鏈模型推出基於高效配置并利用企業知識資源要素來獲取企業可持續競爭優勢以實現企業戰略性財務目標和願景的無形資本分析考評框架。這一分析考評框架將企業的價值驅動要素歸納為消費產品服務的客戶、價值鏈上下游競爭者、價

---

[1] Hall R. A framework linking intangible resources and capabilities to sustainable competitive advantage [J]. Strategic Management Journal, 1993 (14): 7-18.

[2] R. G. Eeeles, S. C. Mavrinac. Improving the corporate disclosure process [J]. Sloan Management Review, 1995 (Summer): 11-24.

[3] Sanjoy Bose, Keith Thomas. Valuation of intellectual capital in knowledge-based firms [J]. Management decision, 2007 (45): 1484-1496.

[4] S. Bose, K. B. Oh. Measuring stratefic value-drivers for managing [J]. intellectual capital the learning organization, 2004 (11): 347-356.

值鏈上下游協作者、內部員工、價值鏈上下游信息、企業業務流程、創新技術等方面①。Pamela 和 Jonathan（2001）認為智力資本是新經濟時代企業價值的主要來源，價值驅動因素是實現智力資本價值創造的決定性因素。估算智力資本價值創造貢獻度的非財務性指標揭示的相關價值創造驅動因素信息是實現企業價值增長、強化智力資本管理的最有效途徑。基於上述思路，在其構建的度量智力資本價值創造模型——價值創造指數中涉及的價值驅動因素有管理創新、技術進步、質量保障、品牌價值提升、客戶關係締結和維持、員工專業知識和能力的不斷培訓、管理能力、內外部營運環境與社團聯盟等②。Suilivan（2000）對知識密集型企業價值驅動因素的研究表明經濟環境、管理風險能力、商業成功願景、市場成熟度、技術創新管理、政府支持性政策、生產效率高低、競爭性意識、獲取現金流的盈利能力、智力資本的法律保護等因素共同形成知識密集型企業的價值驅動因素③。原毅軍等（2005）對中國計算機行業上市公司的研究表明智力資本與公司績效存在相關性，但正向影響不如實物資本明顯④。傅傳銳（2007）的研究表明人力資本對企業績效的影響和實物資本一樣顯著，但結構資本正向影響企業績效效應的發揮以對智力資本良好經營管理為前提⑤。林妙雀等（2004）對企業智力資本融合技術創新方式是否影響到企業績效以及影響效果的研究表明，對人力資本、關係資本占比較大的企業而言，實施基於智力資本的技術創新方式能有效促進企業財務績效的提升；對人力資本、結構資本占比較大的企業而言，實施管理創新方式能有效促進企業財務績效的提升和企業效能的充分發揮⑥。

分析總結上述研究文獻對企業價值創造驅動因素的分析，立足於財務學視角，這些驅動因素可區分為財務層面的價值驅動因素和非財務層面的價值驅動因素。財務層面的價值驅動因素主要涉及基於可持續財務價值創造的企業盈利能力、企業營運活動形成的現金流、資本結構等方面，非財務層面的價值驅動因素主要涉及內外部行業環境。進一步，基於可持續財務價值創造的企業盈利能力的直接驅動因素主要是邊際貢獻、經營槓桿、所得稅、總資產收益率、行業技術創新率等，驅動企業營運活動形成現金流的直接因素是淨營運資本，驅動資本結構的直接因素主要有 WACC、資產負債率、EVA 等。就智力資本而言，不可或缺的價值創造驅動因素就是人力資本、結構資本、關係資本、客戶資本。其中，人力資本是實現企業財務價值的前提和根源；結構資本是將人力資本價值內轉化為企業價值的樞紐；客戶資本使得人力資本通過結構資本為企業創造的財務價

---

① Annie Green, Julie J. C. H. Ryan. A Framwork of intangible valuation areas [J]. Journal of Intellectual Capital, 2005（6）：43-52.

② Pamela cohen Kalafut, Jonathan Low. The value creation index [J]. Strategy & Leadership, 2001（5）：9-15.

③ 帕特里克·沙利文. 價值驅動的智力資本 [M]. 趙亮，譯. 北京：華夏出版社，2002.

④ 原毅軍，等. 智力資本的價值創造潛力 [J]. 科學技術與工程，2007（8）：524-528.

⑤ 傅傳銳. 智力資本對企業競爭優勢的影響——來自中國 IT 上市公司的證據 [J]. 當代財經，2007（4）：68-74.

⑥ 林妙雀，等. 智力資本與創新測量對組織績效影響研究——以赴大陸投資之臺商電子諮詢業加以證實 [C]. 科技整合管理國際研討會，2004（22）：949-970.

值最終以銷售產品或提供服務的途徑實現；企業與其內外部利益相關者、戰略聯盟締結形成的關係資本網則是企業通過整合人力資本、結構資本、客戶資本價值創造功能而獲取可持續競爭優勢進而實現可持續財務價值創造的根本性保障。

（2）基於價值創造驅動因素的智力資本財務價值創造。如上所述，構成智力資本不可或缺價值創造的驅動因素就是人力資本、結構資本、關係資本、客戶資本價值創造功能的整合發揮。就人力資本而言，其價值創造原理就是雇員知識能力價值創造作用和管理者精神價值創造作用的有機結合。雇員知識能力價值創造作用貫穿於企業生產經營管理價值鏈上企業內部雇員所擁有的知識進行價值創造的全部過程中。①採購人員專業知識能力的發揮應用在為企業縮減採購成本的同時保證了供應商提供的原材料質量，採購成本的節約和原材料質量的保障是降低企業單位產品生產成本進而增加單位產品利潤的直接驅動因素。②研發人員專業知識能力的一般性發揮能夠在提升現有生產設備利用率的基礎上避免并減少重複性研發投資資本，這對減少股權資本自由現金流的淨流出無疑起到積極的遏製作用，更為重要的是研發人員專業知識的創新性發揮是企業取得壟斷定價優勢進而獲取壟斷租金收益的核心驅動因素。③生產人員專業知識能力的發揮應用一方面在節約各種生產流程時間的同時生產出消費者市場需求導向的各種產成品和服務，這無疑會促進企業生產效率和經濟效益的雙重提升；另一方面能夠有效規避和防範企業生產流程中潛伏的各種風險，無疑可識別風險的最小化就是收益獲取的最大化。④銷售人員專業知識能力的發揮應用是增加企業現金流銷售收益，提高企業自由現金流盈利能力的先決條件。⑤財會人員專業知識能力的發揮應用有助於在為企業外部利益相關者提供高質量財會報表信息的同時促使外部利益相關者追加對企業不同資本要素的投資。為企業量身設計、籌劃優化不同的納稅方案有助於在合理合法減少企業應繳納的各種稅金的同時實現企業的稅收收益。有助於區分經營風險和審計風險，避免企業因為經營風險和審計風險而陷入財務困境進而發生財務危機。有助於為企業合理設計流動資產、及時清理流動負債、適時控製淨營運資金等，這無疑提升了企業自由現金流的使用績效。⑥不同層次管理者專業知識能力的發揮應用有助於為企業在良性運行和可持續發展前提下的可持續盈利夯實戰略性目標製度保障基礎；有助於將可持續發展前提下的可持續盈利戰略性目標層層分解，形成具體的業務流程戰略規劃；有助於將具體業務流程戰略規劃轉化為價值創造層面具體的、切實可行的經營行為方案，形成高中低不同層次管理者績效實現考核機制，能夠在有效激發具體操作流程中雇員工作熱情以努力實現其價值創造績效從而保障了企業從整體上實現預期財務價值創造績效的同時，通過績效考核機制自下而上地反饋，為上一層管理者提供準確及時的企業經營戰略在具體實施過程中實現的實際績效信息。這些準確及時的績效信息對防範由於上一層管理者的經營管理決策失誤導致的經營風險無疑具有積極的事前預測、事中控製、事後反饋價值。

就結構資本而言。①理念先進、運作良好、強勢高效的管理哲學文化通過潛移默化的相互影響作用能夠在企業內部形成一致認同的戰略性財務價值創造理念價值觀和戰術性行為規範，這些戰略性理念價值觀和戰術性行為規範首先能夠促進管理者和員工們對企業形成強烈的歸屬感和忠誠度，在激發管理者和員工作積極性的同時降低了企業各種

有行和無形的成本費用支出，增加了企業短期的經營利潤，提升了企業長期可持續盈利能力，所有這些顯然從整體上提高了企業的生產經營管理績效。這些戰略性理念價值觀和戰術性行為能夠指導企業不同層次的管理者和雇員在充分考慮企業內外部財務環境的基礎上，設計并構建起不可或缺的價值創造驅動要素，以最大限度地發揮不可或缺價值創造驅動要素的財務價值創造、自由現金流不斷流入的功能作用。②管理流程就是基於消費市場上客戶對企業產品或服務的特殊消費需求而設計制定的一系列特殊的業務活動流程，這些以客戶特定需求為導向、基於企業信息系統流程優勢并通過企業特定攻關團隊形式出現的系列業務活動流程在為企業獲取競爭優勢的同時，也將這種競爭優勢轉化為企業財務價值創造的驅動力，這種價值創造的驅動力在增加企業銷售收益的同時不斷促進了自由現金流的持續流入。③現代企業構建并積極運行的信息系統已貫穿於企業的每一個生產經營管理環節，進而形成戰略性業務單元（SUB）財務價值創造模塊導向的基於技術整合創新的生產營運管理流程。這種生產營運管理流程通過計算機對大數據的控製性存儲來突顯對人財物等信息高速傳遞的信息優勢，這種信息優勢無疑在能夠規避并防範企業在生產、營運、管理過程中面臨的各種不可預期風險同時提升了企業整體競爭力，增加了企業財務價值創造的概率。此外，隸屬於結構資本的企業自主性知識產權通過強化內部管理模式提升了企業的生產效率，通過外部差異性商業營運增強了企業控製差化價格定價的競爭力，這無疑增加了企業的可持續競爭優勢和可持續價值創造能力。

　　就關係資本、客戶資本價值創造機理而言，智力資本財務價值創造機理就是企業與內外部利益相關者形成的價值創造網功能發揮的體現。①就外部利益相關者客戶分析，企業品牌服務價值創造效應無疑是客戶關係資本實現價值創造最主要的途徑和方式。企業品牌服務價值創造效應就是基於消費者對企業產品和服務的差異化消費需求導向，通過向消費者量身定做差異化的消費產品和服務，在增加消費者對企業品牌服務持久消費忠誠度、美譽度的同時提升企業品牌服務的市場拓展延伸能力，這對企業品牌服務價格的提升和可持續利潤的獲取將會形成積極的推動拉伸效應。同時，對企業品牌服務產生持久消費忠誠度、美譽度的現有客戶對企業品牌服務消費效用的言傳身教有助於企業拓展并形成新的消費群體，這是企業降低并減少巨大的廣告投資資本不斷增加企業現金流利潤的最為高效的方式途徑。②就外部利益相關者債權人分析，實體企業通過投融資實現財務價值創造的可行途徑首先在於能夠獲取充裕的資本成本較低的投資資本，而中國資本市場不完善的客觀現實又決定了不同形式和性質的商業銀行成為企業獲取充裕資本成本較低的投資資本的較為現實的選擇。因此，面對股權市場投融資非理性、債權市場不發達的中國資本市場現實，不同形式和性質的商業銀行現實中無疑成為企業最主要、最重大的債權人。這樣，中國企業和外部利益相關者債權人形成的關係資本一定意義上就是銀企協作共贏關係。就此意義而言，基於債權人關係資本驅動的智力資本財務價值創造過程和創造機理就是中國商業銀行通過向企業提供外部資金進而參與企業內部治理而創造財務價值的作用機理過程。③就外部利益相關者供應分銷商分析，企業與供應分銷商締結并形成協作共贏關係是實施低成本控製領先戰略進而實現可持續創利戰略的核

心驅動要素。供應商對企業價值創造的最大奉獻在於為企業產品生產和服務提供原材料零部件方面。基於企業和供應商締結形成的供求關係能夠保障當企業生產某一產品所需要的原材料零部件供不應求時優先提供這些原材料零部件，這對保障企業的可持續生產避免生產危機發生具有積極作用。同時，雙方形成的這種良好的供求關係也能夠為企業及時迅速、低成本提供質量更好的研發新產品環節所需要的各種原材料和零部件，這在降低交易環節討價還價成本和單位產品生產成本的同時提高了企業單位產品毛利率、增加了企業自由現金流入量。企業和分銷商締結形成的良好營銷關係會促使分銷商提前以預付帳款訂貨形式向企業預訂其產品和服務，這對降低企業營銷過程中由於不能及時收回銷售收益而形成的壞帳、加速銷售現金流流入進而減少企業產品庫存、增加利潤收益都將產生積極的促進作用，同時預付的訂貨帳款也是企業獲得所需要融資資金的一種有效渠道和方式。同時，良好的營銷關係保障了企業依據產品生產銷售業務持續盈利要求及時設計并調整營銷過程中的各種定價策略，在保證不同戰略性定價政策具備穩定性和柔性的基礎上強化企業拓展細分不同交易市場的控製力。分銷商與企業對企業產品服務的客戶反饋意見、同類產品競爭對手市場成交價等相關信息的交流共享有助於企業以較小信息成本有效掌握消費市場上客戶需求和競爭對手的最新動向，這對企業研發出具有較強競爭力并適銷對路新產品，實施企業以銷定產的零庫存營銷戰略無疑發揮重要作用。其結果必然提升企業產品和服務的市場競爭力，為企業可持續財務價值創造提供堅實的驅動力。

基於上述分析，將智力資本財務價值創造原理用圖4-1描述如下：

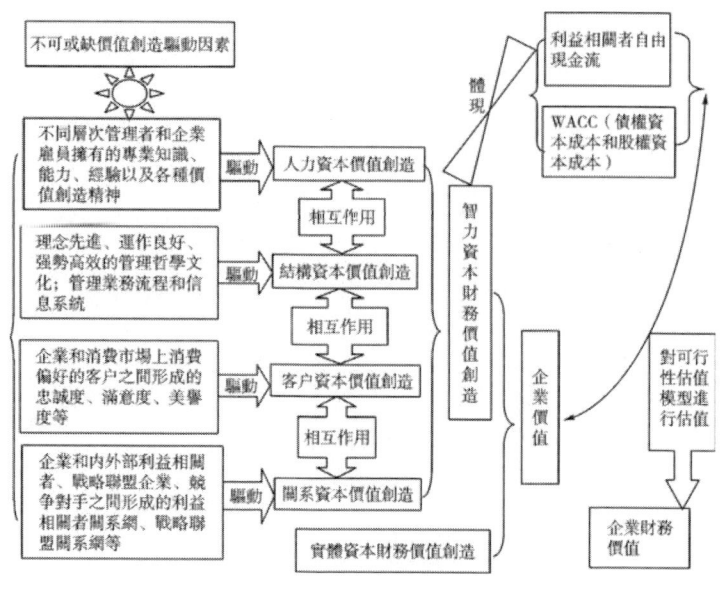

圖4-1　智力資本財務價值創造原理

第二節　智力資本財務價值估值

一、智力資本財務價值估值方法綜述

雖然知識經濟時代智力資本對企業財務價值創造體現出巨大的貢獻度，但由於現有的會計學計量模型和財務學估值技術都難以對其價值貢獻度進行精確的估算而難以反應在財務報表中。基於考評企業內部利益相關者營運智力資本的內部績效需求和外部利益相關者索取企業財務價值而投資於智力資本的外部投資需求，研究者提出了各種智力資本財務價值估值技術。傅傳銳（2009）在將智力資本測度方法歸納為在內部度量法和外部度量法的基礎上，對實務中應用較為廣泛的導航器模型、監視器模型、審計測量模型、無形價值計算模型和增值系數模型進行了分析探討[1]。郭彥廷（2013）在分析了測度智力資本價值創造的 Skandia 模型、EVA 模型、BSC 模型、無形價值估算模型和增值系數估算模型的基礎上，將智力資本價值創造驅動要素區分為人力資本、結構資本、關係資本、創新資本四個維度，并將傳統三要素（人力資本、結構資本、關係資本）增值系數估算模型拓展為四要素（人力資本、結構資本、關係資本、創新資本）估算模型進行智力資本財務價值創造的測度估值[2]。謝羽婷（2007）梳理了測度智力資本市場價值貢獻度的托賓 Q 法、EVA 法、知識資本價值法（KCV）、無形價值估算法和增值系數估算法五種不同方法并用物質資本代替關係資本沿用傳統三要素增值系數估算模型進行智力資本測度[3]。陳增輝（2011）探討了智力資本估算技術的導航器法、監視器法、審計測量法、無形價值計算法和增值系數法等五種不同方法并在傳統三要素（人力資本、結構資本、關係資本）增值系數估算法中導入物質資本貢獻率進行智力資本價值創造的測度[4]。趙秀芳（2006）將估算智力資本財務價值創造的方法區分為內部估值法與外部估值法。內部估值法以導航器法、監視器法、BSC、人力資本會計法為導向，旨在考評并提升企業內部利益相關者應用智力資本創造最大化財務價值的能力；外部估值法以托賓 Q 法、增值系數測度法和市場價/市價淨資產帳面價比值法為導向，用來測度企業智力資本對企業未來價值增長貢獻度，旨在為外部利益相關者是否進一步進行智力資本投資以及智力資本投資潛在價值提供信息的績效考評[5]。戚嘯艷等（2005）將智力資本等同於知識資本，認為估算智力資本財務價值創造的方法主要有直接估算法（包括專利評估估值法、審計測度估值法、價值探測器估值法和智力資產估算法）、市場價估算法（包括托賓 Q 法、市場價帳面價差值法）、收益估值法（包括 EVA、無形價值計算法）、計分

---

[1] 傅傳銳. 基於智力資本的企業價值評估研究 [D]. 廈門：廈門大學, 2009, 15-16.
[2] 郭彥廷. 智力資本與企業價值的關係研究 [D]. 西安：西安建築科技大學, 2013, 16-19.
[3] 謝羽婷. 智力資本增值能力與企業市場價值的實證研究 [D]. 廣州：暨南大學, 2007, 20.
[4] 陳增輝. 基於上市公司智力資本的企業價值創造實證研究 [D]. 長沙：中南大學, 2011, 20.
[5] 趙秀芳. 智力資本評價方法的比較與分析 [J]. 財會研究, 2006 (10)：18-19.

卡估值法（包括導航器法、監視器法、BSC、價值鏈計分卡法和智力資本指數法）[1]。黃惠琴、劉劍民（2005）認為應以智力資本產出收益價為切入點，應用以點帶面收益法并結合智力資本價值創造過程不確定性、價值創造貢獻度不確定性、價值轉換不確定性等特質進行估算智力資本財務價值方法的選擇。基於此思路，以收益法為基礎的智力資本估值方法有：商譽終值法、過去收益終值法、綜合收益價值法[2]。鄭濤、朱軍才（2007）較為系統地梳理了國內外測度智力資本的各種方法後，將實務中常用的估值方法分為宏觀估值法（不考慮智力資本的具體構成要素，從整體上來估算智力資本價值創造貢獻度，主要包括市帳差值法、托賓Q法、無形資產價值估算法和智力資本收益法等）和微觀估值法（從估算智力資本不同具體構成要素價值創造貢獻度著手，通過求和加總來確定智力資本價值創造貢獻度，主要包括導航器法、監視器法、BSC法等）。從區別、聯繫兩方面比較了導航器法和監視器法的關係，從企業外部因素對估值結果的影響、估值方法包括參數變量的多少以及收集參數變量數據難度、不同企業之間估值結果比較的適應性、估值結果能否表現為貨幣價值等方面比較了市帳差值法無形資產價值估算法和智力資本收益法後，提出通過將微觀流量估值方法和宏觀存量估值方法的結合運用在消除行業平均收益極端值的影響後，將智力資本財務價值創造估值結果反應在財務報表中的對策思路[3]。李經路（2012）將智力資本估值方法區分為整體估值法和單項估值法。整體估值法基於企業價值創造戰略目標從組織層面來宏觀估算智力資本價值創造貢獻，主要包括導航器法、監視器法、BSC法和技術經紀人審計法等；單項估值法就是對智力資本價值驅動要素的價值貢獻所實施的測度，主要包括托賓Q法、EVA法、基於EVA的行業平均報酬率和超報酬率法、智力資本會計計量法、基於EBIT的柯布—道格拉斯函數估值法等。從對智力資本進行估值的目標在於揭示智力資本價值創造作用機理基礎上挖掘其價值貢獻潛能出發，提出構建能動態描述智力資本價值創造機理的智力資本價值貢獻耦合分析框架，構建能夠揭示智力資本價值貢獻機制的經濟學分析框架，構建能夠完善現有財會準則估值計量困境的資本價值控製系統等建議[4]。徐程興、柯大鋼（2003）從構建智力資本財務價值整體和局部估值方法出發，在對市帳差值法、托賓Q法、導航器法、無形資產價值估算法等進行探討基礎上，從絕對值相對值標準、計量指標標準、數據獲取標準等方面分析了智力資本估值方法的類型劃分以及各自的優缺點，基於智力資本經濟壽命期內配置效率提升，以智力資本產出價值為計量基礎結合貨幣計量和非貨幣計量來設計智力資本價值整體和局部估值方法構建了基於期望收益現值法的智力資本財務價值整體估值模型和局部估值模型[5]。王曉文、和金生（2007）在分析了智力資本財務價值估值的導航器法、監視器法和價值鏈計分卡法後，提出基於網路層次分析法（ANP）的智力資本價值創造估值方法。該方法基於智力資本內部定量估值思

---

[1] 戚嘯艷, 等. 西方知識資本計量理論評述 [J]. 東南大學學報：哲學社會科學版, 2005 (6)：42-45.
[2] 黃惠琴, 劉劍民. 智力資本計量模型的構建 [J]. 當代財經, 2005 (5)：122-127.
[3] 鄭濤, 朱軍才. 智力資本計量模型比較與啟示 [J]. 華東交通大學學報, 2007 (12)：1-4.
[4] 李經路. 關於智力資本測度的探討 [J]. 統計與決策, 2012 (7)：170-172.
[5] 徐程興, 柯大鋼. 關於智力資本價值計量方法的探討 [J]. 南開管理評論, 2003 (5)：20-51.

路，將智力資本的價值驅動因素區分為外部智力資本、組織通用智力資本、組織專業智力資本和人力資本來反應智力資本的網路結構，通過構建初始超級矩陣、確定加權超級矩陣和求解極限超級矩陣等程序來綜合計量智力資本的價值創造度，并得出人力資本是驅動智力資本價值創造的第一要素的結論，提出強化人力資本管理、重視客戶資本價值創造的建議[1]。曾潔瓊（2006）將智力資本價值創造估算方法歸納為直接估算法、資本市值法、資產報酬率法和計分卡法四類。直接估算法就是對智力資本價值創造從整體上進行的直接測度，主要包括技術捐贈法、專利權重法、IRR 估算法、智力資產估算法、總價值創造估值法和未來會計估值法等。資本市值法就是將智力資本的市場價看作是其創造的價值，以托賓 Q 法為典型。資產報酬率法就是將智力資本創造的價值定義為資產報酬率，主要包括 EVA 法、知識資本收益法、人力資本會計法、無形價值計算法和增值系數法。計分卡法基於財務指標和非財務指標的戰略結合來估算智力資本價值創造的方法，主要包括導航器法、監視器法、BSC 法、價值鏈計分卡法、智力資本指數法和智力資本報表法。從智力資本價值創造估值方法的過程導向、系統導向和未來導向等三導向相結合思路出發，基於對智力資本初始識別度量、系統過程度量和財務結果度量的整合提出估算智力資本價值創造的三步估值法。其中系統過程度量估值法是三步估值法的核心，進一步可以區分為內部計量管理法和外部估價法。內部計量管理法又涉及智力資本驅動構成要素和度量指標的設計。就智力資本驅動構成要素而言，智力資本的價值創造是結構化流體結構資本、結構化晶體結構資本、非結構化內部人力資本和非結構化外部客戶資本共同驅動的結果。就度量指標設計分析，結構化流體結構資本可以從企業組織氛圍、網路創新應用和企業組織智慧三個方面設計定性和定量相結合的指標；結構化晶體結構資本可以從企業組織結構、營運過程和信息系統三個方面設計定性和定量相結合的指標，非結構化內部智力資本可以從雇員價值創造態度、雇員價值創造能力和雇員價值創造力三個方面設計定性和定量相結合的指標，非結構化外部客戶資本可以從交易市場拓展能力和交易市場強度兩個方面設計定性和定量相結合的指標。能夠和上述三步估值法思路框架相對應進行估算智力資本價值創造的較為理想的方法就是實物期權方法[2]。

二、適合中國企業財務現實的智力資本財務價值估值方法

總結上述較為典型的對智力資本價值創造估值方法的研究文獻，總體上看，這些思路不同的估值技術首先源自國外研究者對智力資本在知識經濟時代財務價值創造貢獻度的思考，并基於不同研究視角提出的在智力資本估值實務體現出較大應用價值的模型、方法和技術。國內研究者在綜述這些估值模型、方法和技術并在將這些模型、方法和技術應用於國內企業智力資本價值創造估值實踐時，對符合中國資本市場現狀和國內企業智力資本價值價值創造和管理的現狀進行了內容豐富、視角多維的修正拓展，在完善智

---

[1] 王曉文，和金生. 基於 ANP 的智力資本計量研究 [J]. 科學學與科學技術管理，2007（7）：162-165.
[2] 曾潔瓊. 企業智力資本計量問題研究 [J]. 中國工業經濟，2006（3）：107-114.

力資本財務價值估值體系的同時也相應地探索出在中國企業智力資本估值實踐中具備較大應用性的估值方法。這些方法整體上可以歸納為基礎性智力資本財務價值估值方法和拓展後的智力資本財務價值估值方法兩大類。主要有：

1. 市帳差值、比值法

這種方法源自國內外研究者對國內外知名企業市場價值和帳面價值不相等原因的追溯思考。其基本觀點就是：智力資本就是企業生產經營活動中的無形資本，智力資本財務價值就是企業市場價值和帳面價值的差值或企業市場價值和重置成本的比值。由於企業市場價值和帳面價值不相等可以從差值、比值兩個不同的視角來分析，因此形成估算智力資本財務價值的兩種不同方法：市帳差值法和市帳比值法。市帳差值法就是企業將企業的市場價值和帳面價值作差，市帳比值法就是企業將企業的市場價值和重置成本作除。可見，這兩種方法涉及企業市場價值、帳面價值和重置成本三種不同的價值度量屬性。具體估值時，企業市場價值通常用資本市場上普通股的市場價值來替代，帳面價值數據可直接從企業資產負債表中獲取，重置成本通常通過估值而獲得。其中，市帳比值法就是托賓 Q 法。如果托賓 Q>1，意味著市場價值>重置成本，表明企業能夠獲取智力資本創造的超值收益，這種超值收益就是智力資本創造的財務價值；反之，如果托賓 Q<1，意味著市場價值<重置成本，表明企業無法獲取智力資本創造的超值收益。

可見，市帳差值、比值法思路直觀，計算智力資本財務價值簡單方便。但是智力資本僅僅是企業無形資本的構成部分，將兩者相互代替無疑會高估企業智力資本財務價值。同時，市場價值和帳面價值、市場價值和重置成本的價值計量屬性不具有可比性，其結果必然導致市帳差值、比值法估算智力資本財務價值結果的放大或縮小。

2. 導航器法

導航器法是 Edvinsson 借助無形資產負債表思路和平衡計分卡思想，結合斯堪迪亞公司智力資本估值實踐於 1997 年提出的集企業智力資本內部管理和對外披露信息需求於一體的一種估值方法。導航器法將智力資本價值創造的驅動因素歸納為財務資本、人力資本、客戶資本、業務流程資本、發展更新資本五個方面。其中，財務驅動因素以企業財務報表中的歷史數據信息反應企業的財務狀況，人力資本驅動因素衡量企業雇員生產的產品或提供的服務在滿足消費者需求效用基礎上為企業創造客戶價值所體現的專業知識、技術或經驗；客戶資本驅動因素是企業與消費企業產品或服務的客戶締結、形成客戶關係資本而為企業創造的價值；業務流程資本驅動因素度量企業內部業務流程為滿足消費者消費效用而提供產品和服務的效率；發展更新資本驅動因素衡量企業現在或未來對人力資本驅動因素、業務流程資本驅動因素、客戶資本驅動因素進行資本投資的金額。最初的導航器法通過設計直接預測計數、貨幣計量和效率比率三個維度 160 多項指標在估算財務資本、人力資本、客戶資本、業務流程資本、發展更新資本價值創造基礎上從整體上確定智力資本財務價值。基於提升導航器法應用價值，Malon 和 Edvinsson 修正完善了最初的導航器法，基本思路如下：

（1）將估算智力資本財務價值的直接預測計數、貨幣計量和效率比率等三個維度的 160 多項指標修正為估算貨幣指標絕對值（Currency Index Absolute Value，CIAV）的 21

項指標和估算效率系數（Efficiency Coefficient，EC）的9項百分數指標，則智力資本財務價值就是貨幣指標絕對值和效率系數的乘積，即：智力資本財務價值＝CIAV×EC。可見，只要確定了 CIAV 和 EC，就能夠確定智力資本財務價值。

（2）CIAV 的確定。從企業財務報表中獲取涉及財務資本、人力資本、客戶資本、業務流程資本、發展更新資本五個價值驅動要素的21項貨幣指標信息（Currency Index Information，CII）後通過求和確定 CIAV。即：$CIAV = \sum_{m=1}^{n} CII_m$。

（3）EC 的確定。從企業對外披露的財務報告中獲取9個非財務百分數指標（Percentage Indicators，PI）數據後通過求這些非財務百分數指標的代數平均值的和確定 EC。即：$EC = \sum_{s=1}^{n} \frac{PI_s}{t}$。

導航器法試圖將智力資本驅動因素分解為財務資本、人力資本、客戶資本、業務流程資本、發展更新資本，通過測度這五個驅動因素獲取的財務數據（財務資本創造價值）和非財務數據（人力資本、客戶資本、業務流程資本、發展更新資本等創造的價值）并結合財務數據、非財務數據，能夠系統全面地揭示和披露有關智力資本財務價值信息。這是國內外企業廣泛使用的估算智力資本財務價值的方法。同時，導航器法基於為企業內部不同層次管理者進行智力資本管理的內部性導航偏好、經濟價值性質的估值結果難以成為智力資本市場交易價值（或市場交易價格）的無偏估計量等存在的缺陷，一定程度上限制了導航器法在估算智力資本財務價值時的實踐應用價值。

3. 無形價值估算法

無形價值估算法是基於智力資本能夠為企業創造超出行業平均收益率的超值收益這一基本觀點，從企業所在行業平均資本收益率出發，通過計算企業平均息稅前收益、企業有形資本平均收益率和資本成本進而從整體上估算智力資本財務價值的一種估值技術。在剔除由計算口徑不同而導致的不同企業資本化超額收益不具有相互可比性影響後，其基本程序如下：

（1）根據財務報表確定估值企業最近三年（或最近五年）的平均息稅前收益 $EBIT^0$ 和最近三年（或最近五年）資產負債表中全部有形實體資本（剔除無形資本科目）平均帳面價值（Average Book Value，ABV）AVB^0。即：$EBIT^0 = \frac{\sum_{j=1}^{3,5} EBIT_j}{j}$、$ABV^0 = \frac{\sum_{j=1}^{3,5} ABV_j}{j}$。

（2）根據 $EBIT^0$ 和 ABV^0 的比例來確定估值企業有形實體資本報酬率（Return On Capital，ROC）ROC^0，同時依據口徑一致性原則估算估值企業所在行業最近三年（或最近五年）的平均有形實體資本報酬率 ROC（Return On Capital，ROC）。即：$ROC^0 = \frac{EBIT^0}{ABV^0} = \sum_{j=1}^{3,5} EBIT_j / \sum_{j=1}^{3,5} ABV_j$。

（3）比較 ROC^0 和 ROC 的大小并確定智力資本財務價值。當 ROC^0＞ROC 時，智力資

本財務價值 = $\dfrac{(EBIT^0 - ABV^0 \times ROC) \times (1 - T)}{CC}$。其中 T 表示估值企業最近三年（或最近五年）的平均所得稅稅率，CC 表示資本成本（Capital Cost, CC）。

無形價值估算法克服了估值數據局限於企業內部管理者擁有的束縛，使得所需要的估值數據完全能夠從估值企業公開披露的會計報表中獲取，這為企業外部利益相關者通過估算不同企業智力資本財務價值以進行智力資本投資的財務決策提供了強有力的廣泛數據信息支撐，體現出這種方法良好的應用前景。當然，這種方法在估值實踐應用中也體現出一定的局限性：①超額息稅前收益是智力資本財務價值的數據表現形式，當估值企業有形實體資本報酬率不大於估值企業所在行業有形實體資本報酬率時，依據這種方法確定的智力資本財務價值就會小於或等於零，從而得出智力資本沒有創造或者毀損了財務價值的謬論。事實上，無論企業怎樣管理智力資本，智力資本都會創造財務價值，只不過創造的財務價值只有大小之分而沒有小於等於零之說。小於或等於零的估值結果僅僅表明企業投資在無形資本上的整體報酬率遠遠小於綜合預期報酬率（而不是單一智力資本預期報酬率）或對有形實體資本的投資過多，對無形資本的投資過少而已。②企業息稅前收益是無形智力資本和有形實體資本協同交互作用的結果，不區分智力資本價值驅動要素從整體上將智力資本財務價值等同於超額息稅前收益就會忽略智力資本價值驅動要素中某些要素創造的非超額息稅前收益，其結果就會有可能導致智力資本財務價值小於或等於零的異象。③選擇行業分類標準時的主觀性和整個行業內不同企業財務績效良莠不齊表現的疊加難免會導致外部利益相關者智力資本財務決策的巨大失誤。

4. 增值系數法

增值系數法就是智力增值系數法（Value Added Intellectual Coefficient Model, VAICM）。該方法認為知識經濟時代的企業財務價值是對有形實體資本和無形智力資本價值創造能力、對有形實體資本和無形智力資本價值增值效率的綜合測度。基於投入產出思路的價值增值 VA（Value—Added，數值上等於企業全部產出和全部投入的價值差）是衡量企業有形實體資本和無形智力資本價值創造潛力進而判斷企業是否良性營運的最重要尺度，而效率（Efficiency）是測度價值增值的優化單位。價值增值效率是對有形實體資本和無形智力資本價值創造能力（潛力）的一種績效表述。因此，企業依據其擁有或控製的有形實體資本和無形智力資本創造價值的能力（潛力）就是智力創造能力，可以用智力價值增值效率來測度。這樣，智力增值系數（Value Added Intellectual Coefficient, VAIC）就是度量有形實體資本增值效率和無形智力資本增值效率的一種工具并且等於兩者的和。由於無形智力資本的驅動要素就是人力資本、結構資本和關係資本，因此，無形智力資本增值效率就是人力資本增值效率、結構資本增值效率和關係資本增值效率的集合體。因此，智力增值系數就是實體資本增值效率、人力資本增值效率、結構資本增值效率與關係資本增值效率四種增值效率的集合體，數值上等於四種增值效率的和。立足於會計學思路，增值系數法認為企業為其雇員支付的人工工資和薪水等費用是企業對人力資本的一種投資而非成本，因此是構成 VA 的重要組成部分。這樣，VA 就是企業可持續經營收益、雇員費用和企業能夠計提折舊并進行攤銷的各種資產三者價值的和。

基於上述分析，VAIC=有形實體資本增值系數+無形智力資本增值系數=實體資本增值系數+人力資本增值系數+結構資本增值系數+關係資本增值系數=價值增值/實體資本+價值增值/人力資本+價值增值/結構資本+價值增值/關係資本。其中，價值增值數據可以從資產負債表中的應付職工薪酬科目、無形資產攤銷科目、長期待攤費用科目、固定資產折舊科目、生產性油氣資產和生物資產折舊科目，利潤表中的營業利潤科目、財務費用科目中反應利息費用的金額等科目的年末餘額數據中獲取，并且等於這些科目年末餘額數據的算術和。實體資本數據應遵循可比性原則選擇和價值增值數據同一會計期間的年末淨資產帳面價餘額數據來表示。人力資本數據應遵循可比性原則選擇和價值增值數據同一會計期間的採用直接法編制的現金流量表中的支付給職工的現金流總費用數據來表示。結構資本數據應遵循可比性原則選擇和價值增值數據同一會計期間的利潤表中管理費用科目年末餘額剔除應付職工薪酬科目年末餘額和招待費、廣告費、技術開發費四項費用後的餘額數據來表示。關係資本數據應遵循可比性原則選擇和價值增值數據同一會計期間的利潤表中銷售費用科目的年末餘額數據來表示。在獲取上述數據後，依據 VAIC 的上述計算公式，就可以確定 VAIC、實體資本增值系數、人力資本增值系數、結構資本增值系數和關係資本增值系數的具體數值。這些具體數值分別表示財務學意義上企業投資於全部資源要素資本、實體資本、人力資本、結構資本和關係資本後為企業實現的實際報酬率。每一個指標的具體數值越大，表明全部資源要素資本和不同類型單向財務資本的價值增值能力（潛力）也就越大；反之亦然。即，每一指標具體數值和相對應的資本價值增值能力（潛力）正相關、同向變動。

VAICM 在理論研究和智力資本估值實踐中都體現出較為明顯的價值：①將支付給雇員的薪酬納入價值增值系統并作為計算 VA 的一個重要組成部分，解決了估算人力資本價值增值系數時的數據獲取難題，使得企業可持續經營期間的會計學數據在估算收益不確定的隱性財務資本時發揮出巨大的估值價值功能，同時也通過將息稅前收益拓展為薪息稅前收益豐富了財務學意義上的現金流利潤。②由於應用 VAICM 進行企業整體意義上的估值或進行價值增值，某一單向資本要素的估值數據完全可以從企業對外披露的財務報告中獲取，在克服必須依靠企業內部利益相關者數據信息、依據企業內部估值指標估算智力資本價值創造貢獻度的固有局限性約束的同時，也將應用範圍由局限於上市公司智力資本財務價值估值拓展到既能夠適用於上市公司也能夠適用於非上市公司的智力資本財務價值估值，而對經過註冊會計師審計的財務報告數據的應用在保證智力資本財務價值估值客觀性、可靠性和一致性的同時也保障了不同區域的國家、行業部門大樣本智力資本財務價值估值結果的橫向可比性。③各種價值增值系數的具體數值通常都以相對數比率結果表示，體現出計算操作的簡易性和估值結果現實意義的可理解性。當然，計算結構資本價值增值系數時，對廣告費、技術開發費的非投資化處理，即從管理費用中剔除招待費、廣告費、技術開發費等費用可能會使得結構資本價值增值系數被低估，這是 VAICM 美中不足之所在。

5. 黃惠琴、劉劍民（2005）智力的資本財務價值估值法

黃惠琴、劉劍民（2005）認為設計智力資本財務價值估值法的核心在於對智力資本

價值創造驅動要素中收益不確定的人力資本價值貢獻度的測度。基於智力資本價值創造驅動要素的人力資本、組織結構資本和市場資本三構成要素思路，可以從收益產出視角設計基於收益法的估值方法。基於智力資本價值創造驅動要素的人力資本、組織結構資本和客戶資本三構成要素思路，可以從對智力資本投入產出相結合視角設計基於線性迴歸法的估值方法。基於收益法的估值方法主要有商譽收益轉換法、過去收益轉換法和整體收益轉換法等方法；基於線性迴歸思路的估值方法主要有指數模型、線性模型、時間價值模型等。相關思路歸納如圖 4-2 所示：

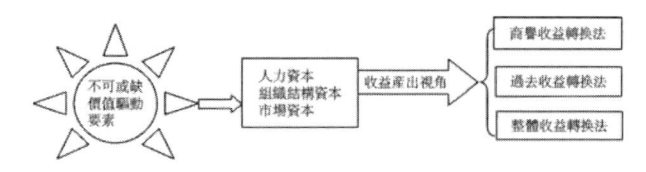

圖 4-2　黃惠琴等（2005）的智力資本財務價值估值法

資料來源：黃惠琴，劉劍民. 智力資本計量模型的構建 [J]. 當代財經，2005 (5)：122-127. 經過作者整理而得。

第三節　智力資本財務價值管理

一、智力資本財務價值管理的內涵與內容

就現有研究文獻分析，對智力資本財務價值管理的內涵定義和管理範疇的確定，學者們尚沒有形成一致認同的規範。Brookin（1996）認為智力資本管理是一個通過識別記錄、審計控制等方法不斷循環反饋管理的過程[①]。一般而言，這一過程管理以每一過程對智力資本的管理目標為導向，整合應用不同的技術方法來實現分步目標涉及通過識別確定智力資本并設計智力資本發展規劃、獲得并審計智力資本、記錄歸檔以保護智力資本、開發更新智力資本、在推廣普及中評估利用智力資本等具體流程。識別確定智力資本并設計智力資本發展規劃既是管理智力資本的基礎性前提也是進一步剖析智力資本性質和確定智力資本範疇內容的第一步。在這一具體環節應以智力資本的價值創造增值巨大貢獻性、無形稀缺性等特質來區分智力資本和知識。獲得并審計智力資本就是基於對客戶的實際市場調查、對競爭對手競爭優勢的分析等評估智力資本價值創造的方法在完善智力資本價值創造審計機制的前提下，將對智力資本的審計結果記錄歸檔為智力資本知識庫。記錄歸檔以保護智力資本基於智力資本價值創造驅動要素就是企業的核心競爭力和商業秘密這一基本思路而對人力資本、客戶資本、組織結構資本等進行的法律方法保護或非法律方法保護。開發更新智力資本就是基於實現企業智力資本財務價值創造最

[①] 安妮·布魯金. 第三資源智力資本及其管理 [M]. 趙潔平，譯. 大連：東北財經大學出版社，1998.

大化這一財務目標對智力資本進行設計的發展規劃。設計這些發展規劃的基礎性前提在於基於企業可持續發展財務戰略目標，在對企業擁有的智力資本進行 SWOT 分析時通過識別出企業剩餘智力資本來選擇所需要的智力資本，并通過與利益相關者締結智力資本財務契約來構建智力資本動態管理反饋機制。在推廣普及中評估利用智力資本就是智力資本管理者借助已經建立的智力資本知識庫和已對外公開披露的智力資本財務報告，基於利用智力資本實現企業財務價值創造增值目標以實施新一輪智力資本管理程序為導向而對企業現有智力資本財務價值創造現狀、財務價值創造績效等所進行的績效測度考評。Edvinson（1996）基於知識型企業智力資本管理模式提出應將人力資本價值創造創新與組織結構資本價值創造創新進行整合，并通過對企業知識管理能力的提升在將人力資本內化為組織結構資本的過程中促進財務價值創造創新活動的商品化和財務價值實現的市場化。在這一財務價值創新活動過程中，隨著人力資本創新為企業智力資本進而成為法律保護的企業能夠擁有和控制的知識產權資本後，基於激勵約束價值要素的利益相關者價值創造關係互動網就形成并構建起來了[①]。Stewart（1997）在研究智力資本管理的系列專著（比如，1992 年出版的《腦力》、1994 年出版的《智力資本》、1997 年出版的《智力資本：組織新財富》等）中提出知識管理導向的智力資本管理思路：在較為精確識別測評企業知識資本投入產出績效比以提升知識資本財務價值創造績效與知識擁有者財務效率的基礎上，將已經實現的財務收益和形成這些財務收益的智力資本要素耦合起來設計并構建對企業智力資本進行開發投資的戰略性策略[②]。Graham 和 Vincent 基於知識資本價值創造活動過程中實現價值增值思路，認為智力資本管理的核心在於提升協調并科學處理企業流動性組織領域知識資本價值創新性活動與製度化組織領域激勵約束產品服務市場價值化活動之間的平衡能力。可行性措施就是在能夠將強調個人獨立自由創造價值和共同體的合作協作價值創造觀導入企業組織結構設計管理、企業平時的形象管理、企業戰略性經營行為管理和企業業績考評管理中的同時，使企業在適應知識資本價值創造創新活動的流動性要求和開放性製度化的設計來實現流動性組織領域和製度化組織領域的高效對接[③]。李中斌、吳元民（2008）從整體意義上理解智力資本管理，認為智力資本管理涉及智力資本經營過程管理、智力資本價值創造估值和評價管理和對構成智力資本要素的單項無形資本價值貢獻的管理等方面[④]。侯劍華（2006）認為智力資本管理既是智力資源管理的構成部分也是知識管理的學科分支，是人力資源管理在知識經濟時代適應性發展的產物。科學確定智力資本管理的內容必須釐清智力資本管理和人力資源管理、智力資本管理和知識管理、智力資本管理和智力資源管理幾者之間的關係，就發展趨勢而言，應構建以情感溝通管理為核心、以風險管理和安全管理為驅動的

---

① Edvinsson Sullivan. Developing a Model for Management of intellectual capital [J]. European Management Journal, 1996 (4): 358-364.

② Thomas A. Stewart, Intellectual Capital: The New Wealth of Organizations [M]. New York: Doubleday Dell Publishing Group, Inc, 1997.

③ 王濤. 基於績效的智力資本管理研究 [D]. 武漢: 武漢理工大學, 2006: 13.

④ 李中斌, 吳元民. 智力資本管理研究述評 [J]. 重慶工學院學報: 社會科學版, 2008 (5): 44.

智力資本實踐測評管理體系和獨立的管理學學科體系[1]。馮勇（2010）將智力資本管理定義為企業為實現其組織目標而對處於運動狀態的智力資本所進行的日常協調控製過程。這一過程形成企業對其智力資本的管控系統，這一管控系統由智力資本的識別管理子系統、配置管理、增值管理、運作管理、激勵管理等子系統整合而成[2]。程提（2006）認為智力資本管理是知識導向型企業保持核心競爭力、獲取可持續競爭優勢的一種戰略模式，是人力資源管理的核心之所在和人力資源管理研究領域的前沿性命題，是高級人力資本。企業在生產經營管理、技術創新等層面擁有的能夠決定企業可持續發展的核心高級人力資本既是企業經營管理活動中的稀缺資源要素也是影響智力資本管理的直接根源[3]。張曉峰（2007）基於戰略管理流程視角構建了企業智力資本分類管理的六階段流程：基於和企業不同層次戰略相配合的單項智力資本管理框架構建階段；為企業創造價值，以提升企業在價值創造網上不同環節控製力和影響力為導向、以為企業創造最大化財務價值的戰略目標和財務目標主輔目標相結合的智力資本管理目標定位階段；以企業戰略流程和性質進行智力資本分類進一步確定戰略性智力資本管理類型階段；基於人力資本戰略、關係資本戰略和組織結構資本戰略來構建管理方法能夠具體化和細分化的智力資本管理框架階段；憑藉能夠有效考核智力資本的實施是否和提升企業財務價值創造相關聯的企業戰略來構建智力資本績效考核管理機制階段；戰略性智力資本管理體系的動態調整階段[4]。馮勇（2009）認為智力資本管理是識別智力資本管理、配置智力資本管理、價值增值智力資本管理、經營智力資本管理和激勵約束智力資本管理的集合體，是基於人力資本、組織結構資本和知識資本等三位一體管理的整合[5]。

　　整合上述研究文獻對智力資本管理界定的不同思想、觀點和思路，我們認為，智力資本財務價值管理就是基於智力資本財務價值決策的客觀需要而對智力資本價值創造不可或缺的驅動因素進行的戰略性財務目標設計管理和戰術性財務價值增值管理，是構成智力資本財務價值決策系統的一個子系統；通過和智力資本財務價值創造子系統、智力資本財務價值估值子系統的相互作用來共同實現知識經濟時代智力資本為企業不可或缺利益相關者創造財務價值最優化和最大化的財務目標。其具體內容包括人力資本的戰略性財務目標設計管理和戰術性財務價值增值管理，組織結構資本戰略性財務目標設計管理和戰術性財務價值增值管理，客戶資本戰略性財務目標設計管理和戰術性財務價值增值管理，關係資本戰略性財務目標設計管理和戰術性財務價值增值管理等。可用圖4-3來進行相對清晰的描述。

---

[1] 侯劍華.智力資本管理的科學定位及其發展趨勢探析 [J].情報科學，2006（6）：835-838.
[2] 馮勇.試論企業智力資本管理體系的構成 [J].商業時代，2010（14）：66-67.
[3] 程提.企業人力資源管理中智力資本的開發與管理研究 [D].天津：天津理工大學，2006：13.
[4] 張曉峰.戰略視角的企業智力資本管理方法研究 [D].大連：大連理工大學，2007：36-37.
[5] 馮勇.知識經濟下企業智力資本管理與績效關係的實證研究 [D].上海：復旦大學，2009：13-14.

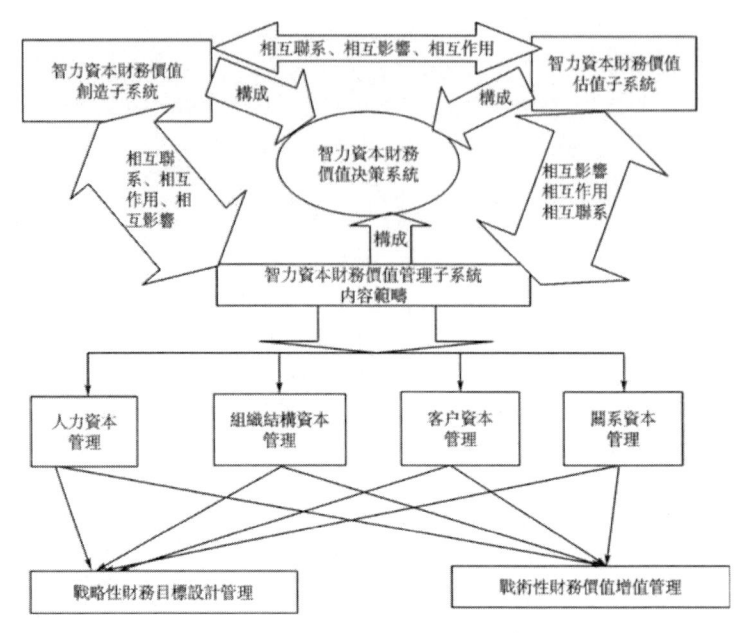

図 4-3　智力資本財務管理的內容範疇

具體而言，人力資本戰略性財務目標設計管理主要是對企業所擁有的各種人力資源要素在識別開發基礎上進行的戰略性配置管理，人力資本戰術性財務價值增值管理主要針對企業在具體經營人力資本進行財務價值創造過程中實施的增值激勵約束管理。組織結構資本戰略性財務目標設計管理就是對內化在人力資本中的專業性知識、技能技巧和累積的經驗如何通過創新學習、使用轉讓等方式轉換為組織的文化結構，為實現人力資本價值創造所進行的戰略性謀劃，組織結構資本戰術性財務價值增值管理主要解決企業在其具體的生產經營過程中如何對智力資本進行高效的擴張并購以期憑藉智力資本來獲得各種內外部資源進而提升企業可持續競爭優勢，實現智力資本價值創造和增值。客戶資本戰略性財務目標設計管理就是在對企業內外部財務環境進行分析基礎上進行的客戶消費市場細分管理，客戶資本的戰術性財務價值增值管理就是通過對企業所實施的戰略性客戶消費市場細分管理進行客戶管理現狀的追蹤性調研基礎上基於提升客戶財務價值創造能力而進行的績效管理。關係資本戰略性財務目標設計管理就是對企業如何構建內外部利益相關者關係價值鏈、如何基於不同企業之間對智力資本資源要素的互補性而締結戰略聯盟關係價值網而進行的戰略性財務設計管理。關係資本戰術性財務價值增值管理就是基於關係價值鏈、關係價值網如何為企業獲取競爭對手無法複製模仿的可持續競爭優勢進而獲取可持續關係租金收益，實現基於關係價值鏈、關係價值網的潛在財務價值轉換為顯性財務價值而進行的績效管理。

二、智力資本財務價值管理的思路與對策

1. 智力資本財務價值管理的基本思路

（1）構建與可持續財務價值創造和增值能力相配合、相適應的智力資本開發識別、增值配置和營運激勵約束體系，充分發揮知識經濟時代智力資本財務價值創造的溢出效應。智力資本開發識別管理就是基於智力資本財務增值的戰略性目標定位，通過對智力資本進行分類分析、記錄估值和審計披露從而獲取相關智力資本信息的智力資本管理流程。智力資本價值創造網將對智力資本進行開發識別的信息看作是直接影響智力資本投資者投資成本高低進而決定投資者做出是否進行投資決策的關鍵要素，企業戰略性財務目標定位和企業可持續發展的願景客觀上要求將影響企業未來可持續發展所需要的必不可少的智力資本要素確認和界定出來。由於企業經營管理者擁有的專業知識能夠將企業的戰略目標定位和發展願景細化為企業內部不同層次利益相關者憑藉智力資本進行價值創造的行為，因此，應充分發揮企業經營管理者在開發識別智力資本時不可或缺的作用。智力資本增值配置管理就是基於智力資本財務價值創造增值最優化和最大化目標，依據企業智力資本業務發展需要，通過組織的知識創新學習、企業的技術進步創造等方式從組織內外部打造培育、優化增加智力資本數量及質量，并將這些已獲得的智力資本數量及質量在企業內部不同的戰略業務單位進行有效細分配置和組合優化。這種細分配置和組合優化涉及對物質資本和智力資本進行搭配時的數量及質量比以及對人力資本、組織結構資本、客戶資本和關係資本進行搭配時的數量及質量比等問題。智力資本營運激勵約束管理就是在企業對智力資本進行具體的生產經營過程中，充分利用智力資本在獲取企業所需要的各種稀缺性資源要素以實現智力資本財務價值創造，或者在憑藉對企業智力資本進行擴張并購等財務活動來保持企業可持續競爭優勢，進而提升企業智力資本財務價值創造績效的過程中，如何通過股權期權等長期性財務治理激勵約束方式和物質激勵約束、非物質激勵約束等短期性非財務治理激勵約束方式的有效結合和整合優化來提升企業內外部智力資本要素財務價值創造能力和增值能力。

（2）理順人力資本、組織結構資本、客戶資本和關係資本等智力資本價值創造驅動要素之間的價值創造關係和價值貢獻關係。人力資本價值創造驅動要素是驅動智力資本進行價值創造的最核心要素，在智力資本價值貢獻中發揮著獨特的能動性作用。為保證企業的正常生產經營而設計的企業內部組織運作結構和企業正常生產經營過程中與內外部利益相關者形成的不同關係就是企業的組織結構資本、客戶資本和關係資本。儘管這些被企業固化控制的資源要素本身能夠創造價值，但不能夠能動主動地進行生產經營和研發銷售等財務活動，只有在高素質人力資本的科學管理和操作應用過程中組織結構資本、客戶資本和關係資本才能夠真正進行可持續的價值創造和增值活動。因此，就價值創造關係而言，人力資本處於智力資本價值創造驅動要素的核心，是智力資本管理必須優先考慮并解決的關鍵問題；就價值貢獻關係而言，人力資本承擔并發揮著和智力資本價值創造驅動核心要素相對應的功能，對智力資本的財務價值貢獻度仍然領先於組織結構資本、客戶資本和關係資本等對智力資本的財務價值貢獻度。

2. 提升智力資本財務價值管理績效的對策

（1）人力資本管理對策。人力資本就是對自然人擁有的能夠轉換為財富或具有財務價值創造潛力的知識技能、經驗技巧等進行開發投資而所形成的能夠實現價值（財富）創造增值的一種資本要素，具有影響因素複雜性、自然人個體享有終極控制權、投資長期多次性和專有性等特徵。上述特徵決定了人力資本管理的核心在於對人力資本進行動態開發中構建并積極實施知識分享機制。人力資本進行動態開發在於科學確定企業雇員應擁有或掌握的能力水平和對應等級。一般而言，可以將企業雇員應擁有或掌握的能力從通用基礎性工作能力、具體工作基礎性能力、部門工作基礎性能力和行業工作基礎性能力四個方面進行測度，相應地和上述能力水平對應的等級水平就是基礎性工作能力水平、操作性工作能力水平、領導管理型工作能力水平和智庫諮詢型能力水平。就構建并積極實施知識分享機制而言，首先，應該在企業內部形成分享知識的文化氛圍。無論是何種形式存在的知識，只有在對其進行直接的協作式交流和動態共享中才能實現知識的傳承和累積，只有在對知識開放式的傳承和累積過程中才能實現知識的價值創造功能，也只有在知識共享文化理念的引導下才能將個體擁有或掌握的知識轉換聚合為企業價值創造的人力資本。其次，向企業雇員授時授權，實施全體雇員對企業價值創造的奉獻管理。授時表明企業應該賦予雇員在規定的工作時間內不同員工之間適當的相互學習交流時間，這是促進不同雇員個體相互交流并分享知識進而提升人力資本價值貢獻度必不可少的環節。授權表明適當授權的企業全員式管理模式是充分挖掘并發揮雇員自身智力資本價值創造最為可行和高效的方式。最後，構建基於專業知識或技術專長的共同興趣驅動知識分享群是擴大這些專業知識或技術專長傳遞範圍，進而促進人力資本更大財務價值創造功能作用發揮的必要條件。

（2）組織結構資本管理對策。組織結構資本就是依附在企業人力資本、客戶資本和關係資本之中，表示有形實體資本和無形人力資本、客戶資本、關係資本之間在進行財務價值創造時相互影響和相互作用的整合方式，為無形人力資本、客戶資本、關係資本等價值創造功能的發揮提供保障的一種製度安排資本。具體以企業的組織製度設計、企業經營管理文化和企業經營流程領域等顯性形式表現出來，具有以關係資本表現但關係主體難以完全控製和所有、財務價值收益遞增效應、整體組織性和非轉讓性、激活人力資本、客戶資本、關係資本等價值創造能動性等特徵。借助袁慶宏（2001）對組織結構資本進行「體—場—流」管理的思路，對組織結構資本的管理可以從組織結構管理、組織學習管理和組織文化管理三個層面進行[①]。組織結構資本的組織結構管理就是為實現企業價值增值的戰略性財務目標，基於組織內部的分工協作而對企業內部不同層次價值創造者的責權利通過動態設計而形成的製度設計投資資本，涉及企業內部不同層次價值創造者基於責權利的配置而設計的職能發揮結構和職能層次結構。這些職能層次結構和職能發揮結構影響到企業有形實體資本和無形資本在相互品牌基礎上激勵約束機制的導向和性質，關係到借助正式權力配置系統或者非正式權力配置渠道形成的組織關係的緊

---

① 袁慶宏. 企業智力資本管理 [M]. 北京：經濟管理出版社，2001.

密程度，也決定著基於環境變化和組織自身因素驅動下的未來企業組織的發展變遷方向。組織結構視角進行組織結構資本管理的核心在於企業不同價值創造層次的生產者和經營管理者之間適當的授權管理。基於組織賦權度的高低和企業員工對賦權偏好度、認同度高低兩個維度分析，組織高賦權度和企業員工高賦權偏好度、認同度的有機結合就會使組織結構資本管理處於高績效的良性運行狀態。組織低賦權度和企業員工低賦權偏好度、認同度的有機結合就會使組織結構資本管理處於低績效、大概率風險運行狀態。組織高賦權度和企業員工低賦權偏好度、認同度的有機結合就會使組織結構資本管理處於低績效、小概率風險運行狀態。組織低賦權度和企業員工高賦權偏好度、認同度的有機結合就會使組織結構資本管理處於低績效、惡性運行狀態。可見，理想的組織結構資本管理就是有機整合企業的高賦權度和企業員工對高賦權的偏好度和認同度，以進一步提升組織結構資本管理的績效，同時應盡可能避免由於企業員工存在對高賦權的偏好度和認同度而企業組織只能進行低賦權度所導致的耗損組織結構資本管理績效的機會主義行為。

（3）客戶資本管理對策。客戶資本就是企業基於消費者對企業某一產品或服務的消費偏好而與消費市場上的客戶締結形成并表現為企業營銷信譽、客戶忠誠度等的一種智力資本，其具有價值創造直接性、投資收益多樣性和外生共享性等特徵。客戶資本的這些特徵決定了企業從拓展市場份額以實現短期利潤理念向拓展客戶份額以實現長期客戶價值創造理念轉變過程中的客戶精細化管理是客戶資本管理的核心。客戶精細化管理就是基於企業對客戶實現其戰略性財務目標的重要性高低程度和企業與客戶建立長期價值協作關係可能性高低程度兩個維度，對消費市場上的客戶進行的客戶細分管理。客戶實現企業戰略性財務目標的高重要性程度和企業與客戶建立長期價值協作關係的高可能性程度的有機結合是企業重點投資并打造長期性客戶協作關係的前提，因此應該採取強化這種關係形成的對策。客戶實現企業戰略性財務目標的高重要性程度和企業與客戶建立長期價值協作關係的低可能性程度的有機結合表明企業打造長期性客戶協作關係的前提并不完全具備，因此應該採取積極改造這種關係的對策。客戶實現企業戰略性財務目標的低重要性程度和企業與客戶建立長期價值協作關係的低可能性程度的有機結合表明企業打造長期性客戶協作關係的前提完全不具備，因此應該採取積極解除這種關係的對策。客戶實現企業戰略性財務目標的低重要性程度和企業與客戶建立長期價值協作關係的高可能性程度的有機結合表明企業打造長期性客戶協作關係的前提暫時不完全具備，因此應該採取積極監控和觀察鑑別對策以促進這種關係的形成，并從潛在客戶中選取那些具有戰略重要性的客戶加以重點扶持和培養。

第五章　基於關係資本的財務價值決策

第一節　關係資本與財務價值創造決策

一、關係資本研究文獻梳理

就關係資本的現有研究文獻看，自從1996年Bruce W. Morgan提出這一概念[①]并在其專著《關係經濟中的策略和企業價值》（Strategy and Enterprise Value in the Relationship Economy）中論述了關係資本對企業價值創造的貢獻和不同的表現形式後[②]，後續研究者基於不同研究的需要，立足於經濟學、社會學、管理學以及財務學等不同的學科領域對關係資本進行了富有成效的探討，但至今沒有形成統一規範的關係資本概念框架，對關係資本與財務價值創造、估值、管理的深入研究更是少之又少。基於上述研究現狀，我們首先對關係資本從概念框架以及所涉及的思路與構成、估值測度兩個方面進行現有研究文獻的梳理。

1. 關係資本的概念框架

Bontis（1996）將關係資本理解為有助於在企業和外部環境之間形成某種特定關係的知識組合[③]。G Roos 和 J Roos（1997）認為關係資本是企業和外部環境之間的相互影響、相互作用而形成的一種結構資本，本質上是一種智力資本[④]。Bontis（1998）認為關係資本就是企業內外部利益相關者在創造企業價值的價值鏈中所形成的動態價值網關

[①] Bruce W. Morgan. Relationship capital and the theory of the firm [J]. International Advances in Economic Research, 1996（Springer）: 197.

[②] Bruce W. Morgan. Strategy and Enterprise Value in the Relationship Economy [M]. International Thomson Publishing House, 1998.

[③] Bontis. 1996 Bontis N. There's a price On your head: Managing intellectual capital strategically [J]. Ivey Business Journal, 1996（Summer）: 40–47.

[④] G Roos, J Roos. Measuring your company's intellectual performance [J]. Long Range Planning, 1997（6）: 413–426.

係，這種動態價值網關係有助於企業價值的提升，能夠帶來價值增值[1]。Edvinsson 等（1998）將關係資本理解為組織之間以及組織和環境之間、上下游廠商之間、顧客之間形成的一種外部關係[2]。Lynn（1999）認為關係資本就是企業與其外部利益相關者形成的一種聯繫[3]。Mohan 等（2001）認為關係資本就是企業與顧客、合作夥伴、員工等形成的能夠創造潛在價值的全部關係[4]。Johnson 等（1999）認為關係資本就是企業與其外部利益人形成的能夠使企業長期經營成功和可持續盈利的一種動態關係[5]。Dunning（2003）認為關係資本就是某一企業主體形成的能夠對其他企業的資本資源進行支配和共享一種能力[6]。Dyer 等（1998）[7]、Sarka 等（2000）[8]、Kale 等（2001）[9] 從企業戰略聯盟思路將關係資本理解為能夠在企業戰略聯盟之間形成相互尊重、信任和友誼的程度。Paul D. Cousins 等（2006）從供應鏈角度將關係資本理解為建立在供應鏈上下游不同類型合作夥伴之間互相尊重與信任的一種動態關係[10]。De Clercq 和 Sapienza（2006）將關係資本定義為不同組織之間在社會互動時基於共同準則、信任目標而進行的某種程度上相互交換[11]。Gulati 和 Gargiulo（1999）從戰略聯盟和價值網路視角描述了關係資本提供戰略聯盟價值網上不同組織之間進行相互結盟的可能性、可靠性，進而瞭解合作夥伴競爭能力強弱的互動渠道。關係資本在增加戰略聯盟價值網上不同組織之間相互結盟的可能性、相互之間構建緊密協作關係等方面發揮著積極的促進作用[12]。Huang Jun 等（2011）對市場導向的企業銷售聯盟和社會資本的相互關係進行了分析，認為社會資本在促使市場導向的企業銷售聯盟進行相互擁有資源共享的同時增強了聯盟的穩定性，而

---

[1] Bontis N. Intellectual capital: an exploratory study that develops methods and models [J]. Management Decision, 1998, 3（2）.

[2] Edvinsson, J. Roos, L., G. Roos. Intellectual Capital: Navigating in the New Business Landscape [M]. New York University Press, 1998.

[3] Lynn. Culture and intellectual capital management: a key factor in successful ICM implementation [J]. International Journal of Technology Management, 1999（18）: 590–603.

[4] Mohan, et al. Placing social capital [J]. Progress in human geography, 2002.

[5] Johnson Jonathan L., Ellstrand, Alan E. Number of directors and financial performance [J]. The Academy of Management Journal, 1999, 42（6）.

[6] John H. Dunning, et al. Alliance capitalism and corporate management: entrepreneurial cooperation in knowledge based economics [M]. Edward Elgar Publishing, 2003.

[7] Dyer, et al. The Relationship View Cooperative Strategy and Sources of Interorganizational Competitive Advantage [J]. The Academy Management View, 1998（10）: 660–679.

[8] Sarka, et al. The Influence of Complementarily, Compatibility and Relationship Capital On Alliance Performance [J]. Journal of the Academy of Marketing Science, 2001（29）: 358–373.

[9] Kale, et al. Learning and protection of proprietary assets in strategic alliances: building relational capital [J]. Strategic Management Journal, 2000（3）: 207–217.

[10] Paul D Cousins, Robert B Handfield, Benn Lawson, Kenneth J Petersen. Creating supply chain relational capital: The impact of formal and informal socialization processes [J]. Journal of Operations Management, 2006（24）: 851–863.

[11] De Clercq D, Sapienza H J. Effects of relational capital and commitment on venture Capitalists: perception of portfolio company performance [J]. Journal of Business Venturing, 2006, 21（3）: 326–347.

[12] Gulati R, M Gargiulo. Where do inter-organizational networks come from? [J]. American Journal of Sociology, 1999（3）: 177–231.

市場導向的企業銷售聯盟也有助於社會資本的形成和構建①。林莉等（2004）認為關係資本本質上是一種特殊的關係資源，這種特殊性體現在不同個體基於尊重和信任而形成的友好關係②。竇貴敏等（2004）也認為關係資本是企業聯盟之間的一種特殊關係資源，是由企業聯盟獨自擁有的表現在組織和個體兩個不同層面上的相互信任承諾、友好的專用性投資等③。陳菲瓊（2003）認為關係資本是企業聯盟個體單維層面上形成於不同個體之間的互相信任、尊重和友誼④。夏雪花等（2010）探討了財務學視角下的關係資本，認為財務學的關係資本就是企業價值鏈上基於創造利益相關者價值最大化目標的不同利益相關者依據締結的財務契約而形成的一種關係資源。關係資源與關係資本是兩個相互聯繫又相互區別的概念。利益相關者締結財務契約形成關係資本時的必要條件在於關係資本滿足財務資本價值創造特徵的同時，能夠在未來給利益相關者創造巨大的經濟收益，而馬克思的勞動分工協作理論提供了理解利益相關者關係資本形成的充分條件。構建基於關係資本的財務學體系既是動盪激烈的競爭環境對企業可持續發展提出的內生要求，也是完善財務學理論體系進而指導關係資本財務價值管理決策的現實需要。構建基於關係資本的財務學體系可從基本理論和實踐理論兩個方面著手，基本理論涉及基於關係資本的財務目標定位、基於關係資本的財務環境原則和財務主體假設三個方面，實踐理論主要涉及對關係資本財務價值創造所進行的估值等⑤。周黎明等（2012）認為企業關係資本概念框架可基於行為關係主體、企業關係網路、企業關係資源三個維度從內外部兩個方面進行構建。企業外部關係資本的行為關係主體由為企業創造價值的高級管理人員等邊界管理者和普通營銷管理人員等邊界經營者共同構成，企業關係網路由直接關係網（存在於企業和非營利性組織之間的關係網）和間接關係網（包括存在於供應鏈上下游企業之間形成的供應鏈關係網和形成於企業聯盟之間的戰略聯盟關係網）交織而成，企業關係資源就是存在於各種直接關係網和間接關係網上的能夠被企業擁有或利用的能夠為企業創造直接、潛在價值的各種資源要素。企業內部關係資本的行為關係主體由為企業創造價值的內部組織和內部利益相關者共同構成，企業關係網路由內部組織、個體直接關係網和個體間接關係網交織而成，企業關係資源就是存在於企業內部各種直接關係網和間接關係網上的能夠通過對不同的內部組織需求予以協調平衡來實現企業整體管理目標優化的各種資源要素和能夠實現個體不同願景的各種資源要素⑥。居延安（2003）分析了關係資本可能的表現形式：買賣雙方在勞動力市場、產品服務市場上形成的市場關係資本，形成於商業界和政府之間的買賣關係資本，形成於企業與銀行

---

① Huang Jun, Li Ji, Zhang Pengcheng, Cai Zhenyao, WangXinran. Symbiotic Marketing and Trust-Related Issues: Empirical Evidence From an Emerging Economy [J]. Jour-nal of Global Marketing, 2011, 24 (5): 417-432.
② 林莉, 周鵬飛. 知識聯盟中知識學習、衝突管理與關係資本 [J]. 科學與科學技術管理, 2004 (4): 107-110.
③ 竇貴敏, 王慶喜. 戰略聯盟關係資本的建立與維護 [J]. 研究與發展管理, 2004, 16 (3): 9-14.
④ 陳菲瓊. 關係資本在企業知識聯盟中的作用 [J]. 科研管理, 2003, 24 (5): 37-43.
⑤ 夏雪花, 譚明軍. 關係資本財務：一個新的理論探討 [J]. 財經科學, 2010 (12): 100-106.
⑥ 周黎明, 樊治平. 企業關係資本概念框架研究 [J]. 科技管理研究, 2012 (2): 170-173.

業之間的借貸關係資本，形成於不同企業之間的戰略聯盟關係資本，形成於同一企業不同部門之間的縱橫向關係資本①。黃江泉（2009）從關係資本的研究領域和維度結構以及量化測度三個方面系統梳理了現有關係資本的研究文獻②。

2. 關係資本研究思路與構成、估值測度

（1）研究思路與構成。就研究思路分析，從企業的組織形式（企業合資、企業戰略聯盟）、從企業和客戶之間的營銷關係以及從企業與內部員工分析是現有研究文獻比較集中的三種研究思路。企業合資思路的關係資本研究以減少合資企業員工與母公司員工之間存在的矛盾衝突，提升合資企業員工與母公司員工相互的交流溝通度進而促進關係資本的價值創造績效為主旨。因為基於企業員工與母公司員工相互信任而形成的高效協作關係既是合資企業能夠成功合作的核心，也是對合資企業進行富有成效管理的關鍵之所在。企業戰略聯盟思路的關係資本研究以關係資本是維繫戰略聯盟良性運行的核心樞紐為主旨，這是由不同企業締結戰略聯盟契約時面臨的信息不對稱引發的契約不完全性和面對的不確定性契約環境所決定的。不完全的契約和不確定的環境決定了依據締結戰略聯盟契約時約定的治理機制來規範企業聯盟的各種活動是不現實的。企業之所以結成戰略聯盟，是基於聯盟企業相互的知識傳遞分享過程中獲取可轉讓的技術、能力在提升企業競爭優勢的同時，規避各個結盟企業主體的核心競爭力不會受到聯盟企業機會主義行為的模仿與複製從而持續維持各結盟企業主體的競爭優勢。這是由關係資本體現在企業聯盟中的獨特價值保障的。這些獨特價值表現為：促進知識、技術、能力在企業聯盟中進行可獲取的傳遞分享以降低知識、技術、能力的交易成本和被描述、複製的機會主義行為，在提高各結盟企業相互協作水平和各自競爭能力的同時提升各結盟企業的可持續競爭優勢；從企業和客戶之間的營銷關係來研究關係資本奠定了關係資本財務價值估值的基礎。不管是直接價值估值法或者是收益成本估值法，關係資本財務價值估值的基本思路就是所謂的「三部曲」：第一步是基於各種估值原則來考察并定義可定量化的關係資本構成要素；第二步是將這些構成要素按照目標層、測度層等不同估值層次的要求進一步細化并分解為不同估值層次的具體指標；第三步就是將通過各種方式獲取的有關具體指標的數據導入相關的統計軟件中，在構建相關估值模型的前提下進行量化處理。在總體分析估值模型解釋能力強弱的基礎上完成對關係資本創造的財務價值估值。

（2）估值測度。立足於財務價值決策角度進行關係資本的估值測度就是指在對關係資本創造的財務價值進行估值實踐中，通過具備可測定性和可操作性的不同測定方法或者工具技術的應用將關係資本為企業利益相關者實現的自由現金流較為精確的在財務報表中予以反應，并通過對財務報表信息進行的財務分析處理來為利益相關者提供與財務決策相關而有用的決策信息。截止目前，儘管學者門提出了不少切實可行的測定關係資本價值的工具，比如源自關係營銷學思路的基於關係強度、關係持久性、關係頻率、關係多樣性、關係靈活性、關係公平性六個方面定量度量關係質量進而估算關係資本價值

---

① 居延安. 從美利堅走回中國的報告——關係管理 [M]. 上海：上海人民出版社，2003.
② 黃江泉. 企業內部人際關係資本化研究 [D]. 武漢：華中農業大學，2009.

的測度思路①。Wilson 和 Jantrania（1995）從基於關係資本的經濟收益、關係資本的行為價值和關係資本的核心競爭力價值構成的關係資本估算模型進行的關係資本價值測度。McHale（2006）通過設計具體的 SRI（關係力指數）指標，依據澳大利亞案例來估算關係資本所創造的股東財富價值。Ulaga 和 Eggert（2003）設計的由收益指標（包括產品服務收益指標、知識能力社會收益指標等二級指標）和成本指標（包括交易價格成本指標、協作互動成本指標等二級指標）構成的用來估算製造商和供應商之間關係資本價值的估值體系。Biggernanll 和 Buttle（2002）設計的從個體關係價值、財務關係價值、知識關係價值以及戰略關係價值四個方面估算關係資本價值的模型。Ravald 和 Grnroos（1996）設計的從直接的關係構建成本、間接的產品功效失靈成本和客戶心理壓力成本三個方面估算關係資本成本的估算模型等。但這些估值模型或技術僅僅涉及從定量估算關係強度和持久性來衡量關係資本的質量高低，或者說是基於顧客忠誠度和組織認同度思路通過估算客戶資本價值進而間接度量關係資本創造的價值。如果將這些估值模型泛化進行企業關係價值創造能力和績效的估算，就會顯得力不從心或基本上失去了模型的解釋力。對價值創造不確定的關係資本具有較大應用範圍的、精確的測定工具的缺失是導致關係資本財務收益信息不能反應在財務報表中并進行披露的主要原因，這也是導致財務價值估值實踐中較少估算關係資本價值創造的直接理由。但知識經濟時代關係資本對價值創造的巨大貢獻度又決定了發展關係測定工具或技術的重要性和迫切性。

二、關係資本財務價值創造機理

1. 關係資本在財務價值創造中的功能作用

企業就是在生存基礎上追求可持續發展的有機營利性組織。為實現這一基本財務目標，企業就必須與其利益相關者進行人、財、物以及信息的交換互動。企業在與其利益相關者進行人、財、物和信息的交換互動過程中，形成存在於企業和非營利性組織之間的直接關係網和存在於供應鏈上下游企業之間形成的供應鏈關係網，以及形成於企業聯盟之間的戰略聯盟關係網等間接關係網。因此，企業就是以直接關係網、供應鏈關係網、戰略聯盟關係網交織而成的關係價值網為樞紐，通過與內外部利益相關者交換人、財、物信息來輸入企業正常的生產經營活動必需的人、財、物以及信息等要素資本，并以其生存的產品和提供的服務來對接消費市場上的客戶來實現創造利益相關者價值最大化的財務目標。因此，關係資本在財務價值創造中的功能作用體現在：①降低資本要素市場上人、財、物以及信息交易成本的同時獲取由於資源稀缺性產生的關係資本租金。企業在與其內外部利益相關者進行人、財、物以及信息的長期重複交換互動過程中就會逐步建立起基於尊重、信任和友誼的關係資本價值網。這種特定的關係資本價值網是競爭對手無法模仿和複製的。因此，憑藉這種特定的關係資本價值網，企業在資本要素市場上進行人、財、物以及信息的交換互動時，就能夠在降低這些交易資本要素的交易成

---

① 陳瑩，武志偉. 企業關係資本理論的若干問題研究 [J]. 生產力研究，2009（7）：21.

本的同時，獲取基於稀缺性的關係資本價值網資源創造超過這些交易資本要素平均收益的關係資本租金。這種關係資本租金基於交易資本要素買賣雙方結成的關係資本價值網和不斷的培育、保持經營息息相關。具體而言：關係資本價值網一方面節約了由於企業拓展各項營銷業務而必須耗用的成本，另一方面關係資本價值網能夠培育并提升位於價值網輸出終端的客戶關係，在減少營銷成本的同時增加銷售收益。節約營銷業務成本的經典決策就是以銷定產戰略的實施。以銷定產是生產者在不能完全知道消費者消費信息的前提下，借助龐大的關係資本網間接獲取消費者消費信息進而制定基於消費者需求導向的訂單式生產營銷的一種模式。這種模式促使企業在調整并提升適應消費市場激烈動盪變化能力和消費者多樣性消費需求的同時也降低了由於盲目生產導致的資源浪費和成本開支。成本的節約就是利潤空間的放大和企業財務價值的創造。②基於尊重、信任和友誼形成的關係資本價值網是一種非正式的交易契約製度設計，有助於規避交易活動中的機會主義行為。交易各方在交易市場進行的人、財、物以及信息的交換互動是以各方締結的交易契約為基礎而進行的。締結交易契約時無法預測的不確定性影響因素的存在使得交易各方締結的交易契約具有不完備性或者說是具有不完全性。這種不確定的不完全性、不完備性是導致交易活動中交易各方存在機會主義行為的根源。一般而言，規避由於交易契約的不完全性而引發機會主義行為的措施無非就是設計、安排正式製度或非正式製度。就正式製度規避機會主義行為而言，交易契約的不完全性決定了設計的正式製度自身具有先天性的製度缺陷。換言之，正式製度的設計、安排本身就是一個隨著交易環境的變化而不斷動態修訂完善的過程，因此借助并非萬能的正式製度來規避機會主義行為是存在製度實施的前提約束的。同時，盡善盡美的正式製度實施是通過交易各方的交易博弈來進行的，交易各方交易時天生的自利動機和行為也決定了盡善盡美的正式製度在執行實施中無非迴避機會主義行為。因此，依靠正式製度來規避機會主義行為會導致交易成本增加的同時無助於機會主義行為的規避。這樣，規避交易市場上機會主義行為的可行的措施就是通過設計、安排非正式製度來彌補正式製度的缺陷。儘管關係資本價值網的形成可能導致交易各方之間的交易博弈活動從一次或多次轉變為交易次數不確定的重複博弈活動，也可能導致從一次交易時一對一的行為博弈活動轉變為關係資本博弈網中的多方行為博弈活動，然而無論哪一種行為博弈活動其結果都會導致機會主義行為成本的增加。這顯然是參與交易博弈活動的任何一方都不願意看到的結果。就此而論，關係資本價值網的良性高效運行確實能在一定程度上憑藉尊重、信任和友誼等非正式約束來降低交易各方機會主義行為的發生。同時，良性高效運行的關係資本價值網為交易各方經過多次協作式的交往互動在增進交易各方相互理解和信任的基礎上減少了存在於交易各方的信息不對稱，使交易各方能夠依據建立起的理解和信任關係較為準確地判定潛在的關係交易方的風險偏好和未來交易行為是否具有潛在的機會主義意識，這無疑能夠降低機會主義行為發生的可能性。③關係資本價值網促使知識、技術、能力在網上可獲取傳遞時為交易各方提供了相互獲取這些知識、技術、能力的可能性，這對交易各方競爭優勢的形成、處理風險衝突能力的提升和交易各方經營績效的增加將會起到積極的推動作用。關係資本價值網是以交易各方信任互惠為前提的知識、技術、能力傳遞

網。這種知識、技術、能力傳遞網為交易各方進行廣泛的相互交往交流和相互學習提供了可能性平臺。一方面，關係資本價值網的核心就是交易各方在廣泛的相互交往交流中實現信任互惠的交易目標。顯然，這種基於信任互惠形成的廣泛交流交往氛圍能夠增強交易各方解決衝突的關係互動紐帶，而在交易各方解決相互衝突的過程中進一步強化了交易各方對知識、技術、能力進行學習的效果。可見，交易各方關係資本的緊密度和化解各方衝突的能力正相關。交易各方的關係資本互動紐帶越緊密，不同企業之間的相互交往交流也就越頻繁，化解不同衝突的整體能力也相應得到了增強。而成功的衝突化解又進一步強化了交易各方本來就形成的關係資本，從而促進了關係資本價值網的良性運行。另一方面，對知識、技術、能力的成功學習和不同企業之間的反覆交易過程和直接、密切的交流交往相關聯。關係資本價值網在擴大交易各方相互交流深廣度、激發了交易各方相互學習潛力的同時也促進了信息、知識和技能在交易各方之間的雙向流動和創新。這種雙向流動和創新在增強交易各方價值創造績效的同時，信任互惠與價值創造機制之間形成的新一輪良性循環又不斷強化著關係資本的價值創造功能。Relchheld 的研究表明基於關係營銷的關係資本價值網對企業創造的價值收益表現在：節約的客戶獲取或替代產品和服務的成本使得客戶能夠長期分攤企業的營運成本，導致企業營運成本的降低和利潤的增加；客戶收入的增加會引發對企業產品和服務的消費需求增加，客戶消費需求的增加意味著顧客的多次重複消費，這無疑保障了企業利潤的可持續獲取；對企業產品和服務的升級改進，現有客戶通常不會選擇在企業的促銷降價活動中來消費產品和服務，這顯然會給企業帶來高位的銷售價格從而為企業創造了巨大的利潤收益[①]。

2. 關係資本租金機理

經濟學意義上的租金就是資源擁有者或者控製者應能夠獲取的超過機會成本的一種收益，也就是與資源最大效用相對應的資源擁有者或控製者應能夠獲取的一種最大值報酬。一般而言，經濟學意義上的租金分為因資源壟斷性而形成的張伯倫租金、因資源稀缺性而形成的李嘉圖租金和因資源創新性而形成的熊彼特租金三類。企業在長期對人、財、物、信息等資源要素進行重複博弈交易的互動過程中就會逐步培育并構建起在相互瞭解理解、相互尊重信任基礎上的由直接關係網、供應鏈關係網、戰略聯盟關係網交織而成的關係資本價值網。某一企業的這種關係資本價值網在能夠有效規避機會主義行為、降低交易成本的同時就會給這一企業創造出基於對稀缺性的特殊關係資本資源進行買賣交易而形成的特殊價值。這種特殊關係資本資源獨特的不可模仿性和不可複製性既決定了這種特殊資源的稀缺性和可持續競爭優勢獲取的持久性，也決定了這種特殊資源的價值創造貢獻度的巨大性。其形成作用機理可進行如下分析：

Williamson（1985）認為新經濟時代的投資資本就價值創造效應分析可分為三類：特定空間投資資本、特定用途實物投資資本和特定人力投資資本。特定空間就是保障企業可連續生產經營活動能夠良性有序運行的穩定的產業鏈區域，在這一穩定產業鏈區域進行人、財、物、信息等資源要素資本的投資時顯然能夠降低資源要素買賣交易成本和

---

① 楊孝海. 企業關係資本與價值創造關係研究 [D]. 成都：西南財經大學，2010：44.

協作互動交易費用，這是形成產業鏈上聯盟企業低成本領先戰略的區域優勢。特定用途實物投資資本就是聯盟企業在產業鏈進行的具有特定生產用途的實物資本投資交易。實物資本用途的特定性既保障了產業鏈上聯盟企業所生產產品和提供服務的唯一可識別性，也保障了聯盟企業通過對所生產產品和提供服務的不同整合能提供高質量、差異性的產品和服務，這是形成聯盟企業核心競爭力和可持續競爭優勢、打造差異化競爭戰略的物質基礎。產業鏈上聯盟企業的特定人力資本投資交易是一種基於人力資本這一特殊交易對象，能夠形成特殊交易關係的長期穩定的投資交易累積過程。在這一投資交易累積過程中，人力資本這一特殊交易對象保障了產業鏈上聯盟企業互動聯繫溝通的高效性，對提升聯盟企業市場拓展占領速度將會起到積極的促進作用，這是聯盟企業打造標新立異競爭戰略的人力資本的基礎。事實上，特定用途實物投資資本和特定人力投資資本本質上是一種專用性投資資本，專用性投資資本和特定空間投資資本的高效結合將會形成一個特殊的產業鏈聚合區域。這一特殊產業鏈聚合區域能夠吸引隸屬於不同國家或行業的企業將自己擁有的技術創新成果、先進的生產流程、產業鏈上下游企業的關鍵性資源和信息整合起來，形成產業鏈企業戰略聯盟。這些產業鏈企業戰略聯盟憑藉已經形成的互惠協作關係資本，以為基於關係資本價值網的產業價值鏈上的企業戰略聯盟創造最大化的財務價值為導向，通過對特定用途實物資本、特定人力資本（高級管理人才、技術人才等）等稀缺性資源要素的優化配置和管理機制創新，以及基於這些特定投資資本而形成的標新立異的競爭戰略、低成本領先戰略和差異化戰略的整合實施，在保障了產業鏈企業戰略聯盟核心競爭能力的不斷提升和可持續競爭優勢不斷獲取的同時，也為這些產業鏈企業戰略聯盟創造出源源不斷的關係資本租金。

就關係資本租金性質而言，關係資本租金本質上是由於資源壟斷性形成的張伯倫租金和因資源稀缺性形成的李嘉圖租金的融合體[1]。按照張五常對租金的理解，當對某種資源要素（或某些資源要素組合）進行效用不同的配置時，在某種資源要素（或某些資源要素組合）的使用成本不變的同時卻產生了使用某種資源要素（或某些資源要素組合）收益的增加，增加的使用收益與不變使用成本的差值就形成某種資源要素（或某些資源要素組合）的租金。因此，關係資本租金就是增加的關係資本使用收益與不變的關係資本使用成本的差值，是一種超額利潤[2]。已經形成關係資本網的產業價值鏈上的某一戰略聯盟企業在和鏈上的其他戰略聯盟企業在對人、財、物和信息等資源要素進行長期重複互動的交易過程中就會逐步拓展對彼此的相互瞭解和理解，在此基礎上就會培育並形成相互之間基於尊重信任和互惠共享的特殊的關係資本網。這種特殊的關係資本網本身是一種非正式的契約製度設計，在防範不同戰略聯盟企業出於自利動機而產生的機會主義行為的同時也有效地降低了不同戰略聯盟企業對人、財、物、信息等資源要素的交易成本，為形成這種特殊關係資本網的戰略聯盟企業創造出特殊的效益差異價值。這種特殊的效益差異價值本質上是一種超額利潤，是能夠為形成特殊關係資本網的戰略聯

---

[1] 張項英.關係資本驅動企業績效有效性研究［D］.蘭州：蘭州商學院，2014.
[2] 向體.關係資本及其價值的研究［D］.成都：西南財經大學，2007.

盟企業創造的預期收益超過機會成本的租金收益。和沒有形成這種特殊關係資本網的其他戰略聯盟企業相比較，這種特殊關係資本網具有價值創造的特殊性和收益形成的異質性特徵。價值創造的特殊性表明這種特定的租金是戰略聯盟企業由於對關係資本網資源的壟斷而形成的，因此具有張伯倫租金屬性，收益形成的異質性或者差異性表明關係資本網資源是一種稀缺性資源，這種稀缺性資源源自關係資本網的異質互補，只有當產業價值鏈上戰略聯盟企業已經形成這種異質互補的關係資本網并且能夠共享這種異質互補的稀缺性資源時，才能為不同的戰略聯盟企業帶來異質性或者差異性收益，因此關係資本租金具有李嘉圖租金屬性。可見，這種關係資本租金在單個企業單向的人、財、物交易關係中是不可能產生的，只有在已經形成關係資本網的不同企業雙向的人、財、物交易關係情形下才有可能實現。關係資本網具有的價值創造特殊性和收益形成異質性特徵使得擁有關係資本網的戰略聯盟企業自然而然就能獲取超過平均利潤的關係資本租金。這種關係資本租金會隨著對關係資本網培育經營狀況的變化而變化。基於上述分析，關係資本租金同時具備張伯倫租金和李嘉圖租金屬性，是張伯倫租金和李嘉圖租金屬性的融合體。

第二節　關係資本與財務價值估值決策

基於關係資本的財務價值估值決策就是借助現有估值模型或技術以及通過各種方式獲取的數據支撐來估算關係資本對財務價值創造的貢獻度，并通過定量量化值來回答關係資本創造財務價值大小或多少的命題。可見，能夠直接影響基於關係資本財務價值估值決策的估值因素主要是對估值模型或技術的合理有效選擇、對能夠支撐估值模型或技術具備可操作性而得以進行和能夠得出較為精確的估算結果，并具備較強解釋能力的數據兩個方面。換言之，估值模型或技術的可操作性和支撐估值有序進行的數據是影響關係資本導向的財務價值估值決策的兩個核心因素。合理有效的估值模型或技術是引導獲取大樣本支撐數據的關鍵。因此，關係資本導向的財務價值估值決策首先要解決的基本問題就是如何科學高效地選擇估值模型或技術。

一、關係資本財務價值估值類型

儘管現有研究文獻提供了對關係資本進行估值的一些思路和方法。比如，林南（1982）提出用關係強度來測度個體關係資本層面個體所能夠擁有或控制的社會資源數量和質量；Bourdieu（1986）認為可以用關係網規模和不同形式資本佔有量來有效衡量組織或個體的社會資本；Coleman（1994）認為個體的社會關係網數量、規模和差異度以及資源獲取力四個方面決定著個體社會資本擁有量且兩者之間正相關；Nahapiet 和 Ghoshal（1998）主張從結構維度、關係維度和認知維度來衡量關係資本；Roy（2005）提出從關係強度、關係質量、關係緊密性、關係數量四個方面來反應戰略聯盟企業之間的關係資本；吳娜（2007）主張從關係資本密集度、關係資本強度兩個方面估算關係資

本；彭星間、龍怒（2004）提出了測度關係資本的現金流量折現法；Kaplan 和 Norton（1992）提出將財務指標和非財務指標結合在一起來進行財務價值管理的平衡記分卡法；Eddvinson（2002）提出了對智力資本進行管理和報告的「智力資本導航器模型」；安永會計師事務所（2002）推出了估算關係資本價值的價值創造指數法……總體上看，這些估值思路可進一步區分為整體估值法、分類估值法和系統估值法三類[①]。

1. 整體估值法

整體估值法是指立足於關係資本對企業價值創造貢獻度的整體視角，借助無形資本創造企業價值的估值方法思路，基於財務數據支撐的財務指標在修正傳統的無形資本價值創造會計估值方法基礎上而形成的整體估算關係資本價值創造的一類方法。常用的整體估值法分為成本計量估值法和價值計量估值法兩類。成本計量估值法又包括基於歷史成本的計量估值法、基於重置成本的計量估值法和基於機會成本的計量估值法；價值計量估值法又包括基於未來收益（或工資報酬）折現估值法、基於未來收益（或工資報酬）調整的折現估值法、基於隨機報酬的價值估值法和基於 EVA 價值估值法。Bamckkv & Schwariz（1971）首次提出了基於未來收益（或工資報酬）折現估值法的基本思路：將企業從錄用一個員工到辭退該員工預計支出的薪酬倒推出該員工關係資本預計創造的未來收益按一定折現率折現後的現值就是該員工關係資本創造的價值。基於未來收益（或工資報酬）調整的折現估值法就是通過對未來收益（或工資報酬）乘以效率係數（企業盈利能力和企業所在行業平均盈利能力的差）來確定關係資本價值創造的一種方法。基於隨機報酬的價值估值法就是將企業員工在預計服務年限、不同的服務狀態的概率和特定服務狀態所能夠創造的價值進行相乘來確定關係資本價值創造的一種方法。

整體估值法試圖通過融合財務估值方法和會計報表提供的信息在對傳統的無形資本創造企業價值估值方法進行拓展的基礎上從整體上測度關係資本對企業價值創造的貢獻度，這種思路因為對企業關係資本的投資交易提供的定量的支撐數據而具有創新性。但是，企業利益相關者締結的關係資本具有不同的類型和表現形式，這些不同類型和表現形式的關係資本的價值創造機理呈現出較大的差異性，因此，不考慮不同類型和表現形式的關係資本價值創造途徑和作用機理得出的估值結果也就失去了對關係資本進行有效管理的意義。

2. 分類估值法

分類估值法是在修正整體估值法在估算關係資本價值創造時不考慮不同類型的關係資本和不同表現形式關係資本價值創造途徑和作用機理缺陷基礎上，借助智力資本非貨幣計量思路對關係資本創造的財務價值進行估值的一種方法。其基本思路在於：企業不同類型關係資本的形成具有各自的特殊性，這一特殊性決定了不同的關係資本創造企業財務價值作用機理的特殊性。因此，表現在基於一定標準將關係資本按照創造財務價值作用機理的特殊性進行科學分類的基礎上，針對不同類型關係資本進行相關測度指標的設計，并根據設計的估值指標在獲取基本數據支持的前提下進行不同類型關係資本財務

---

① 楊孝海.企業關係資本與價值創造關係研究［D］.成都：西南財經大學，2010：121.

價值貢獻度的具體評價。典型的分類估值法主要有：① 1997 年 Sveiby 推出的無形資產監控器（Intangble Asset Monitor Model，IAMM）模型。IAMM 基於企業雇員是企業價值創造并獲取可持續利潤的唯一的驅動因素，當企業雇員通過各種途徑和方式獲取并累積的知識庫存被企業內外部利益相關者作用於企業內外部價值創造時，就會形成相應的關係資本價值創造的內外部結構。因此，關係資本外部結構、關係資本內部結構和企業雇員的價值創造能力形成 IAMM 的橫向矩陣結構，而關係資本所創造價值的成長創新性流量、穩定性存量和信息價值效率則形成 IAMM 的縱向矩陣結構。因此，IAMM 就是由縱橫向三個維度構成的度量關係資本價值創造度的一個 [3，3] 矩陣。這一矩陣結構估值模式主要涉及基於客戶平均銷售額的平均收益率；基於客戶滿意度的忠誠客戶和重大客戶所佔有的比例，忠誠客戶和重大客戶重複消費頻率；基於企業不同專業人員和輔助人員平均年齡與工作資歷的員流動程度；基於企業不同專業人員和輔助人員所占比例的平均銷售額和盈利價值的增加程度；基於從業時間、培訓教育成本所形成關係資本的企業內部資本投資和系統處理關係資本的信息資本投資等不同的指標。② 1996 年 Brooking 推出的技術經紀人審計計量模型（Technology Broker Audit Measurement Model，TBAMM）。TBAMM 試圖從企業外部審計人員對企業內部關係資本管理績效進行審核與診斷的視角對企業關係資本價值創造度進行全面詳細的非財務估算與考評，在分類計量、反應企業關係資本價值創造程度的同時，對企業關係資本價值創造管理可能的改進方向和路徑進行分析探討。其基本思路就是通過設計基於銷售方式形成的經常性客戶、雇員對形成關係資本的合理化建議而提升的企業研發技能和管理程序等非財務指標的審計問題來具體衡量企業關係資本價值創造現狀，然後將不同的企業類型關係資本細化為市場關係資本、知識產權關係資本、人力關係資本以和基礎結構關係資本四大模塊。通過設計諸如企業品牌名稱的定單審計問答題、客戶協作審計問答題等 50 個市場關係資本審計問答題；專利版權、商業秘密等 22 個知識產權關係資本審計問答題；員工工作能力教育培訓、員工職業和職業估值、人力關係資本管理等 50 個人力關係資本審計問答題；協調組織文化的管理哲學、信息技術數據庫系統等 58 個基礎結構關係資本審計問答題等共計 180 個審計問題[①]來全面估算企業關係資本價值創造度。③安永會計事務所推出的價值創造指數模型（Value Creation Index Model，VCIM）。VCIM 本質上是一種通過市場調查數據來確定影響關係資本價值創造驅動因素的方法。其基本思路在於：企業的技術創新、基於品牌質量的客戶關係價值、基於內外部財務環境的管理聯盟能力等非財務性指標是影響企業關係資本價值增加的價值驅動因素。企業現有關係資本所創造的財務價值取決於未來關係資本價值創造驅動因素的影響。在這些關係資本價值創造驅動因素中，創新、技術、質量、品牌價值、顧客關係、員工、管理能力、環境與社團型聯盟[②]九個驅動因素涉及關係資本價值創造的方方面面。同時，安永會計事務所進行的實證研究表明價值創造指數和企業關係資本市場價值的相關係數為 0.7，價值創造指數每增加 10 個

---

① 冉秋紅. 智力資本管理會計研究 [D]. 武漢：武漢大學，2005：68.
② 楊孝海. 企業關係資本與價值創造關係研究 [D]. 成都：西南財經大學，2010：55-56.

百分點，企業關係資本市場價值相應會增加5個百分點①。從整體上看，VCIM試圖通過市場調查數據來為關係資本的價值估值提供一種相對客觀的方法。基於市場調查數據確定的不可或缺的關係資本價值驅動因素以及這些不可或缺驅動因素的權重提升了企業關係資本市場價值估算的相關度，有助於估值人員和企業管理者全面把握關係資本價值驅動因素。遺憾的是，VCIM并沒有揭示這些不可或缺的關係資本價值驅動因素之間的相互作用關係，以及它們不同方式的耦合對關係資本價值創造的貢獻度。

3. 系統估值法

關係資本進行企業財務價值創造是企業內外部關係契約締約人動態博弈的過程，是一個由關係契約締約人構成的動態博弈系統。在這一動態博弈系統中，不同類型的關係資本在相互轉化作用博弈中體現出對企業財務價值創造的槓桿貢獻度。因此，後續研究者提出應基於動態系統思路來估算關係資本所創造的企業財務價值，形成估算關係資本創造財務價值的系統估值法。典型的系統估值法主要有：① Edvinsson & Malone（1997）提出的斯堪迪亞導航器模型（Scandia Navigator Model，SNM）。SNM是狀如房形的由客戶資本、價值流程資本、創新發展資本、人力要素資本構成的用來估算企業關係資本創造的非貨幣計量價值的模型。在這一房形導航器模型中，價值流程資本和客戶資本是支撐房形的牆體，創新發展資本是支撐房形的地基，房頂則是由財務資本表示的財務價值。從整體上分析，SNM是以人力要素資本為核心來表示在由客戶資本、價值流程資本、創新發展資本等形成的智力資本與財務資本的相互作用過程中來實現關係資本創造的財務價值的。而貫穿於客戶資本、價值流程資本、創新發展資本、人力要素資本等財務資本中大量的非財務計量指標（共計93項指標）設計與應用使得SNM更為系統全面地反應了關係資本對企業財務價值的貢獻度。其中，客戶資本共設計了基於企業市場佔有的客戶滿意度指數、客戶員工數占比、服務費用與客戶合約數占比、企業年度銷量和客戶數占比等20項核心指標；價值流程資本共設計了管理費用和企業員工總數占比、管理費用和企業營業收入總數占比等19項核心指標；創新發展資本共設計了企業研發費和管理費用占比，企業培訓費總數和管理費用占比、業務拓展費總數和管理費用占比等32項核心指標；人力要素資本共設計了企業員工總數和流動率、企業員工平均年薪和基於平均聘用期的全職員工平均年薪等22項核心指標。②智力資本帳戶模型（Intellectual Capital Account Model，ICAM）。ICAM以企業的戰略願景目標為導向，將企業的智力資本縱向細分為人力要素資本、客戶資本、技術資本和價值流程資本四個維度，通過橫向設計的對人力要素資本、客戶資本、技術資本和價值流程資本進行的存量計量（企業關係資本存量表現）、管理行為計量（企業關係資本是否創造了財務價值）和績效計量（企業關係資本怎樣創造財務價值）三個維度的計量，形成估算關係資本價值創造的［3，4］矩陣。其中，人力要素資本的存量計量主要分析人力資本專家的教育資歷和數量，管理行為計量主要分析員工教育成本的更新率，績效計量主要分析員工關係資本為

---

① 楊孝海.企業關係資本與價值創造關係研究［D］.成都：西南財經大學，2010：55-56.

企業形成的財務價值增值。③ Baruch Lev 提出的價值鏈記分板模型（Value Chain Scoreboard Model，VCSM）。VCSM 是一個能夠為企業內外部利益相關者提供企業借助其擁有或控製的各種核心能力要素在進行核心能力要素創新過程中實現企業財務價值創造的信息系統。這一信息系統本質上是由對發現新的產品或服務的創新觀點、開發和實施創新發現觀點以及創新發現觀點商業化構成的企業基本經濟活動價值鏈上通過設計相關指標來度量企業價值創造的實現程度的。一般而言，在構成價值鏈信息系統的三個不同環節（發現創新觀點、開發和實施創新觀點和創新觀點商業化）上設計并選擇相關創新價值鏈指標時，應以可操作的定量化標準和能夠進行數據支撐的統計實證為導向。在發現創新觀點這一環節設計的具體計量指標可能來源於企業內部對人力資本進行培訓開發的研發投入信息共享，也可能來源於企業外部購買技術資本獲取能力的學習和模仿，供應商和客戶對企業生產經營過程的一體化參與分享而形成的企業關係網同樣是發現創新觀點具體計量指標設計的源泉；在開發和實施創新觀點環節表明了企業將發現的創新觀點轉換為企業生產新產品或提供創新服務的可能性與能力，其價值在於為企業內部經營管理者和外部的風險資本投資者提供了估算風險資本價值的信息指標根據。因此，這一環節的指標設計通常圍繞企業的特許協議等擁有知識產權能力、小規模技術試驗的可行性和互聯網交易對象來進行；在創新觀點商業化環節，企業生產的新產品或提供的創新服務通過市場交易形成企業的現金流收益。因此，基於客戶市場佔有率和企業品牌價值、客戶資本市場價值的企業財務績效是定量度量企業創新成功并進行相關具體指標設計的重要依據。同時，企業已實現的財務價值進一步提供了新產品或創新服務價值增值的未來信息。

二、關係資本財務價值估值的具體方法

上述估算關係資本價值創造貢獻度的各種不同模型為度量關係資本為企業創造的財務價值提供了較好的思路。但這些不同模型具有共同的缺陷性：都是無法直接用貨幣進行計量的模型，都無法直接利用財務報表提供的各種數據進行關係資本財務價值估值。由於無法有效對接財會報表提供的各種長面板數據，因此儘管這些模型提供了關係資本創造財務價值的估值思路，但利用這些模型進行估值實踐，得出的結論具有較大的誤差并且實證結論的解釋能力比較差。導致這一問題產生的本質原因在於這些模型的估值思路割裂了貨幣計量這一財務、會計學的基本假定，因此，這些模型不是財務學意義上的估值模型或技術、方法。事實上，立足於會計學視角，企業的關係資本是企業擁有或能夠控製的一種無形資產，要將這種無形資產的收益反應在會計報表中，必須滿足貨幣可計量這一基本屬性，如果這一條件無法滿足，只能將關係資本收益在表外進行披露；立足於財務學視角，企業的關係資本是企業擁有或能夠控製的一種無形資本，這種無形資本對企業正常生產經營活動的作用影響、對企業財務價值創造的貢獻度是隨著企業所在內外部財務環境的變遷而動態變化的，體現出多次性、長期性、間接性特徵。同時，儘管財務學（或會計學）意義上的關係資本創造的財務價值可定性理解為經營關係資本獲取的收益減去使用關係資本的成本，但定量準確估算企業對關係資本的投資額和收益額

顯然具有相當的難度。

從現有關係資本財務價值估值的研究文獻分析，除彭星呂、龍怒（2004）提出利用現金流折現法①估算關係資本創造的財務價值外，國內外研究文獻基本上沒有提出財務學（或會計學）意義上的估算關係資本創造財務價值的方法或技術。鑒於此，我們仍然借鑑彭星呂、龍怒（2004）現金流折現法思路來說明在財務學（或會計學）上如何對關係資本創造的價值進行估值。

關係資本現金流折現估值法立足於某一財務現實中的企業實體，將企業的關係資本首先進行單一關係資本和集合關係資本的區分，即為研究問題方便，人為地將企業關係資本區分為企業擁有單一關係資本和企業擁有多個關係資本的集合這兩種不同類型，然後將作業成本法和淨現值比較法結合起來來具體估算企業投資關係資本的意義與可能獲取的淨收益。作業成本法有助於將關係資本創造價值的差異性和企業會計報表數據對接起來，實現了估值的可操作性；而財務學上的淨現值比較法能夠充分揭示關係資本投資項目的可行性和企業對關係資本項目進行投資和不投資財務決策時獲取淨收益的差異性。

假定企業的營運戰略局限於關係資本經營戰略，N 表示企業可持續經營期限，n 表示企業經營關係資本的期限，一般而言，$n \leq N$。RCS 表示關係資本強度（Relationship Capital Strength，RCS），RCC 表示在 n 期內保持不變的關係資本成本（Relationship Capital Cost，RCC），$TRBY_0$ 表示進行關係資本投資交易前一年的基期年總收益（Total Revenue Base Year，TRBY），$TCBY_0$ 表示進行關係資本投資交易前一年的基期年總成本（Total Cost Base Year，TCBY），$TI_t(TRBY_0, RCS, n)$ 表示第 t 期關係資本為企業創造的現金流總收益（Total Income，TI）是基期年總收益、關係資本強度、關係資本期限三者的函數，$TC_t(TCBY_0, RCS, n)$ 表示第 t 期企業進行關係資本交易耗費的現金流總成本（Total Cost，TC）是基期年總成本、關係資本強度、關係資本期限三者的函數，$IC_t(TI_t, TC_t, RCS, n)$ 表示第 t 期企業在構建、應用關係資本時的投資資本（Invested Capital，IC）是第 t 期現金流總收益、第 t 期現金流總成本和關係資本強度以及關係資本期限四者的函數。在上述假定條件下，關係資本創造的財務價值可估算如下：

1. 某一特定企業單一關係資本財務價值估算

$$NPV_t = \sum_{t=1}^{n} \frac{[TI_t(TYBR_0, RCS, n) - TRBY_0(1+RCC)^t] + [TCBY_0(1+RCC)^t - TC_t(TCBY_0, RCS, n)] - IC_t(TI_t, TC_t, RCS, n)}{(1+RCC)^t}$$

公式（5-1）

公式（5-1）表明：① $NPV>0$ 意味著企業與其內外部不可或缺利益相關者在構建、保持、發展關係資本時，關係資本的交易成本小於企業因關係資本而能夠獲取的現金流收益。這時，企業值得進行關係資本投資交易并且 NPV 與關係資本為企業實現的現金流收益、對企業財務價值的貢獻度三者之間正相關，同向變動。② $NPV=0$ 意味著企業與

---

① 彭星呂，龍怒. 關係資本——構建企業新的競爭優勢 [J]. 財貿研究，2004（5）：51-52.

其內外部不可或缺利益相關者在構建、保持、發展關係資本時，關係資本的交易成本等於企業因關係資本而能夠獲取的現金流收益。這時，企業無論是否進行關係資本投資交易都不能夠獲取因關係資本創造的任何收益。③$NPV<0$意味著企業與其內外部不可或缺利益相關者在構建、保持、發展關係資本時，關係資本的交易成本大於企業因關係資本而能夠獲取的現金流收益。這時，企業不應該進行關係資本投資交易，并且NPV與關係資本為企業實現的現金流收益、對企業財務價值的貢獻度三者之間負相關，反向變動。這時，企業切實可行的應對策略不外乎兩種選擇：或者解除已經形成的戰略聯盟關係資本網；或者和戰略聯盟關係資本網上不可或缺的利益相關者加強反覆交流協調溝通，以達到$NPV>0$的結果。

2. 某一特定企業集合關係資本財務價值估算

某一特定企業集合關係資本創造的財務價值就是單一關係資本財務價值的和。在利用公式（5-1）估算出單一關係資本財務價值時，通過對NPV_i加總就可以確定集合關係資本財務價值。如果用SNPV表示集合淨現值（Set Net Present Value，SNPV），s指企業已經構建并擁有的產生財務收益的關係資本總數，則$SNPV$可用公式（5-2）進行如下估算：

$$SNPV = \sum_{i=1}^{s} NPV_i \qquad 公式（5-2）$$

公式（5-2）的價值在於為企業管理者是否要進行關係資本投資以構建戰略聯盟關係資本網提供了決策思路：$SNPV>0$表明企業進行關係資本投資并構建戰略聯盟關係資本網有助於企業整體社會關係資本資源的優化配置，這對提升企業財務價值創造和企業對社會的福利貢獻必將產生積極的推動作用；反之，$SNPV<0$可能意味著$NPV_t<0$（$t=1, 2, \cdots, n$），表明現在存在的戰略聯盟關係資本網無助於提升企業財務價值創造，這時企業應該終止與那些使得$NPV<0$的戰略聯盟進一步締結關係資本網。企業進行關係資本投資并構建戰略聯盟關係資本網的最基本決策支點在於盡可能同時使得$SNPV$、NPV都實現最大化。

第三節　關係資本與財務價值管理決策

基於關係資本的企業財務價值管理決策涉及兩方面的決策命題：①用什麼樣的方法或者工具來提升關係資本對企業財務價值創造的貢獻度？②針對中國企業關係資本創造財務價值的現狀，基於價值增值視角應如何管理關係資本？第一個命題涉及基於關係資本的財務價值管理決策方法，第二個命題涉及基於關係資本的財務價值管理決策的途徑或者措施。

一、基於關係資本的財務價值管理決策方法

1. 財務績效測度考評技術的演進與財務價值管理決策方法的選擇

財務績效測度考評是進行財務價值管理決策的基礎。如果無法應用行之有效的技術或方法對企業生產經營過程中的財務價值創造績效進行測度考評，那麼進行財務價值管理決策就失去了激勵約束的製度動力。設計財務績效測度考評的指標體系是財務績效測度考評系統的基礎。因此，如何將財務績效測度考評的關鍵驅動要素準確內化為構成測度考評指標體系的各項具體的可測度指標成為財務績效測度考評系統首先要解決的問題。解決將測度考評內容轉換為具體測度指標設計問題的關鍵因素在於測度考評技術或方法的選擇和應用。對財務績效測度考評技術或方法的科學選擇和高效應用一方面決定著由測度考評內容轉換為具體測度指標設計問題，另一方面也直接影響著財務價值管理決策方法的科學性。

基於所有權和控制權相互分離的現代企業製度的構建客觀上催生了企業績效測度考評體系的形成和完善。一方面，作為擁有資本所有權的投資資本所有者，由於不具體從事企業的生產經營活動，其衡量企業經營管理者是否實現了資本保值增值的有效途徑就是對企業經營管理者進行績效考評，而企業經營管理者為了履行資本所有者的委託經濟責任就必須在經營管理企業的生產經營活動中強化內部控製以實現資本的保值增值。另一方面，對企業進行績效測度考評也是企業利益相關者進行企業管理的客觀需求，這一客觀需求是通過構建具體的績效考評指標以形成績效測度考評體系來實現的，而企業生產經營管理環境的動態變遷既是推動績效測度考評體系不斷成熟完善的直接驅動力，也直接決定著績效測度考評技術的不斷完善以及決定著反應企業生產經營目標的績效考評指標的科學選擇和構建。現代意義上的企業績效測度考評源自20世紀後期西方發達國家對企業業績評價的普遍重視與研究。企業財務環境經歷了從生產管理階段向經營管理階段再向戰略管理階段的動態變遷，相應的企業績效測度考評體系也演繹著從成本指標導向的績效測度考評體系，到財務指標導向的績效測度考評體系，再到以財務與非財務指標相融合的戰略指標為導向的績效測度考評體系的發展演進，可從以下兩個方面進行具體描述：

（1）以財務成本指標為導向的傳統績效測度考評階段。19世紀初，西方紡織行業經營管理者設計出基於每碼成本或每磅成本的紡織品編碼數量指標來考評經營業績，鐵路行業設計出基於噸公里①成本的噸公里量指標來考評經營業績，從事商品交易的商業經營管理者設計出銷售收入與銷售成本比、毛利、商品週轉率等指標來考評經營業績……上述考評指標的共性就是依據不同行業生產經營活動中所生產產品的類型，基於生產銷售過程中市場交易的信息對稱而將企業外部利益相關者投入的生產要素資源直接轉換為可供銷售的產成品或銷售過程中實現的銷售收益來測度企業的經營業績。本質

---

① 貨物運輸的計量單位，例如100噸公里表示所運輸貨物的噸數與公里數的乘積為100。

上，這一時期的績效測度考評僅僅是一種統計指標考核，算不上是對企業進行的績效測度考評。19世紀中葉興起的科學管理運動直接催生了標準成本管理製度的形成，基於標準成本的實施和實施中與實際成本的差異分析成為這一時期衡量企業經營績效的核心指標。19世紀初，沃爾的專著《信用晴雨表研究》《財務報表比率分析》開財務報表分析績效考評模式之先河，而1903年杜邦公司推出的基於權益報酬率的杜邦綜合財務分析體系將財務報表分析績效考評模式推進到進行財務績效綜合考評的新高度。1971年，Mernnes提出用淨資產報酬率（RONA）替代投資報酬率（ROI）進行企業績效考評的新思路；1979年，Person & Lezzig提出用每股收益（EPS）指標、內含報酬率（IRR）指標考評企業績效的新思路；1986年，Rappaport基於淨現值思想，在權衡企業現金流、WACC、企業價值的潛在增長等因素基礎上提出衡量股東價值的模型。Rappaport股東價值模型具有里程碑意義：在引發財務學目標定位從利潤最大化向股東價值最大化拓展演變的同時，對財務價值決策的價值創造決策、價值管理決策也產生了深刻的影響，直接催生了VBM框架的形成。1991年，Stewart公司推出了測度企業績效的EVA指標和MVA指標。EVA指標和MVA指標在全球範圍內跨國公司績效考評的成功實踐應用使得其成為對企業進行財務績效評價不可或缺的最基本方法或技術。針對EVA指標和MVA指標在績效考評實踐中存在的缺陷，1997年Jeffery等人提出用投資資本的市場價值來修正投資資本的帳面價值，以拓展經濟增加值應用範圍的REVA指標。至此，以財務成本指標為導向的傳統績效測度考評體系在實踐應用中達到了里程碑式的高度。

（2）以戰略指標為導向的現代績效測度考評階段。伴隨著經濟全球化進程和互聯網信息技術的普及推廣，具有生命週期的企業組織面臨著越來越動盪的、越來越殘酷的市場競爭。這些競爭壓力既來自於國內不同的企業，也來自於世界範圍內的跨國公司。同時，知識經濟時代，以智力資本、關係資本為代表的無形資本在企業價值創造中扮演著越來越重要的角色，這些無形資本創造的財務價值的共性特徵在於對其收益測度的不確定性。換言之，儘管學術界和實務界都深刻感受到這些無形資本對財務價值創造的巨大貢獻度，但囿於財務學估值技術、方法的局限性或會計學計量標準的特定實效性，對這些收益不確定的無形資本無法用財務指標或會計指標進行精確的測度考評，同時非戰略導向的各種財務績效考評指標實踐應用中的混亂無序性狀態也激發了研究者對企業績效測度考評的普遍思考和關注。因此，如何設計出一套全新的企業績效測度考評體系成為企業財務價值管理決策面臨的最大挑戰。

財務學的本質在於在能夠揭示企業擁有或控製的各種要素資本在價值創造、實現價值增值基礎上對企業這些要素資本創造的價值實現的增值進行科學的財務估值，以提供進行財務價值管理決策所需要的各種財務信息。基於VBM，實現企業財務價值創造并增值的核心在於不可或缺的價值驅動因素。不可或缺的價值驅動因素基於企業核心競爭力理論、企業核心戰略流程理論在整體反應企業本期財務狀況、經營成果和現金流的同時，更加關注企業可持續競爭優勢的獲取和可持續財務價值的創造。因此，設計全新的企業績效測度考評體系必須突顯不可或缺的價值驅動因素，而設計全新的企業績效測度

考評指標的關鍵在於構建以戰略性財務價值創造為導向，在揭示不可或缺的價值驅動因素的同時實現財務績效考核指標與非財務績效考核指標在同一框架內的高效耦合。1992年，Kaplan & Norton 提出的平衡計分卡（Balanced Scorecard, BSC）提供了構建這一全新的企業績效測度考評體系的分析思路和理論基礎，是這一全新的企業績效測度考評體系的代名詞。

2. 平衡計分卡的基本原理

1992 年，Kaplan 和 Norton 提出績效測度考評的全新工具——平衡計分卡被《哈佛商業評論》認為是「20 世紀最具影響力的管理概念和 75 年來最偉大的管理工具」，在《財富》雜誌排名前 1,000 位的全球公司中，大約有 70% 的公司應用平衡計分卡進行企業財務績效的測度考評①。為夯實平衡計分卡的理論基礎和實踐應用價值，自 1992 年始，Kaplan & Norton 連續在《哈佛商業評論》上發表了六篇有關平衡計分卡的論文，出版了四部關於平衡計分卡應用的專著。其中，六篇論文分別是：1992 年 2 月發表的提綱挈領論述平衡計分卡的論文 The Balanced Scorecard Measures that Drive Performance，1993 年 9 月發表的總結借助平衡計分卡進行績效測度考評實踐的論文 Putting the Balanced Scorecard to Work，1996 年 1 月發表的應用平衡計分卡構建企業戰略管理系統的論文 Using the Balanced Scorecard as a Strategic System，2000 年 9 月發表的將平衡計分卡四個維度發展為戰略地圖用以刻畫企業進行戰略目標定位時可操作性路徑的論文《戰略困擾你？把它繪成圖》，2004 年 2 月發表的借助平衡計分卡進行無形資產估值的論文《評估無形資產的戰略準備度》，2005 年 10 月發表的論述企業應如何構建並管理平衡計分卡系統進行平衡計分卡組織關係協調的論文《戰略管理辦公室》。四部專著分別是：1996 年出版的反應平衡計分卡理論體系初步形成的專著《平衡計分卡：化戰略為行動》②，2001 年出版的基於如何將企業打造為戰略中心導向的組織用以解決企業實踐平衡計分卡時普遍存在的從戰略形成到戰略有效運行的戰略管理命題的專著《戰略中心型組織》，2003 年出版的企業應如何編制戰略地圖以進行企業財務價值創造和如何將戰略地圖、平衡計分卡、戰略中心型組織三個戰略實施要素有機耦合起來形成戰略實施的新模式以及論述三個戰略實施要素之間相互關係（如果你不能衡量那麼你就不能管理，如果你不能描述那麼你就不能衡量③）的專著《戰略地圖——化無形資產為有形成果》，2005 年出版的論述企業應如何通過組織協同來實施利益相關者戰略以提升企業戰略管理績效的專著《組織協同》。

就二維平面結構而言，平衡計分卡由財務維度、客戶維度、內部業務經營流程維度和學習成長維度四個維度構成。基本思路在於如何將企業可持續發展前提下為企業利益相關者可持續創造財務價值的遠景戰略具體轉換為財務維度（衡量股東價值最大化導向

---

① 杜勝利. 平衡計分卡理論的發展演進 [J]. 經濟導刊, 2007 (12): 56.
② 羅伯特・卡普蘭, 戴維・諾頓. 平衡計分卡——化戰略為行動 [M]. 劉俊勇, 孫薇, 譯. 廣州：廣東經濟出版社, 2004.
③ 杜勝利. 平衡計分卡理論的發展演進 [J]. 經濟導刊, 2007 (12): 57.

的企業財務績效)、客戶維度(衡量市場細分份額拓展導向的客戶資本為企業創造的價值績效)、內部業務經營流程維度(衡量在現有業務經營流程不斷完善的同時構建以創新業務經營流程為導向的企業創新能力績效、生產經營和售後服務績效)、學習成長維度(衡量企業雇員價值創造能力不斷提升導向的企業信息系統的激勵協能力績效)四個財務與非財務維度的具體測度考評指標,以期為企業的績效測度考評設計出既能夠突破傳統財務績效考評指標實踐應用中存在的先天性缺陷,又能夠和非財務績效考評指標相匹配來突顯企業遠景戰略,財務維度與非財務維度因果(貫穿現在和未來,能夠將現在實施遠景戰略獲取的財務價值績效和驅動未來財務價值創造的非財務要素結合在一起的因果關係鏈)平衡(以非財務維度的企業長期遠景發展獲取可持續核心競爭力與財務維度股東對企業短期財務報表績效的控製相平衡為導向,實現企業短期財務目標和長期持續發展目標的相互平衡、內部利益相關者的測度考評與外部利益相關者的測度考評的相互平衡、客觀財務考評指標和主觀非財務考評指標之間的相互平衡、現在財務價值創造結果和未來財務價值創造驅動要素之間的相互平衡)的全新的企業績效測度考評體系。此外,如何將企業可持續發展前提下可持續財務價值創造的長期遠景戰略目標轉化為股東價值最大化導向的股東所能測度控製的短期財務報表戰術績效,使得企業的長期願景戰略目標層層分解為企業不同層次管理者和雇員的不同階段具體可操作的財務價值創造指標,以期短期戰術目標服務於長期戰略目標是設計平衡計分卡時必須考慮并解決的又一核心問題。

就設計具體的測度考評指標而言,財務維度的一級指標涉及在成本得到有效控製并降低前提下,企業資產利用率的提升和營運收益的不斷增加,這些一級指標可進一步分解為應收帳款與存貨週轉率、成本降低率、資產負債率、投資報酬率、淨資產收益率、銷售淨利率和 EVA 等具體的二級指標。客戶維度可設計企業市場份額細分率、獲取顧客保有率、顧客滿意美譽度、顧客財務價值創造度等指標。內部業務經營流程維度的一級指標涉及企業創新產品的能力、產品生產和後續服務等方面,這些一級指標可進一步分解為新產品開發週期、研發費用營業利潤占比、新產品收益占總收益比、產品服務成本質量、產品生產經營週轉期、顧客付款期等具體的二級指標。學習成長維度的一級指標涉及在企業雇員價值創造能力不斷提升時企業信息系統的激勵協作能力,這些一級指標可進一步分解為雇員培訓時間和頻率、雇員工作滿意效率、雇員專業知識更新率、信息系統信息覆蓋率和反饋期、雇員合理化建議提供採納比等。綜上所述,可將平衡計分卡基本原理結構用圖 5-1 描述如下:

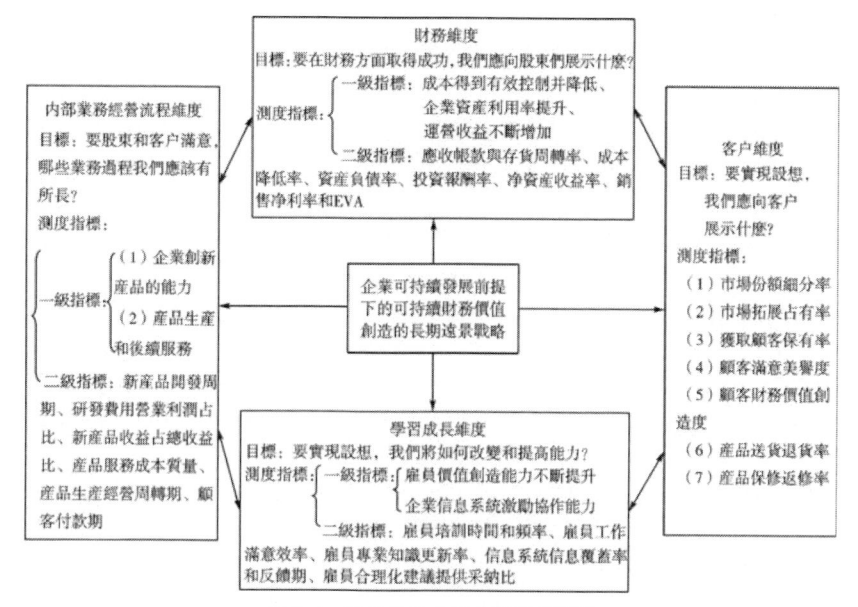

圖 5-1　平衡計分卡基本原理結構圖

資料來源：根據 Robert S. Kaplan and David P. Norton．Using the Balanced Scorecard as a Strategic Management System［J］．Harvard Business Review，1996（1-2）的相關思想整理得出。

3. 基於關係資本的財務價值測度考評管理

就企業與顧客形成的關係資本測度而言，Bontis（1998）認為可從企業是否通過和顧客的交流溝通從而建立起長期信任關係來設計測度指標；Dzinkowski（2000）認為可從企業為顧客提供產品和服務的及時性以及提供產品和服務的質量高低來設計測度指標；Marques &Simon（2003）則從企業是否構建起忠誠顧客消費企業某品牌產品和服務的數據庫以及能否高效運用這些數據庫來設計測度指標；楊孝海（2010）認為測度關係資本創造企業價值的技術可歸納為 Tobin Q 系數、Lev 估值模型、面向未來會計、價值創造指數、EVA 五類[1]；冉秋紅（2005）將智力資本的計量方法歸納為貨幣計量技術和非貨幣計量技術兩類。其中，貨幣計量技術主要有實際發生成本計量法，市場價值計量法（包括市帳率、Tobin Q 系數），經濟價值（產出價值）計量法（包括計算價值法、知識資本收益法）；非貨幣計量技術主要有 Scandia Navigator 模型、無形資產監控器模型、技術經紀人審計計量模型，智力資本帳戶模型，價值鏈記分板等[2]。張項英（2014）在定義關係資本概念、區分關係資本結構維度和分析探討了關係資本價值創造路徑的基礎上利用平衡計分卡來測度關係資本對企業價值創造的貢獻度。實證結果表明企業和內外部利益相關者（比如，企業內部員工、企業與顧客、企業與分銷商供應商、企業與政府部門、企業與高校科研院所）締結、構建形成的關係資本網有助於促進企業財務績效的正

---

[1]　楊孝海．企業關係資本與價值創造關係研究［D］．成都：西南財經大學，2010：54-56．
[2]　冉秋紅．智力資本管理會計研究［D］．武漢：武漢大學，2005：62-69．

向提升。①

　　整合上述研究文獻對測度關係資本創造財務價值的技術方法和具體測度指標的設計，我們認為考慮到關係資本對財務價值創造貢獻度的不確定性以及估算關係資本對企業價值績效技術方法時大樣本數據獲取的可行性，平衡計分卡無疑是測度考評基於關係資本的財務價值管理績效的最為有效的工具。這一方面是由於平衡計分卡在實現財務指標與非財務指標高效耦合的同時，為全面考評企業隱性財務資本的財務戰略績效提供了理論上完善、測度實踐中切實可行的技術；另一方面，平衡計分卡能夠實現戰略目標的因和戰術目標的果的價值創造驅動要素的相互轉換，提供了能夠將企業內外部利益相關者基於關係資本網創造并實現利益相關者價值最大化的因果關係有機結合的測度模式。因此，基於平衡計分卡的關係資本財務價值測度考評管理模式可以從財務維度、客戶維度、內部業務經營流程維度、學習成長維度四個方面來進行描述，并設計相應的測度考評指標。具體而言，財務維度可設計存貨週轉率（或次數）、應收帳款週轉率（或次數）、成本費用利潤率、主營業務利潤率等具體指標進行測度；客戶維度可設計顧客滿意美譽度、舊顧客保有率、新顧客獲取率、核心顧客收益率等具體指標進行測度；內部業務經營流程維度可設計新產品研發費用率、新產品投入資本利潤率、產品製造週期率、顧客投訴率等具體指標進行測度；學習成長維度可設計雇員專業知識更新率、雇員價值創造率、戰略性雇員保持率、雇員合理化建議率等具體指標進行測度。綜合上述分析，基於平衡計分卡的關係資本財務價值測度考評管理模式可用圖 5-2 表示如下：

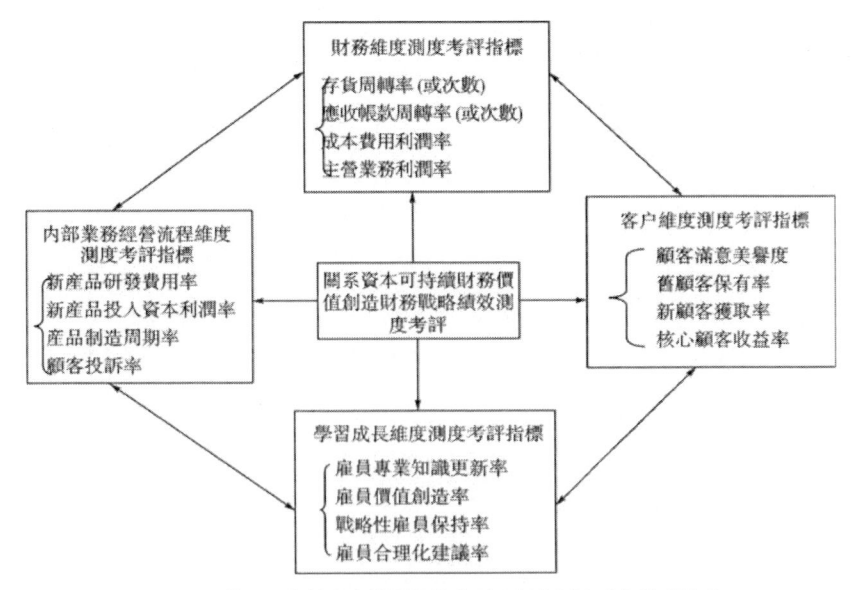

圖 5-2　基於平衡計分卡的關係資本財務價值測度考評管理模式

資料來源：借助 Robert S. Kaplan and David P. Norton. Using the Balanced Scorecard as a Strategic Management System [J]. Harvard Business Review, 1996 (1-2) 的相關思想自行設計。

---

① 張項英. 關係資本驅動企業績效有效性研究 [D]. 蘭州：蘭州商學院，2014：46.

二、强化關係資本財務價值管理的思路與途徑

　　Teece（1997）認為知識經濟時代無形軟資本對企業價值創造的貢獻度遠遠超過企業有形硬資本的貢獻度，無形軟資本是企業在劇烈動盪多變的競爭環境中獲取可持續競爭優勢、為企業創造可持續財務價值的根源。為此，企業必須適應動盪多變的競爭環境，及時設計并調整其競爭性戰略，在不斷打造、維持并提升基於動盪多變競爭環境的動態核心競爭力以維持企業現有競爭優勢的基礎上不斷獲取新的可持續競爭優勢。企業關係資本的價值在於對企業動態核心競爭力的打造、維持、提升等不同流程提供强有力的智力支撐，其是形成企業動態核心競爭力的最重要影響要素。Dyer&Singh（1998）認為企業關係資本是企業在動盪多變的競爭環境中形成競爭優勢地位并獲取關係租金收益的最重要的戰略性資源。這種戰略性資源有助於不同企業之間基於長期信任協作和尊重來締結戰略聯盟，進一步形成關係資本戰略聯盟網。在關係資本戰略聯盟網中，不同企業之間相互的專用性關係資產投資能夠有效促進各種稀缺的競爭性信息和隱性知識的交流傳遞和共享，這對高效配置不同企業之間擁有或控製的戰略性資源、提升這些戰略性資源的互補性進而促進關係資本戰略聯盟網中關係治理機制的完善和優化必將起到積極重大的推動作用。而稀缺性競爭信息和隱性知識的共享、戰略性資源的高效互補以及關係治理機制的完善和優化正是形成企業可持續競爭優勢、獲取關係租金收益的不可或缺的關鍵驅動因素。關係資本成為新經濟時代促進企業獲取可持續競爭優勢、創造關係租金收益進而實現企業價值最大化的最重要資源要素。這一思想、觀點是對經典競爭優勢理論的拓展和完善，因為無論是經典的競爭優勢外生理論（波特的市場結構競爭理論是其典型代表）還是經典的競爭優勢內生理論（資源學派理論、核心能力理論是其典型代表），對關係資本是形成企業競爭優勢最重要的影響要素都較少論述。新經濟增長理論將創新性管理思想、革命性技術發明等企業擁有或控製的戰略性資源看成是企業生產函數的內生變量，是推動一個社會經濟增長的直接驅動力。整合上述思想觀點，對關係資本這種戰略性資源的有效開發管理能夠在使其在被較小的成本複製模仿的同時突破資本收益遞減法則和稀缺性物質資源的雙重束縛，在緩解企業可持續發展過程中面臨的日益增加的環境壓力的同時也進一步拓展企業可持續發展的空間。

　　就中國企業對關係資本的開發管理而言，中國的私營企業、家族式企業以及經濟較為發達地區的鄉鎮企業是最早認識并體會到關係資本對企業價值創造具有特別貢獻度的經濟組織。當然，這些企業對關係資本的開發管理只是將關係資本理解為人際關係、僅就社會學意義上的人際關係而進行的。同時，受幾千年傳統文化的影響，在這些企業管理者的視角中進行關係資本的開發經營和管理可能就是尋求某些生產經營管理的特權，進行關係資本開發經營和管理的目標在於利己的經濟尋租行為，實現經濟租金收益。其結果是在這些企業組織內部形成眾多具備强連帶關係、交往頻繁密切的利益小團體。Granovetter（1973）認為可以從互動頻率、情感力量、親密程度、互惠互換四個維度來

衡量基於關係資本網的關係資本強度（強連帶關係或是弱連帶關係）：情感親密度高、相互之間互動頻繁而導致互惠互換多的關係資本呈現出強連帶關係，反之，則呈現出弱連帶關係。由於弱連帶關係的核心動力在於充當信息交流傳遞的橋樑和樞紐，因此通過企業組織這一利益相關者大團體來化解企業內部利益小團體的強連帶關係，以期形成眾多弱連帶關係并構建起信息交流傳遞的橋樑和樞紐才能發揮關係資本可持續財務價值創造的職能和作用。

就強化關係資本財務價值管理的思路而言，突出關係資本戰略經營理念、構建和現代企業製度相匹配的關係資本投資機制和風險規避機制無疑是經營管理關係資本的最基本思路。從突出關係資本戰略經營理念分析，經營管理關係資本就是在企業與其內外部利益相關者之間形成相互信任而互惠互換、相互協作而共同盈利的良好互動夥伴關係，形成企業關係資本從單方向盈利向多方向相互盈利轉換的關係資本營運戰略格局，使得企業管理者經營管理關係資本的理念實現從客戶市場導向向企業內外部利益相關者市場導向的轉變。以期在企業和其內外部利益相關者、企業戰略聯盟之間形成相互尊重信任、互惠互換的關係，形成驅動企業財務價值創造的關係資本要素來保障企業和其內外部利益相關者、企業戰略聯盟之間的活動是對企業整體競爭戰略的設計實施和積極配合，從而提升企業在劇烈動盪的競爭環境中的核心動態競爭力，實現企業可持續整體價值創造的戰略性財務目標定位。作為企業新興的戰略性要素資本，硬實物資本和關係資本等軟無形資本的有機整合能降低企業組織的運行成本和交易成本，在增強企業自身組織柔性、戰略聯盟企業之間相互協作的深廣度的同時使得核心戰略聯盟企業獲得可持續競爭優勢、實現財務價值的創造和增值。從構建和現代企業製度相匹配的關係資本投資機制和風險規避機制視角分析，現代企業製度產權明晰、自主經營、自負盈虧的本質特徵客觀上要求企業必須協調并處理好與內外部利益相關者、戰略聯盟之間的各種利益關係，這和企業締結并形成內外部關係資本網、戰略聯盟關係資本網的主旨本質上具有一致性。一方面，基於股東大會、董事會、監事會的企業治理機制應科學合理賦予所有者、經營者明確規範的責權利，在對經營者實施有效激勵以保障內部利益相關者價值最大化的同時還應實施必要的約束以規避經營者背離內部利益相關者利益的機會主義行為；另一方面，企業也要處理并協調好外部利益相關者的各種利益關係，這是構建和現代企業製度相匹配的關係資本網的外在需求，也是實現企業財務價值決策科學性的外部可行性途徑。就關係資本的投資機制和風險規避機制設計而言，由於專用性關係資本投資和錨定效應、沉沒成本之間正相關，投入的專用性關係資本越多，締結了關係資本網的不同企業之間的錨定效應就越強，專用性投資資本改變用途的沉沒成本也就越大。這樣，關係資本網中不同企業基於信息不相稱、不完備而締結隱行財務契約時發生機會主義行為的動機和概率相應就比較弱，因為不同企業對隱行財務契約的機會主義違約退出都會同時給關係資本網上的其他企業造成重大的關係資本租金損失。同時，關係資本網上的某一企業出於不完備契約進行機會主義行為對專用性投資尋租導致關係資本風險大

於企業經營績效風險時，為防範關係資本經營風險，進行股權式關係資本的結構調整是有效規避并防範關係資本經營風險的產權製度設計。

強化關係資本財務價值管理的可行性途徑主要有：在搭建起企業與內外部利益相關者、戰略聯盟之間信任互動的交流平臺，促進企業與內外部利益相關者、戰略聯盟之間有關財務價值創造信息、不可分散風險信息的交流和隱性核心知識共享的前提下，不斷重構并經營不同層次的關係資本網，促進關係資本價值創造功能、稀缺性戰略要素資源獲取功能、提升企業經營績效的動態綜合競爭力功能等各種功能的積極發揮。

第六章　基於客戶資本的財務價值決策

　　企業客戶導向領先型競爭戰略是企業在知識經濟時代為適應日益動盪激烈的風險競爭生存環境和變幻莫測的不確定性經營環境而形成的基於客戶關係管理（Customer Relationship Management，CRM）進行客戶終身價值創造、估值和管理實施的財務戰略。這一戰略以新經濟時代企業之間的競爭就是客戶競爭為切入點，認為基於客戶關係的客戶終身價值既是知識經濟時代企業獲取短期利潤收益的源泉，更是企業在培育打造、優化提升核心競爭力基礎上獲取持久性可持續競爭優勢進而實現客戶導向的企業價值最優化和最大化的關鍵途徑和核心驅動要素。基於客戶終身價值創造的客戶關係管理思想源自國外企業市場營銷理念從傳統的生產產品推銷觀念向現代市場、社會營銷觀念轉變過程中，關注客戶消費者群體的個性化需求，以追求客戶消費者群體對企業產品服務滿意度、美譽度、忠誠度為導向而進行的關係營銷。隨著社會經濟發展從傳統的工業經濟向知識經濟、客戶經濟的變遷，客戶市場導向和決定理念、客戶關係財務價值創造理念等客戶經濟時代[①]的管理理念已經滲透到企業市場營銷戰略的方方面面，并日益成為提升企業核心競爭力和獲取可持續競爭優勢進而創造客戶終身價值的核心驅動因素。客戶消費者群體對企業產品服務滿意度提升五個百分點就會使企業實現利潤翻一倍的統計結果[②]更體現出客戶經濟時代 CRM 在企業管理中的核心地位。這種核心地位反應出隨著客戶消費者群體消費理念和價值導向在從理性消費、感覺消費向感情消費的轉變，企業管理的核心從產值中心、營銷中心、利潤中心向客戶中心的動態演進變遷過程[③]。客戶消費者群體的理性消費就是在社會物質消費品較為匱乏和消費者群體消費水平較低時對企業提供產品服務物美價廉、經久耐用的消費理念追求基礎上，進而用好壞標準對企業所提供產品服務進行的一種價值判斷，對應企業管理的產值中心管理階段和營銷中心管理階段。產值中心管理階段的財務目標定位為企業產值最大化，產值最大化財務目標要求企業在人、財、物等各種投入性資源要素最小前提下實現企業生產出更多的產品來體現

[①] Patricia B Seybold, Ronni T Marshak, Jeffrey M Lewis. The Customer revolution: How to thrive When customers are in control [M]. Crown Publishing Group, March 2001.
[②] 王磊. 客戶資產價值與客戶會計的理論及實證研究 [D]. 西安：西安理工大學，2007：1.
[③] 於森. 客戶關係管理核心思想淺析 [J]. 商業研究，2003（12）：168.

產出價值（即產值）最大化，顯然這一財務目標定位和賣方市場上產品不存在競爭時的供不應求現狀緊密相關，這也是社會物質消費品較為匱乏和消費者群體消費水平較低時代特徵的寫照。營銷中心管理階段的財務目標定位為企業銷售額最大化，銷售額最大化就是當企業生產出的產品存在質量好壞競爭和市場銷售份額競爭時，企業如何通過推銷觀念的轉變和質量控製措施來實現企業產品銷售市場不斷拓展時銷售額的不斷上升和最大化。客戶消費者群體的感覺消費就是在社會物質消費品由匱乏逐漸變為豐富多樣和消費者群體消費水平不斷提高的進程中，在對企業提供產品服務追求物美價廉、經久耐用的同時進一步追求產品服務的品牌形象和消費者的消費效用感受的消費理念基礎上，用喜愛認同與否標準對企業所提供產品服務進行的一種價值判斷，對應企業管理的利潤中心管理階段。利潤中心管理階段的財務目標定位為企業利潤最大化，是對產值中心管理階段產值最大化財務目標和營銷中心管理階段銷售額最大化財務目標的一種修正和完善。其理由在於企業在日益激烈的質量好壞競爭和市場銷售份額競爭環境中，即使同時獲得競爭優勢，但由於產品服務生產成本的不斷增加、產品服務銷售費用的不斷提升，因而并不一定創造利潤、實現利潤最大化的財務目標定位。因此，在不斷增加銷售額的同時如何通過對企業生產營銷部門進行大幅度的生產成本削減控製和銷售費用壓縮控製以實現利潤最大化財務目標成為企業管理的關鍵之所在。客戶消費者群體的感情消費就是在社會物質消費品由豐富多樣逐漸變為消費過剩和消費者群體消費水平直接影響并決定企業財務價值創造和實現的進程中對企業提供產品服務的追求在跳出物美價廉、經久耐用等消費觀念的限制約束，在完全追求產品服務品牌形象前提下消費效用滿足感的消費理念基礎上，用滿意滿足與否標準對企業所提供產品服務進行的一種價值判斷，對應企業管理的客戶中心管理階段。客戶中心管理階段的財務目標定位為客戶終身價值導向的企業價值最大化，是對產值中心管理階段產值最大化財務目標、營銷中心管理階段銷售額最大化財務目標、利潤中心管理階段企業利潤最大化財務目標的一種修正和完善。其理由在於企業實現了利潤并不一定創造了財務價值。單一的利潤最大化目標沒有考慮企業投資資本大小和對應利潤的實現，沒有考慮財務風險大小和對應利潤的實現，沒有考慮貨幣時間價值和對應利潤的實現。因此，立足於企業投資資本、財務風險和貨幣時間價值視角一味強調通過實施內部性成本削減控製和費用壓縮控製而忽視對外部性客戶消費者群體的爭取保持來實現利潤最大化財務目標可能導致企業在實現利潤的同時卻沒有創造財務價值這一異象。基於客戶資本的財務價值決策就是在對客戶資本財務價值創造的關鍵驅動因素、實現機理和實現過程進行全面分析的基礎上對客戶資本創造的財務價值大小採用各種估值技術和方法進行科學合理估算以確定客戶資本的財務價值績效，最後針對能夠提升客戶資本財務價值績效的增值空間提出管理優化措施。可見，客戶資本財務價值創造、估值、管理構成客戶資本財務價值決策的基本內容體系。

第一節　客戶資本財務價值創造決策

一、客戶資本財務價值框架

對客戶價值、客戶終身價值、客戶資產價值、客戶關係價值的理解是界定客戶資本財務價值概念的前提。

1. 客戶價值（Customer Value，CV）

由於對客戶價值界定的思路不同，現有研究文獻對客戶價值的理解并沒有形成規範的定義。Shapiro, Sviokla & John J Sviokla（1993）將客戶價值理解為客戶利潤，數量上等於客戶進行產品服務消費時為企業創造的收益和企業產品服務總成本的差額。其以客戶為產品服務支付實際價格和企業產品服務總成本設計了二維客戶價值矩陣并將客戶細分為主動客戶、被動客戶、上層客戶、下層客戶。[①] Frederick & Reichheld（1996）從企業角度來理解客戶價值并將客戶價值定義為客戶消費者群體在對企業產品服務進行消費交易過程中為企業創造的淨現金流收益，這種淨現金流收益可以用所謂的客戶收益五因素模型來描述，即基期收益大小、消費者消費數量的增減、企業產品服務總成本的增減、現有消費者對潛在客戶是否進行推薦購買、產品服務是否形成價格溢價五種因素是影響客戶價值的核心因素。同時，客戶關係持續時間的長短和客戶為企業形成的淨現金流收益正相關。企業和客戶之間的交易關係維持時間越長，客戶為企業創造的財務收益就越多。事實上，客戶價值的核心在於客戶的終身價值，即客戶在未來為企業創造淨現金流的潛在能力[②]。Wayland 和 Cole（1997）將客戶價值理解為客戶消費者群體為企業創造并實現的淨現金流利潤，其認為基於客戶價值創造度和客戶價值反應度構建的客戶價值矩陣可將企業客戶區分為優秀客戶、超常客戶、危機客戶、遊走客戶四類。優秀客戶就是集合客戶價值創造度和客戶價值反應度全部優勢的企業客戶，即一方面能夠為企業創造出巨大的財務價值，另一方面又能夠積極和企業維持良好持久的客戶關係，願意為企業創造財務價值的現有客戶或潛在客戶；超常客戶就是客戶價值創造度巨大但客戶價值反應度基本為零的企業客戶；危機客戶就是客戶價值創造度基本為零但客戶價值反應度較大，願意和企業維持良好持久客戶關係的企業客戶；遊走客戶就是客戶價值創造度和客戶價值反應度都基本為零的企業客戶。由於客戶價值反應度能夠對客戶終身價值進行相對描述，因此，企業應針對優秀客戶設計并制定優先發展戰略[③]。Conway 和 Fitzpatrick（1999）認為客戶價值就是客戶為企業創造的淨現金流利潤，這種客戶利潤的大

---

① Shapiro, Benson P. Sviokla, John J. Seeking Customers [M]. Harvard Business School Press Books, 1993.

② Reichheld、Frederick F. Loyalty Effect: The Hidden Force Behind Growth、Profits and Lasting Value [M]. Harvard Business School Press, 1996.

③ Robert E. Wayland, Paul M. Cole. 客戶關係聯結技術 [M]. 邱振儒，譯. 北京：商業周刊出版股份有限公司，2001：223-232.

小可以從客戶價值創造度和客戶價值忠誠度兩個方面進行測度衡量。客戶價值創造度可以衡量現有客戶的價值創造能力，客戶價值忠誠度能夠衡量現有客戶未來的潛在價值創造能力。同時，以客戶價值創造度和客戶價值忠誠度為基礎設計的二維客戶細分矩陣能夠較好地解釋 Frederick 和 Reichheld（1996）提出的客戶收益五因素模型[1]。Wolfgang Ulaga（2001）認為可以從企業、客戶、企業和客戶互動三個不同的角度來理解客戶價值。企業視角的客戶價值就是客戶為企業所能夠創造并實現的客戶利潤收益，客戶視角的客戶價值就是企業為客戶提供的產品服務被客戶消費者群體進行消費時所能夠獲得的消費效用，企業和客戶互動視角的客戶價值就是客戶為企業所能夠創造并實現的客戶利潤收益以及客戶消費者群體在消費企業產品服務時所能夠獲得的消費效用優化後的一種動態博弈均衡價值[2]。王海洲（2001）認為客戶價值就是企業關鍵性客戶資源所創造的價值[3]。楊永恒（2002）認為企業規模大小優勢所形成的價值、企業聲譽形象優勢所形成的價值和網路化信息價值共同構成了客戶價值[4]。鄭玉香（2005）認為客戶價值就是能夠提升企業客戶關係核心競爭力的價值[5]。整合上述定義客戶價值的各種思路、觀點，我們認為客戶價值是客戶資產價值、客戶關係價值、客戶終身價值的價值整合體，就是基於企業和客戶的動態性價值創造博弈過程中客戶消費者群體在消費企業產品服務時由於獲取的感受度、滿意度不同進而為企業創造出不同的客戶資產價值、客戶關係價值、客戶終身價值時所形成的一種淨現金流收益或潛在的淨現金流收益能力。

2. 客戶終身價值（Customer Lifetime Value，CLV）

Jackson 和 Barbara（1985）認為經濟學思路的客戶終身價值就是客戶對企業產品服務一次性購買形成的現有貨幣收益淨現值以及對企業產品服務多次性購買形成的未來貨幣收益淨現值的和[6]。Reichheld（1996）認為客戶終身價值就是客戶消費者群體在持續消費企業產品服務過程中為企業創造現金流的折現值。這種折現值是一種估算值，客戶邊際收益和客戶消費時間的長短以及折現率的大小決定著這一估算值的精確度，企業基期收益大小、非基期收益增長幅度、企業客戶成本的節約、產品服務的品牌效應和客戶價值溢價是影響這一估算值的主要因素[7]。羅杰·卡特懷特（2001）認為客戶終身價值就是個體消費者在企業生命週期內為企業實現淨收益的折現值。這種淨收益是總收益減去客戶銷售服務總成本的差在考慮貨幣時間價值效應時的估算值，存在價值創造的累積

---

[1] Kelly D. Conway, Julie M. Fitzpatrick. The Customer Relationship Revolution Amethodology for Creating Golden Customers. http://www.eloyaltyco.com.

[2] Wolfgang Ulaga. Customer Value in Business Markets: An Agenda for Inquiry [J]. Industrial Marketing Management p. 315-319 Volume: 30, Issue: 4 May, 2001.

[3] 王海洲. 客户資源價值與管理 [J]. IT 經理世界, 2001（8）: 82-85.

[4] 楊永恒. 客户關係管理——價值導向及使能技術 [M]. 大連: 東北財經大學出版社, 2002.

[5] 鄭玉香. 客户資本價值管理 [M]. 北京: 中國經濟出版社, 2005.

[6] Jackson, Barbara Bund. Build customer relationships that last [J]. Harvard Business Review, 1985, 63（6）: 120.

[7] Frederickf Reichheld. The Loyalty Effect: The Hidden Force Behind Growth, Profies and Lasting Value [M]. Harvard Business School Press, 1996: 39.

效應①。Jain 和 Singh（2002）認為客戶終身價值就是消費企業產品服務的個體客戶為企業實現的淨利潤或淨損失②。可見，客戶終身價值就是個體客戶在企業可持續經營期內由於已消費企業產品服務或具有消費企業產品服務的需求而在現在或未來為企業實現的淨收益折現值。

3. 客戶資產價值（Customer Asset Value，CAV）

Blattberg 和 Deighton（1996）認為客戶為企業形成的現金流收益和企業為吸引維護消費者群體進行產品服務消費而支付的費用和的差值是客戶資產創造的價值。即客戶資產價值既是企業客戶資產現有盈利能力產生的收益現值以及未來潛在價值折現值的和，也就是企業客戶終身價值的現值和③。Rust，Zeithaml 和 Lemon（1997）在分析了企業能夠創造價值的有形資產、無形聲譽資產以及能夠連接有形資產和無形資產的維持資產等客戶資產的關鍵驅動因素基礎上將客戶資產界定為企業擁有或控製的滿足企業資產特徵的一種客戶資源要素④。劉英姿等（2003）認為客戶資產就是產權歸屬企業的客戶資源要素。企業之所以擁有這些資源要素一方面是由於這些資源要素能夠被企業按照相關會計準則的規定進行確認計量處理，另一方面在於這些資源要素現有的或潛在的財務價值創造能力⑤。事實上，客戶資產價值就是企業擁有或控製的能夠形成企業核心競爭能力而為企業獲取持續競爭優勢進而創造現有現金流收益或潛在盈利能力的客戶關係資源。這種具備稀缺異質、難以複製模仿特質的客戶關係資源既是對企業現有盈利能力強弱的一種財務分析反應，也是對企業未來營銷盈利能力強弱的一種財務預測，同時，客戶資產價值也是對個體客戶為企業創造終身價值的一種定量測度。

4. 客戶關係價值（Customer Relationship Value，CRV）

Forsstrom（2003）將企業與客戶形成的客戶關係理解為具有關係資源層次、消費行為層次的一種買賣關係，這種買賣關係蘊涵著關係資源創造的溝通交流價值、可貨幣化的收益價值和不能夠貨幣化的能力價值。其中，可貨幣化的收益價值和不能夠貨幣化的能力價值可形成企業的客戶關係價值⑥。Miller 和 Lewis（1991）認為客戶關係價值就是企業和不同客戶消費者群體締結形成客戶關係時在雙方價值認同和創造、價值估值和分配的博弈過程中由客戶為企業形成的能夠用定量指標估算的現金流以及不能夠用定量指

---

① 羅杰·卡特懷特. 掌握客戶關係 [M]. 王兵, 譯. 桂林：廣西師範大學出版社, 2001：125-129.

② Dipak Jain Siddhartha S. Singh：Customer lifetime value Research in marketing：A review and future directions [J]. Journal of interactive marketing, 2002（16）：34-46.

③ Blattberg Robert C, Deighton John. Manage Marketing by the Customer Equity [J]. Harvard Business Review, 1996（7-8）：136-144.

④ Rust Roland T, Zeithaml Valarie A., Lemon Katherine N. 駕馭客戶資產 [M]. 張平淡, 譯. 北京：企業管理出版社, 2001：214-216.

⑤ 劉英姿, 姚蘭. 幾種客戶資產計算方法的比較分析 [J]. 工業工程與管理, 2003（5）：49-52.

⑥ Birgitta Forsstrom. A Conceptual Exploration into「Value Co-Creation」in the Context of Industrial Buyer-Seller Relationships [R]. Industrial Marketing and Purchasing Group Conference Papers, 2004, 25.

標估算的價值[1]。Blois（2001）提出的供應商價值方程認為客戶關係價值就是在考慮企業和不同的客戶消費者群體形成客戶關係變量時由於客戶對供應商產品服務的滿意度而形成的長期性依賴而為供應商增加的價值[2]；Heskett（1997）提出的利潤鏈模型認為客戶關係價值就是企業和客戶在相互為對方創造價值的過程中，企業通過向客戶消費者提供效用優化的產品服務在為客戶創造消費效用價值時促進了客戶對企業產品服務的美譽度、滿意度，進而提升了對企業產品服務的忠誠度，基於客戶消費者美譽度、滿意度、忠誠度的客戶關係導致的企業收益大幅度增長、主營業務利潤率的不斷增加就是客戶關係價值[3]。Payne 和 Holt（1998）認為客戶關係價值就是企業關係營銷戰略和基於客戶關係的財務戰略在相互結合過程中而創造形成的價值[4]。Walter（2001）認為客戶關係價值就是客戶關係直接的價值創造功能向間接的社會責任功能轉變拓展過程中為供應商形成的貨幣價值和非貨幣價值[5]。陳靜宇（200）認為客戶關係價值就是企業生命週期內不同會計期間的客戶價值和客戶價值轉換系數相乘後除以對應會計期間客戶價值開發成本的終值後的和[6]。比較上述不同觀點，我們認為客戶關係價值就是從企業和客戶動態價值創造視角，基於關係營銷理論、關係交易理論和關係價值創造理論，在企業和客戶消費者群體締結形成客戶關係這一企業獨特的戰略性資源要素過程中，客戶消費者基於對企業產品服務的滿意度、忠誠度而在消費企業可持續期間提供的產品服務為企業創造并形成能夠以貨幣計量的價值或雖然無法進行貨幣計量但能夠估算的價值。

客戶終身價值、客戶資產價值、客戶關係價值三個概念是界定客戶資本財務價值概念的基礎性概念。這三個概念之間既相互聯繫又相互區別。相互聯繫表現在它們都是構成客戶價值體系的不同部分，這三種價值屬性集合的交集就是客戶資本財務價值。相互區別表現在一方面，支撐并形成這三種價值的理論不同。客戶終身價值以長期性客戶維持開發理念為出發點，既強調對消費企業產品服務的現有客戶進行穩定維持，又強調對可能消費企業產品服務的潛在客戶通過合理開發引導使其轉換為現實客戶。因此，客戶終身價值就是現有客戶創造的短期性經濟價值和潛在客戶可能創造的長期性經濟價值的和。客戶資產價值的理論基礎就是企業核心資源理論。其認為客戶就是符合資產確認的全部條件而被企業擁有、控製的一種稀缺性資源要素，這種稀缺性資源要素的基本功能在於為企業創造能夠以貨幣計量的各種經濟價值和非經濟價值。客戶關係價值的理論支

---

① Richard Lee Miller, William F. Lewis. A Stakeholder Approach to Marketing Management Using the Value Exchange Models [J]. European Journal of Marketing, 1991 (25): 55-68.

② Keith Blois. Using value equations to analyze exchanges in business to business markets [R]. Industrial Marketing and Purchasing Group Conference Papers, 2005, 18-19.

③ 王磊. 客戶資產價值與客戶會計的理論及實證研究 [D]. 西安：西安理工大學, 2007: 6.

④ Adrian Payne, Sue Holt e. Relationship Value Management: Exploring the Integration of Employee, Customer and Shareholder Value and Enterprise Performance Models [J]. Journal of Marketing Management, 2001 (17): 785-817.

⑤ Walter A, Ritter T, Gemunden H G. Value creation in buyer-seller relationships [J]. industrial Marketing Management, 2001 (30): 365-377.

⑥ 陳靜宇. 客戶價值與客戶關係價值 [J]. 中國流通經濟, 2002 (3): 37-39.

撐平臺是關係營銷理論、關係交易理論和關係價值創造理論，認為形成於企業和客戶消費者之間的客戶關係是企業特有的戰略性資源要素，這種戰略性資源要素在提升企業核心競爭能力、為企業獲取持續性競爭優勢時也為企業創造出差異性價值。另一方面，這三種價值的表現形態也存在區別。客戶關係價值以收益現金流和非貨幣價值流的形式存在，客戶終身價值以貨幣價值流和可貨幣計量的非貨幣價值流的形式存在，客戶資產價值以經濟價值流、可貨幣計量的非經濟價值流和不可貨幣計量的非經濟價值流的形式存在。可見，客戶關係價值的收益現金流、客戶終身價值的貨幣價值流和客戶資產價值的經濟價值流、可貨幣計量的非經濟價值流本質上是一致的，都是客戶價值的經濟表現形態，都是財務學視野中的財務價值。基於上述分析，客戶資本財務價值是由客戶關係價值中的收益現金流、客戶終身價值中的貨幣價值流和客戶資產價值中的經濟價值流、可貨幣計量的非經濟價值流等的共性價值整合而成的客戶價值，是客戶關係創造的收益現金流、客戶終身價值形成的貨幣價值流和客戶資產實現的經濟價值流、可貨幣計量的非經濟價值流的交集。圖6-1較為直觀地描述了客戶終身價值、客戶資產價值、客戶關係價值、客戶價值和客戶資本財務價值五者之間的關係。

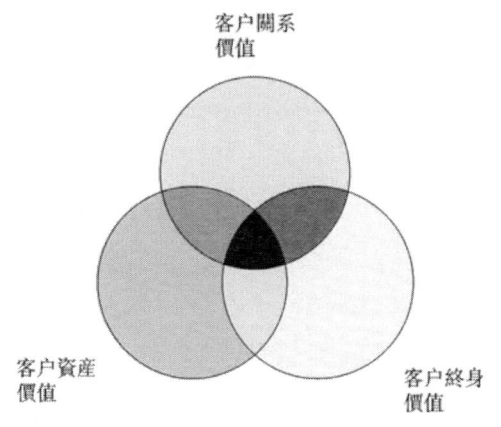

圖 6-1　客戶資本財務價值的三葉草模型

二、客戶資本財務價值創造

客戶資本財務價值創造就是企業視角的客戶資本價值和客戶視角的客戶體驗價值在相互作用的過程中實現的。客戶體驗價值既是客戶資本價值創造的前提也是企業客戶資本財務價值實現的基礎。這種前提和基礎表明，企業在其生命週期內必須積極實施客戶導向領先型競爭戰略，通過形式多樣的客戶營銷方式不斷為客戶消費者提供優質產品服務，促進客戶消費者在不斷重複購買并消費這些優質產品服務的過程中，在提升客戶對企業產品服務滿意度、忠誠度的同時以實現客戶體驗價值最優、最大化，以期最終實現客戶資本財務價值創造的最優、最大化。

1. 客戶體驗價值創造機理

（1）客戶體驗價值的驅動創造。客戶體驗價值就是客戶消費者在消費企業產品服務

時基於消費效用體驗度從整體上對企業產品服務的消費感受進行的一種評價。客戶消費產品服務時的方便性以及產品服務自身質量的好壞和銷售價格的高低是影響產品服務消費價值的核心要素，客戶消費產品服務時的認同度、對產品服務品牌形象的消費態度和消費感受是影響產品服務聲譽價值的關鍵要素，客戶消費產品服務時的消費環境氛圍、消費環境之間的關聯度聯繫和消費過程中發生的轉移成本是影響產品服務關係價值的主要因素。而產品服務消費價值、產品服務聲譽價值和產品服務關係價值是驅動客戶體驗價值創造的關鍵要素。就產品服務消費價值而言，這一價值和消費方便性、消費質量好壞、消費價格高低同向正相關。也就是說企業如果為客戶提供了便利的消費環境以及質優價廉的產品服務，則客戶體驗到的產品服務消費價值就比較高。為此，企業應從消費產品服務時的獲取概率、消費區域的遠近等方面來提升便利的消費環境，應從消費產品服務時競爭性價格的獲取概率、產品服務降價折價銷售度等方面來調控消費價格的高低，應從消費產品服務時消費產品的售後服務及時度、售後服務環境和售後服務質量等方面來把握消費質量的好壞。就產品服務聲譽價值而言，這一價值和消費認同度高低、消費態度的積極與否、消費感受的滿意與否同向正相關。也就是說客戶對企業產品服務存在較高認同度的同時能夠積極消費企業提供的產品服務并對消費企業產品服務的效用表示滿意，則客戶體驗到的產品服務聲譽價值就比較高。為此，企業應實現提升新聞媒體對企業產品服務的積極推導，通過不同媒體組合形式更多信息的傳遞披露來提升客戶的消費認同度，通過產品服務的展示促銷活動促進主營業務品牌的拓展延伸度和非主營業務品牌的協調溝通程度，并在對有損產品服務品牌形象的突發事件的應急處置過程中來增強客戶消費者消費企業產品服務的態度，進而通過構建有助於提升企業產品服務品質保障的企業文化管理體系和形成有助於體現企業履行社會責任的公共關係、有助於增進環境保護的特定政策來強化客戶消費者消費感受滿意。就產品服務關係價值而言，這一價值和消費環境氛圍、消費環境之間的關聯度以及消費過程中發生的轉移成本同向正相關。也就是說如果企業為客戶消費者群體提供了消費形式多樣、產品服務的差異性強的消費環境，並且這些風格各異的消費環境之間存在較高的關聯度，同時客戶在消費差異性產品服務過程中支付了較少的轉移成本，則客戶體驗到的產品服務關係價值就比較高。為此，企業應對特殊的客戶消費群體採取特定的應對策略，通過為這些特殊客戶消費群體設置風格多樣的差異性消費氛圍來獲取特殊消費體的認同無疑是營造良好消費環境氛圍的可行途徑。

為長期穩定的客戶消費群體定期或不定期舉辦形式多樣的各種聯誼交流活動是喚醒這些長期穩定客戶消費群體消費企業產品服務時的記憶和經歷的必要措施，這對激發客戶消費者對消費環境氛圍的情感聯繫、提升消費環境之間的關聯度將會起到積極的推動作用，而基於客戶學習曲線形成的客戶讓渡價值則是減少轉移成本的必要途徑。

（2）客戶體驗價值的強化提升。客戶成本可控基礎上的產品服務質量改進以及品牌聲譽形象提升前提下的客戶關係強化是強化提升客戶體驗價值的基本途徑。客戶成本可控基礎上的產品服務質量改進分析可知，客戶成本源自客戶價值創造鏈上下游利益相關者之間進行客戶價值創造過程中進行的成本控製博弈活動，這些不同的博弈活動中的客

戶成本在確認計量基礎上進行匯總累積處理就構成總客戶成本。匯總總客戶成本的目標在於積極實施低成本領先戰略。低成本領先戰略是形成企業客戶成本競爭優勢的源泉，是企業在客戶價值創造活動中比競爭對手更具備核心競爭能力而進行客戶價值創造的前提。企業低成本領先戰略側重於客戶價值創造鏈上每一個博弈環節在相互協作時整體上對總客戶成本的控制優化，并不特別關注客戶價值創造鏈上某一博弈環節或者某些博弈環節的控制優化。換言之，客戶成本可控以企業對產品服務質量的保障為導向，要求企業為客戶消費者提供的成本具有市場競爭優勢，是一種市場比較最優成本。只有這樣，企業產品服務才具備低成本價格競爭優勢，才能夠吸引不同客戶消費者在進行產品服務消費時讓渡客戶價值創造空間，才能夠在更好滿足客戶消費者消費效用的同時提升客戶體驗價值。同時，客戶導向的低成本領先戰略的實施要求企業針對產品服務的消費功能和體驗屬性進行科學取捨和選擇，強化消費功能和體驗屬性都領先的產品服務，在整合分銷系統銷售商、供應商之間相互關係的同時科學籌劃安排產品服務的各個輔助環節。企業產品服務質量的改進是提升客戶體驗價值的關鍵途徑，而客戶體驗價值的動態性決定了企業產品服務質量的改進是一個持續不斷的創新過程，在這一創新過程中企業推出的新產品或新服務既是企業產品服務質量改進的標誌也是產品服務創新行為的驅動力結果。企業產品服務質量的改進首先表現在消費者消費效用度高低。只有企業產品服務能夠滿足客戶消費者的消費需求效用時，客戶消費者才認為企業產品服務的質量有了較為明顯的改進。為此，企業必須對客戶消費者在消費產品服務時反饋的質量好壞評價信息予以高度重視，并針對反饋信息中涉及的核心質量屬性信息進行全力改進以消除影響客戶體驗價值的質量盲點。同時，服務質量的高低好壞直接影響到客戶的體驗價值。客戶時代的顯著特徵就是客戶對服務需求的多樣性和異質性，對快捷方便服務的需求和消費。各種金融機構、保險機構、諮詢機構等專業性服務行業只能向客戶消費者提供和實體產品無關的純粹性服務，和產品質量相比較，這種純粹性服務行業的服務質量完全影響并決定著客戶的體驗價值，對非純粹性服務行業而言，客戶消費企業產品的過程是對產品和服務同時消費的過程。因此，能夠滿足客戶消費需求的售前、售中、銷後服務是影響企業獲取并維持可持續競爭優勢的核心因素，可在增加客戶體驗度、減少企業貨幣性成本進而在增加客戶體驗價值基礎上為企業創造出更大的財務價值。

2. 客戶資本價值創造機理

客戶資本價值創造是一個和客戶導向生命週期相關聯的創造過程。客戶導向生命週期以客戶營銷理論為基礎來描述企業和客戶之間在締結形成客戶關係過程中所包含的潛伏期、形成期、成長期、穩定期、衰落期和結束期的不同階段客戶資本為企業所創造的財務價值，通常用客戶導向生命週期曲線來形象描述由客戶體驗價值經過潛伏期、形成期、成長期、穩定期、衰落期和結束期的不同的客戶關係發展階段最終轉換為客戶資本價值的過程。其中，水平軸用來描述客戶關係的潛伏期、形成期、成長期、穩定期、衰落期和結束期六個不同階段，縱向軸用來描述和客戶關係不同階段相對應的交易額，也就是客戶消費者的消費價值。曲線面積大小直觀描述了客戶資本創造的價值大小。因此，客戶資本價值創造機理就是客戶體驗價值在客戶導向生命週期所描述的不同的客戶

關係發展階段上採取不同的客戶管理方式最終轉變為客戶資本價值的過程。就客戶資本財務價值創造實現分析，這一過程的核心階段在於形成期、成長期、穩定期和衰落期。

（1）形成期。這一時期的核心就是企業如何通過多樣化的營銷方式使得具有消費企業產品服務意向的潛伏消費者群體第一次消費企業的產品服務，并通過整合不同的消費者群體形成客戶資產價值創造。潛伏消費者群體對企業產品服務的消費意向是企業和客戶消費者締結客戶關係、實現客戶資產價值創造的基礎。為此，企業必須在研究這些潛伏消費者群體消費意向前提下對企業提供產品服務的方式、不同產品服務的價格和功能、不同產品服務的包裝式樣設計通過廣告宣傳等形式多樣的推介來不斷刺激并強化潛伏消費者群體的消費意向并激發潛伏消費者群體第一次消費企業產品服務的強烈動機。由於潛伏消費者群體對企業產品服務的消費動機是引發客戶消費者消費企業產品服務行為的直接驅動力，因此，不斷刺激潛伏客戶消費者的消費意向和動機是促使消費行為發生最有效具體的方式。為此，在客戶消費者由潛伏消費意向動機轉換為現實消費意向動機，形成客戶關係的過程中，企業應採取形式多樣的方式來分析調查潛伏客戶消費者群體在消費企業產品服務時形成客戶關係的意向和動機，并通過不斷的刺激強化促進客戶消費者和企業締結基於產品服務消費的客戶關係，促進潛伏消費者群體對企業產品服務進行第一次消費行為的發生。

（2）成長期。這一時期企業可採取的核心策略就是盡可能將潛伏客戶消費者群體轉化為現實客戶消費者群體，進而對締結形成的客戶消費關係進行維持和強化，在現實客戶消費者群體不斷重複消費企業產品服務期間拉長成長期的時間跨度，以不斷強化客戶消費者對企業產品服務的忠誠度，并通過現實客戶消費者群體滿意度、美譽度來不斷刺激增強企業產品服務的品牌效應，以促進在對企業產品服務重複交互購買時實現客戶資產的價值創造和增值。就企業而言，對現實客戶消費者群體的維持和強化直接影響到企業短期的現金流利潤，是減少并控制獲取客戶消費者成本支出的有效途徑，是縮短為獲取客戶進行初始資本投資期和回收期的可行性途徑，也是發揮現有客戶消費者群體對企業產品服務的口碑效應，提升企業產品服務的市場銷售份額和佔有份額進而降低客戶消費者群體學習成本的必由之路。客戶對企業產品服務的信任認同影響到客戶對企業產品服務的滿意度和體驗價值，以及由於客戶消費關係的終止使得客戶消費者由於享受不到諸如契約折扣等而可能發生的各種經濟損失，這些經濟損失通常表現為消費企業產品服務發生的機會成本的轉移成本。一般而言，客戶對企業產品服務的信任認同是降低消費市場上產品服務交易成本、規避企業出於自利動機進行產品服務投機行為風險而進一步增加客戶資產長期性價值創造的關鍵。客戶對企業產品服務的信任認同同時也影響到客戶滿意度和客戶消費關係。尤其是當企業和客戶消費者在形成客戶消費關係的初期，客戶滿意度直接影響到客戶的信任認同并制約著客戶消費關係向高層次的縱橫向延伸。客戶滿意度是客戶消費者在消費企業產品服務過程中對性價比滿意的事後反饋，能夠指導消費者基於對企業產品服務的某一次或者某幾次滿意消費後累積的消費經驗來引導其後續消費的導向，對企業產品服務消費偏好理念的形成、降低對企業產品服務消費的信息搜集成本和規避消費時可能發生的各種風險都起到積極的推動作用。

(3) 穩定期。這一時期企業應將客戶資產價值創造的中心放在企業產品服務的售後方面，構建起能夠及時處理客戶消費者由於對售後服務的不滿意而引發的各種影響到客戶消費關係維持、客戶資產財務價值創造的機制。客戶消費者對企業產品服務進行消費時消費市場的開放性和競爭性決定了企業產品服務的售後不可能盡善盡美，客戶消費者對企業產品服務的不滿意導致的各種申訴抱怨在所難免。關鍵是企業如何正確對待并妥善處理這些不滿意和申訴抱怨。一方面，影響客戶消費關係的衝突源自於客戶消費者不經意的申訴抱怨，如果企業對消費者這種不經意的申訴抱怨採取敷衍迴避、拖延不理的消極方式，除導致申訴抱怨客戶消費者的不良口碑效應在傳遞過程中引發客戶關係衰退外，更重要的是這些申訴抱怨客戶消費者無奈之下會求助於消費者權益保護機構和新聞媒體輿論。一旦企業被消費者權益保護機構或者新聞媒體輿論曝光後，企業的產品服務無疑會出現聲譽危機和品牌危機，這種危機既可能影響到短期的客戶資產財務價值創造，也可能影響到企業的長期性客戶消費關係。另一方面，客戶消費者的申訴抱怨信息可能是企業獲取機會利得的有效途徑：申訴抱怨信息能夠使企業對產品服務的售後不足進行充分的瞭解，對產品服務的售後完善和持續改進提升發揮著積極的推動作用，這和申訴抱怨管理的本質是不謀而合的。申訴抱怨管理認為對客戶消費者群體大量申訴抱怨的妥善處理意味著更大的客戶消費滿意度、意味著客戶對企業產品服務更好的聲譽忠誠度，而更大的客戶消費滿意度和更好的聲譽忠誠度在一定程度上意味著企業客戶資產更大的財務價值創造和更多的利潤績效。因此，積極妥善處理客戶的申訴抱怨有助於客戶資產的價值創造，有助於提升客戶對企業產品服務的滿意度和忠誠度，更有助於在提高客戶體驗價值的基礎上創造出更大的客戶資本價值。

　　(4) 衰落期。衰落期的典型特徵就是客戶消費關係的蛻變和動搖，客戶消費關係的蛻變和動搖既有企業方面的影響，也可能來自於客戶消費者本身。從企業方面影響看，消費市場上缺乏競爭能力的產品服務性價比、產品服務市場佔有度的萎縮、產品服務對客戶消費者消費效用的部分或全部無法滿足等都可能直接或間接影響到客戶消費關係。就客戶消費者而言，客戶對企業產品服務重複購買頻率的下降和客戶消費企業產品服務週期的延長、企業產品服務性價比導致的客戶消費者價格敏感度偏大、客戶消費者對企業產品服務消費渠道狹窄導致的關注次數偏少以及對企業競爭對手產品服務關注次數偏多等都可能影響到客戶消費關係。面對客戶消費關係的蛻變動搖和現有客戶消費者消費企業產品服務的終止，企業必須盡可能修好并恢復和終止客戶的關係。為此，企業應基於修好并恢復和終止客戶關係的動機來構建相關的終止客戶戰略規劃設計、實施和控製機制。因為這種針對終止客戶設計并實施的戰略規劃有助於促進客戶關係在下一個客戶導向生命週期內直接進入成長穩定期，有助於防範流失客戶由於對企業產品服務的申訴抱怨而形成并可能不斷傳遞的負面口碑效應，有助於基於終止客戶的翔實數據庫信息設計出在消費市場上更具備競爭性的產品服務從而節約產品服務的廣告宣傳費用。企業修好并恢復終止客戶關係的有利條件在於企業已經擁有終止客戶的數據庫信息，這些數據庫信息提供了為企業深入分析終止客戶之所以終止客戶關係的深層次原因，有助於企業深入分析終止客戶消費企業產品服務時的消費特徵和消費偏好。這無疑對締結新的客戶

消費關係具有積極的借鑑作用，但如果客戶消費者是基於對企業產品服務的申訴抱怨得不到有效滿意的解決而終止了和企業形成的客戶消費關係，這時修好并恢復這種終止客戶關係顯然將使企業面臨諸多不利條件。因此，企業是無法和有意驅逐客戶消費者群體修好并恢復客戶關係的，對那些被競爭對手收購的客戶消費者和遊離客戶消費者也較難修好并恢復客戶關係，因為修好并恢復這些客戶關係時企業的資本投入太大，不符合最基本的成本效益原則。

第二節　客戶資本財務價值估值決策

客戶資本財務價值估值決策就是借助各種理論估值模型或實踐估值技術方法對客戶資本創造的財務價值進行定量估算的決策過程。客戶資本價值整體上是客戶購買消費價值、非購買消費價值的作用影響和客戶消費關係不確定性影響因素作用的結果。由於客戶購買消費價值和客戶消費關係價值能夠採用定量化指標進行估算，能夠得出較為合理的估值結果，而客戶非購買消費價值無論涉及客戶關係發展價值、客戶口碑傳遞效應價值還是客戶關係信用價值、客戶資本整合價值都難以採用定量化指標進行估算，因此，客戶資本財務價值估值的上述特徵決定了就算構建起最為複雜的客戶資本估值模型也不能夠將影響客戶資本財務價值創造的全部定量或定性影響因素都囊括在估值模型中。進一步，就算能夠構建起複雜高深的客戶資本估值模型，進行具體估值時偏高的估值成本也不符合客戶資本估值的成本效益原則。同時，基於客戶資本財務價值管理決策思路，進行客戶資本價值管理的主要目標在於不同客戶消費者群體對財務價值創造的貢獻度，而不是具體估算出某一特定客戶創造的財務價值。基於上述分析，我們認為客戶資本財務價值估值可從理論估值模型和實踐估值技術兩個方面進行分析。

一、客戶資本價值創造理論估值模型

1. 客戶關係估值模型

客戶關係估值模型（Customer Relations Valuation Models，CRVM）由 Robert Blattberg & John Deighton 率先提出[1]。他們認為企業在締結客戶關係，維持發展客戶關係時能夠實現的客戶消費者讓渡的價值收益和全部投資資本的差值就是客戶關係為企業創造的價值。這一價值具體表現為客戶消費關係形成的淨現金流入量和客戶消費關係淨現金流出量差值的現值。只有當客戶消費關係形成的淨現金流入量大於淨現金流出量時，客戶消費關係才算為企業創造了完全意義上的價值。可見，要估算客戶關係價值（Customer Relationship Value，CRV）就必須首先確定客戶關係的維持期間（Maintaining Period，MP）、每一期交易量（Trading Volume，TV）、單位交易稅後利潤（Unit of Trading Profit after Tax，UTPT）、客戶關係維持成本（Maintaining Cost，MC）、客戶關係促進成本

---

[1] 羅伯特·韋蘭，保羅·科爾．走進客戶的心 [M]．賀新立，譯．北京：經濟日報出版社，1998.

（Developing Cost，DC）以及客戶關係投資資本（Investment Capital，IC）。其中，客戶關係的維持期間是指客戶第一次消費企業產品服務與最後一次消費產品服務形成的時間期間。每一期交易量就是客戶每一次進行企業產品服務消費時的購買數量。單位交易稅後利潤就是企業產品服務的單位毛利扣除單位所得稅後的差額，數量上等於客戶消費企業產品服務時讓渡的收益減去產品服務的各種成本費用再減去各項稅收後的差額。客戶關係維持成本是指維持客戶消費者人數、客戶消費者消費數量次數以及客戶消費持續時期這三個條件同時滿足時企業耗費的各種支出。客戶關係促進成本是指企業為實現客戶消費者持續消費企業產品服務而耗費的各種支出，涉及產品服務的宣傳推介費、構建客戶消費者數據資料庫信息費等。客戶關係投資資本是指企業為締結客戶消費關係，實現客戶消費者首次消費企業產品服務而投入的各種資本。

在確定了上述各種具體指標後，客戶關係價值就可以估算如下：

$$CRV = \sum_{MP=1}^{n} \frac{TV_{MP} \times UTPT_{MP}}{(1+WACC)^{MP}} - \sum \frac{MC_{MP} + DC_{MP}}{(1+WACC)^{MP}} - IC$$

可見，客戶關係估值模型本質上是一種折現估值法，是對客戶消費關係形成的淨現金流入量減去淨現金流出量所得差值進行的一種折現。這種理論估值模型以客戶消費者持續消費企業產品服務為前提，也就是說只有當客戶消費時間連續且消費交易量、單位消費毛利都能夠確定時才可以應用上述估值模型。這就決定了 CRVM 的應用局限性。

2. 客戶終生價值估值模型

客戶終生價值估值模型（Customer Lifetime Value Valuation Models，CLVVM）就是立足於企業視角，在企業和客戶消費者締結的客戶消費關係可持續期間內，將客戶由於消費企業產品服務而為企業創造讓渡的所有利潤收益折現值理解為客戶終生價值（Customer Lifetime Value，CLV）來估算客戶終生價值大小的一種估值模型。一般而言，對 CLV 的構成可從三個維度來衡量：過去的歷史收益價值、現在的收益現值價值和未來的潛伏收益價值。過去的歷史收益價值衡量客戶資本到現在為止為企業創造并實現的總利潤折現值。這種折現本質上是企業為締結客戶消費關係而投入資本在一定時期內收回時的價值，因此是一種沉沒成本的折現值，反應了基於客戶消費關係的投資資本持續多長時間後才能收回并為給企業創造實現淨利潤現金流。現在的收益現值價值就是不同客戶淨利潤收益率。不同客戶就是消費企業產品服務的長期客戶和初期客戶。一般而言，長期客戶的淨利潤收益率遠遠大於初期客戶的淨利潤收益率。這是由於長期客戶是指至少消費企業產品服務兩次以上，對企業產品服務體現出強烈的認可度和忠誠度，有消費同一企業不同產品服務意向并通過口碑效應在消費市場上傳遞企業產品服務良好聲譽品牌信息的客戶，因此相對低廉的產品服務成本決定了長期性客戶較大的淨利潤收益率。初期客戶就是僅僅對企業產品服務進行過一次性消費的客戶群體。這些客戶群體重複消費企業產品服務的可能性比較小，沒有強烈的消費同一企業不同產品服務的意向，因此，在消費市場上推介企業產品服務信息的可能性也比較小。所有這些都決定了初期客戶相對高昂的產品服務成本，從而決定了初期客戶較低的淨利潤收益率。未來的潛伏收益價值就是客戶資本在未來可能為企業創造并實現的淨利潤收益折現值。未來潛伏收

益價值的大小同時取決於客戶消費關係的存續時間長短和年淨利潤收益折現值的大小。存續時間長短和客戶消費企業產品服務時的效用滿意梯度緊密相關。效用滿意梯度越大，客戶對企業產品服務的忠誠度就越高，持續交易時間就越長。反之亦然。可以從產品服務生產、產品服務定價、產品服務營銷、產品服務促銷等不同流程上來提升客戶的效用滿意梯度。產品服務生產必須立足於客戶的多樣性消費需求，積極實施以需定產戰略；產品服務定價必須立足於客戶多樣性價格承受能力，為客戶提供具有競爭性的定價策略；產品服務營銷必須立足於能夠為客戶提供快捷便利的多樣性售後服務；產品服務促銷必須將客戶的短期現實利益和企業的長期性社會責任緊密結合起來。

一般而言，CLV 的估值分為以下幾種：

（1）單個消費者 CLV。在確定了交易期間（Transacting Period，TP）、折現率（Discount Rate，DR）、客戶消費企業產品服務的期望頻率（Expected Frequency，EF）、客戶消費企業產品服務的預期支出額（Expected Spending，ES）、客戶消費企業產品服務的平均貢獻（Average Contribution，AC）、客戶消費企業產品服務的邊際貢獻（Marginal Contribution，MC）後單個消費者的 CLV 可估算如下：

$$CLV = \sum_{n=0}^{TP} \frac{EF_{mn} \times ES_{mn} \times MC_{mn}}{(1+DR)^n}$$

（2）消費者群體 CLV。和單個消費者的 CLV 相比較，消費者群體 CLV 僅僅體現在用客戶消費企業產品服務的平均貢獻來代替客戶消費企業產品服務的邊際貢獻，其他和單個消費者的 CLV 基本相同。這樣，消費者群體的 CLV 可估算如下：

$$CLV = \sum_{n=0}^{TP} \frac{EF_{mn} \times ES_{mn} \times AC_{mn}}{(1+DR)^n}$$

（3）客戶成本導向的 CLV。在確定了折現率（Discount Rate，DR）、客戶資本創造的毛利潤（Gross Profit，GP）、客戶消費企業產品服務的消費可能性（Consumption Possibility，CP）、客戶關係維持成本（Maintaining Cost，MC）、客戶關係促進成本（Developing Cost，DC）、客戶關係投資資本（Investment Capital，IC）等各項具體指標基礎上，客戶成本導向的 CLV 可估算如下：

$$CLV = \sum_{m=1}^{n} \frac{GP_m \times CP_m}{(1+DR)^m} - \sum_{m=1}^{n} \frac{MC_m + DC_m}{(1+DR)^m} - IC$$

CLVVM 試圖立足於財務學估值思路來估算客戶資本對財務價值創造的貢獻度。由於該模型將 CLV 的構成區分為歷史財務價值、現在財務價值和未來潛在財務價值，因此，這種整合了歷史、現在和未來潛在財務價值的估值模型有助於度量企業客戶資本現時盈利能力和將來客戶資產的潛在價值創造能力，提供了貫穿時間進行定量估算客戶資本創造價值的可行性思路。同時，客戶消費企業產品服務的期望頻率、客戶消費企業產品服務的預期支出額、客戶消費企業產品服務的平均貢獻等數據信息的獲取在相當程度上取決於對這些數據的準確預測，預測數據的精確度直接制約著客戶終身價值的最終估值結果，這無疑體現出 CLVVM 的局限性和片面性。

二、客戶資本價值創造實踐估值技術

客戶資本價值創造實踐估值技術就是將客戶資本價值創造的理論估值模型應用於實踐估值過程中，來實證檢驗這些理論估值模型的實踐可行性以及對財務現實的解釋能力而確定的各種估值技術和方法。由於這些估值技術和方法經過客戶資本估值實踐的檢驗，因此具有較大的估值可行性和較強的解釋能力。一般而言，由於客戶資本創造的價值可基於企業思路和客戶思路兩個不同的視角來進行客戶資本創造價值的估值，因此，在具體估值實踐中應用較多的方法主要有如下幾種：

1. 折現估值法

折現估值法基於以下假設：企業和客戶消費者締結的客戶消費關係的維持期間（Maintaining Period, MP）長短能夠確定，客戶消費者在客戶消費關係存續期間內為企業實現的毛利潤（Gross Profit, GP）能夠確定，客戶關係投資資本（Investment Capital, IC）能夠確定，資本成本 WACC 保持不變。當上述條件同時滿足時，客戶資本價值（Customer Capital Value, CCV）就可以具體估算如下：

$$CCV_k = \sum_{m=0}^{MP} \frac{GP_{km} - IC_{km}}{(1 + WACC)^m}$$

比如，某一企業 ABC 產品服務的客戶消費者 X 與企業 ABC 客戶消費關係的維持期間長短為 6 年，客戶消費者每年為企業創造並實現的毛利潤為 R_i（i=1, 2, …, 6），締結維持客戶關係的年投資資本為 C_i（i=1, 2, …, 6），資本成本 WACC 具體用銀行基準年利率3%表示，那麼，客戶消費者 X 創造的客戶資本價值可估算如下：

$$CCV_X = \sum_{i=0}^{6} \frac{R_{Xi} - C_{Xi}}{(1 + 3\%)^i}$$

從上述折現估值法的具體應用來看，當假設條件同時滿足時，折現估值法運算體現出直觀簡單的優勢，基本上是應用貨幣時間價值，通過查一元複利現值系數表求客戶資本價值的現值過程。儘管客戶消費者每年為企業創造並實現的毛收益數據可以直接從利潤表或現金流量表中獲取，但是客戶關係的投資資本通常區分為生產成本和非生產成本。生產成本由於能夠直接確定產品服務的歸屬受益對象，因此可以通過相關會計科目直接進行歸集和分配。但對於廣告投入費等期間費用，由於不能夠直接確定產品服務的歸屬和受益對象，通過相關會計科目直接進行歸集和分配顯然是無法實現的。為此，可以通過按比例交互分配、肯定當量法、品種法、分步法等不同的間接分配方法進行非生產成本歸集和分配。

2. 客戶佔有率估值法

客戶佔有率是對衡量企業財務經營成果的重要指標——客戶市場份額的一種替代，是基於客戶消費者消費企業產品服務時的效用質量感受來度量客戶資本進行的價值創造貢獻度指標。由於客戶市場份額只是度量消費市場上企業擁有客戶消費者規模大小的一個數量指標，在客戶市場份額不斷拓展的過程中，企業利潤表或現金流量表中的客戶收益可能會保持不變甚至出現下降的可能性，因此，只有用能夠衡量客戶消費效用質量感

受的客戶佔有率指標來估算客戶消費者消費企業產品服務時的費用支出占客戶消費者消費不同企業同一產品服務時的總費用支出比例,才能夠較為精確地估算客戶資本創造并實現的財務價值。

客戶佔有率估值法就是基於客戶消費企業產品服務的預期支出額占總費用支出額的比例,通過確定客戶消費企業產品服務的期望頻率(Expected Frequency, EF)、客戶消費企業產品服務的預期支出額(Expected Spending, ES)、客戶消費企業產品服務的平均貢獻(Average Contribution, AC)以及基於客戶消費關係持續時客戶消費企業產品服務的交易期間(Transacting Period, TP)和折現率(Discount Rate, DR),通過對客戶資本價值進行折現後來估算客戶資本創造并實現的財務價值大小的一種方法。具體估值公式如下:

$$CCV_X = \sum_{n=0}^{TP} \frac{EF_{Xn} \times ES_{Xn} \times AC_{Xn}}{(1+DR)^n}$$

上述估值公式中,CCV_X 表示客戶消費者 X 為企業創造并實現的客戶資本價值;EF_{Xn} 表示客戶消費者 X 在第 n 期消費企業產品服務時的期望頻率;ES_{Xn} 表示客戶消費者 X 在第 n 期消費企業產品服務時的預期支出額;AC_{Xn} 表示客戶消費者 X 在第 n 期消費企業產品服務時對企業的平均貢獻;DR 表示折現率。

比如,某一企業 ABC 產品服務的客戶消費者 X 與企業 ABC 客戶消費關係的維持期間長短為 6 年,客戶消費者年消費企業產品服務時的平均貢獻為 R_i(i=1, 2, …, 6),年消費企業產品服務時的期望頻率為 F_i(i=1, 2, …, 6),年消費企業產品服務時的概率為 P_i(i=1, 2, …, 6),折現率 DR 具體用銀行基準年利率3%表示,那麼,客戶消費者 X 創造的客戶資本價值可估算如下:

$$CCV_X = \sum_{i=0}^{6} \frac{R_{Xi} \times F_{Xi} \times P_{Xi}}{(1+3\%)^i}$$

3. 客戶資本二分估值法

客戶資本二分估值法的核心思路就是首先將企業的客戶消費者區分為長期性客戶和初期性客戶兩類。長期性客戶是指對企業產品服務體現出高度的認可度和忠誠度,平均每年至少消費同一企業相同類型產品服務兩次以上,并且存在消費同一企業不同產品服務的強烈意識,能夠在消費市場上通過口碑效應傳遞企業產品服務良好聲譽品牌信息的客戶。初期性客戶是指對企業產品服務認可度和忠誠度不高,平均每年消費同一企業相同類型產品服務不確定,并且基本不存在消費同一企業不同產品服務的可能性,基本不能夠在消費市場上通過口碑效應來推介企業產品服務的客戶。在此基礎上,將客戶資本創造的價值區分為初期性客戶獲取收益(Obtain Profits, OP)和長期性客戶維持收益(Maintaining Profits, MP)兩部分,在確定客戶消費者年邊際收益(Annual Marginal Profits, AMP)和初期性客戶年獲得率(Annual Received Rate, ARR)、長期性客戶年維持率(Annual Maintaining Rate, AMR)以及 WACC 基礎上,客戶資本二分估值法的公式如下:

$$CCV_X = ARR \times AMP - OP + ARR \times \left(AMP - \frac{MP}{WACC}\right) \times \frac{AMR}{1 + WACC - AMR}$$

客戶資本二分估值法的優勢在於充分考慮到由於企業不能夠正確處理現有客戶消費者對企業產品服務的申訴抱怨而引發的客戶流失對企業造成的價值毀損問題，為此通過設計長期性客戶年維持率這一指標試圖修正由於客戶流失而可能對企業形成的價值毀損。當然，隨著企業和客戶產品服務消費交易進程的深入，企業基於滿足客戶消費者多樣性消費需求導向戰略的實施可緩解現有客戶消費者的流失問題。因此，長期性客戶和初期性客戶的年獲得率顯然不相等，但客戶資本二分估值法沒有體現出這種年獲得率的差異性，這無疑是客戶資本二分估值法比較明顯的缺陷之一。

上述估算客戶資本價值創造的各種模型和方法本質上是現金流折現方法在客戶資本價值創造估值中的典型應用，其基本思路都是將客戶資本為企業創造并實現的財務現金流淨收益和締結、維持客戶消費關係而發生的估值投資資本現金流淨支出進行差值比較後，再根據現金流折現估值公式進行具體的價值估算。因此，這種估值思路簡單直觀，具有較強的可操作性。但由於估值公式中涉及的各種指標都無法直接對接上市公司的財務報表數據，因此用這些估值公式估算出的客戶資本價值創造結果存在比較大的誤差。改進這些估值結果誤差的可行性途徑就是進一步優化現有的各種估值公式，引進複雜的數理統計方程。但完善的估值公式在縮小估值誤差的同時也加大了估值成本，可能又會和最基本的成本效應原則衝突。

第三節 客戶資本財務價值管理決策

客戶資本財務價值管理決策就是通過各種有助於客戶資本價值創造和實現的先進的管理理念、管理方法以及管理流程的優化設計來進一步提升并實現客戶資本更大的財務價值創造和增值的決策過程。這一管理決策過程起始於客戶消費關係的有效管理，形成於客戶資產終身價值創造平臺的構建，終止於客戶資本的財務學、會計學估值計量。

一、對客戶消費關係的高效管理

對客戶消費關係的高效管理旨在構築起企業和客戶消費者群體能夠進行長期性溝通交流的信息平臺，實現企業為客戶創造最大化消費效應體驗價值和客戶為企業創造最大化財務價值的戰略性雙贏財務目標。這一戰略性雙贏財務目標的實現可從以下幾個方面來實施：

1. 基本思路

客戶消費關係的締結是企業對有意向消費企業產品服務的不同客戶消費者群體在充分的瞭解、篩選和識別基礎上構建起雙方互惠認同的關係後形成的，并在和不同的客戶消費者群體通過各種方式的交流溝通中進一步穩定和強化這種客戶消費關係。為此，企業必須在深入瞭解潛在消費者客戶消費偏好、年齡大小、用於產品服務消費方面的可支

配收入多少以及客戶消費者所在的消費區域等最基本消費信息基礎上，形成能夠較為準確地判斷預測客戶消費者消費企業產品服務可能性大小的知識信息數據庫系統，這一知識信息數據庫系統既是實現由潛在消費客戶向現實消費客戶轉換的驅動力，也是企業通過設計出簡潔高效的客戶營銷策略促進潛在消費客戶轉化為現實消費客戶、現實消費客戶轉化為忠誠消費客戶的可行性製度保障。同時，這一知識信息數據庫系統還是企業和客戶消費者群體建立互惠認同關係的基礎。而互惠認同關係是進一步締結客戶消費關係、管理客戶消費關係資本的前提。一般而言，這種互惠認同關係就是一種信任基礎上的默許關係。衡量這種互惠認同、信任默許關係是否建立以及建立起來後是否牢靠的基本標誌就是雙方對核心信息的互通和共享。比如，企業為實現客戶消費者群體由潛在消費者向現實消費者再向忠誠消費者的轉變，提升客戶消費者對企業產品服務的忠誠度和滿意度，通常要求客戶消費者提供并互通可能涉及客戶消費者個人隱私的知識信息，這也是企業為客戶消費者提供多樣性、個性化消費所必需的。但如果客戶消費者確實為企業提供了隱私性知識信息，這充分表明了客戶消費者對企業的信任。企業在充分尊重客戶消費者個性化消費意向的同時，從為客戶負責著想的思路應保密并妥善處理這些隱私性知識信息，只有這樣，企業才能夠贏得客戶消費者群體的充分認同和信任，才能夠和客戶構建起不斷深化的互存互惠情感寄托，最終形成持久穩定的客戶消費關係。

　　同時，為持續強化業已形成的客戶消費關係，企業必須搭建起能夠和客戶消費者及時高效、迅速互動的交流溝通平臺和渠道。客戶消費者和企業之間存在的消費意向信息不及時、不通暢是導致交流信息不完全對稱的最主要因素，而信息不完全對稱直接影響到客戶消費者對企業產品服務的忠誠度，無論是潛在客戶還是現實客戶。為避免忠誠客戶消費者蛻變為現實消費者甚至蛻變為潛伏客戶消費者導致客戶消費者的流失，企業搭建起的交流溝通平臺和渠道應該能夠保證企業同時和忠誠客戶消費者、現實消費者、潛伏客戶消費者的同步交流互動，在這些不同的客戶消費者群體能夠主動選擇不同的交流溝通平臺和渠道的同時使他們能夠方便快捷、低交流成本地和企業進行有助於客戶消費關係強化穩定的多方面交流溝通。這是維繫持久穩定客戶消費關係的基礎和構建之所在。

　　2. 不斷提升客戶消費者的消費效用滿意體驗度

　　衡量對客戶消費關係的管理是否高效的尺度是多維度的。客戶消費關係資本為企業創造的財務價值多少，客戶消費關係的深廣度、穩定度和持久度等都可以從一個側面對客戶消費關係管理的績效進行度量。但是，客戶消費者群體消費企業產品服務時的消費效用滿意體驗度有助於增強客戶消費關係的持久穩定性，在促進客戶消費者消費企業產品服務頻數不斷提升和交叉消費行為發生的同時，通過正向口碑效應能夠引導潛在消費者向現實消費者的快速轉變，引導現實客戶消費者進一步發展為企業產品服務的忠誠消費者客戶群。因而，不斷提升客戶消費者的消費效用滿意體驗度應成為高效管理客戶消費關係的核心之所在。

　　消費效用滿意體驗度是企業為客戶消費者創造消費效應體驗價值的度量標準。消費效應體驗價值是客戶消費者效用體驗收益和效用體驗損失比較後的一種差值價值，這種

差值價值越大，客戶消費者對企業產品服務的滿意度就會越高，偏高的滿意度就會不斷刺激客戶消費者對企業產品服務進行消費的意向，促進了客戶消費關係的持久強化。客戶消費關係的持久強化反作用於客戶消費者的表現就是客戶對企業產品服務的進一步重複消費和客戶消費關係持續期間的放大拉長，使得客戶資本在不斷進行財務價值創造的同時實現價值的增值。因此，客戶消費效用滿意體驗度和客戶消費效應體驗價值正相關并同向變動。而客戶效應體驗價值和客戶資本價值緊密相關，兩者共同構成了客戶價值。其中，客戶效應體驗價值是客戶視域的企業為客戶提供的消費效用價值，客戶資本價值是企業視域的客戶資本為企業讓渡并實現的企業財務價值，這兩種不同視域的價值在相互影響、相互轉換的整合運動中體現出知識經濟時代客戶這一企業擁有的特殊制約對企業財務價值創造的貢獻度。客戶效應體驗價值形成客戶資本價值的價值平臺，是實現客戶資本財務價值創造的基礎性途徑。企業只有在實現了客戶效應體驗價值最大化的前提下，才能夠在滿足客戶消費者多樣性個性消費需求的同時增進客戶消費者消費企業產品服務的滿意程度，才能夠在刺激客戶消費者不斷重複消費企業產品服務的進程中實現客戶資本價值創造的最大化。

提升客戶消費者消費效用滿意體驗度的有效途徑體現在：客戶導向的全面營銷理念是提升效用滿意體驗度的基礎。客戶導向的全面營銷要求企業不同職能部門全部工作的重心在於在不斷提升客戶消費者消費企業產品服務數量，拓寬企業產品服務市場份額和佔有率的同時追求客戶消費者消費企業產品服務質量的擴大和提高客戶消費佔有率。這是由客戶資本為企業創造的巨大財務收益效應所決定的，也是由客戶消費需求多樣性基礎上的易變性直接影響的。為此，企業應在為客戶消費者創造便利、低成本的消費環境的同時，提供全天候、全方位的消費服務，并通過對消費市場上客戶消費者消費需求和消費導向的深入調查反饋來實施產品更新戰略，通過在對擁有的各種資源要素合理優化配置基礎上不斷對所生產的產品進行升級換代式的更新，力求和客戶消費者的多樣性消費需求相吻合，力求和客戶消費者的個性化消費導向相同步，而不斷提升客戶資本的財務價值創造能力和價值貢獻度。此外，定期或不定期地積極開展基於企業產品服務品牌聲譽的客戶消費者情感對接、維繫活動也不失為提升消費效用滿意體驗度的一種有意義的創新營銷模式。

二、客戶資產終身價值創造機制的設計和構建

客戶資產終身價值創造是在企業內外部利益相關者和企業內外部財務環境互動整合過程中實現的，這一互動整合過程也是價值創造機制的設計和構建過程。影響客戶資產終身價值創造的內外部財務環境可能呈現多樣性狀態，但就客戶資產終身價值的創造和實現而言，客戶導向中心的文化管理氛圍的營造、客戶管理中心組織管理機構的打造、客戶信息互動中心管理系統的構築無疑是最為核心的機制。

1. 客戶導向中心文化管理氛圍的營造

客戶導向中心文化管理氛圍的營造涉及客戶體驗價值的集中、內外部利益相關者價值創造的協同、基於客戶的競爭合作戰略制定以及客戶中心團隊的培植等方面。客戶體

驗價值的集中要求企業的資源優化配置、長短期商業性事務的決策、不同層次人才的去留都應該緊緊圍繞不斷滿足潛伏客戶、現有客戶、忠誠客戶等的動態性消費需求變化而展開，在深入理解客戶消費關係和客戶資產價值創造的互動關係中，通過不斷地選擇吸引來不斷提升具有較高價值創造實現潛力的客戶消費企業產品服務的忠誠度，從而實現高價值客戶資產的價值創造實現能力。內外部利益相關者價值創造的協同要求企業客戶資產價值創造的決策既要滿足企業不同層次經營管理者、員工等內部利益相關者對價值創造的貢獻度和合理的客戶利益追求，更應該滿足企業的供應商、債權人以及政府職能部門等外部利益相關者對價值創造的貢獻度和合理的客戶利益追求。同時，企業還應該關注戰略聯盟企業客戶資產價值創造鏈上資源共享和協同配合。基於客戶的競爭合作戰略制定表明，客戶消費企業的產品服務還是消費企業競爭對手的產品服務決定於客戶消費者消費產品服務時的效用體驗，取決於基於效用體驗而對產品服務形成的忠誠度。因此，在致力於提升產品服務質量基礎上增進客戶消費者消費產品服務的質量和佔有率，通過客戶對產品服務忠誠度的增加來拓展客戶消費者群體是企業和競爭對手面臨的共同挑戰和機遇。就此意義而言，企業和競爭對手基於客戶忠誠度的競爭是一種合作性戰略競爭。客戶中心團隊的培植表明就服務於客戶消費者消費企業產品服務的需求而言，員工自身的客戶利益目標和企業、企業不同部門的客戶利益目標應在相互共存基礎上協同配合。為此，企業的不同員工之間、企業的不同職能部門之間應在共享客戶信息的基礎上加強協調配合，使得客戶消費者的任何消費需求都能夠及時反饋到員工團隊和職能部門團隊，客戶消費者對企業產品服務的任何申訴和抱怨都可以在第一時間內找到能夠妥善處置這些申訴抱怨的工作團隊。

2. 客戶管理中心組織管理機構打造

客戶管理中心組織管理機構打造就是用基於客戶管理中心的、具有彈性和柔性的扁平化團隊協作組織結構來打破并代替僵化的條塊組織機構，使得客戶管理中心位於企業決策機構和企業運作機構之間。客戶管理中心向上對接企業決策機構并為企業決策機構制定各種客戶管理戰略、提供智力決策保障，向下對接企業運作機構并發揮團隊運作決策與協調配合。運作機構一方面要設計制定發展客戶關係戰略、積極實施能夠實現客戶資本價值創造最大化和價值實現最優化的策略；另一方面在交流共享客戶消費者消費企業產品服務多樣性、個性化需求信息基礎上，設計企業產品服務的運作流程，以期形成客戶管理中心導向的富有彈性和柔性、運轉高效的企業客戶資本營運管理組織機構。

3. 構築以客戶信息互動為中心的管理系統

客戶信息互動中心是能夠有效對接客戶消費者效用體驗價值和客戶資本創造價值的基礎和平臺，兩種不同思路創造的價值在客戶信息互動中心實現了整合和提升，完美解答了客戶價值創造和實現的邏輯命題。就企業為客戶消費者提供的效用體驗價值而言，客戶信息互動中心在克服了客戶消費者和企業之間存在的交易信息不對稱的同時，為企業深入瞭解消費市場上客戶消費需求的動態變遷提供了及時便利的反饋信息，使得企業能夠通過為客戶消費者提供競爭性的產品服務，在提升客戶消費者對企業產品服務滿意度、忠誠度的基礎上強化客戶消費關係的質量層次，為客戶資本的價值創造提供強大的

信息支撐。就客戶消費者為企業創造讓渡的價值而言，客戶信息互動中心為企業科學設計制定客戶導向的全面營銷戰略提供了第一手的決策信息，借助這些決策信息企業就能夠合理設計并實施和客戶導向全面營銷戰略相對應的各種營銷流程，而各種營銷流程的優化在提高產品服務價值的同時是實現客戶消費效用體驗價值最大化的信息基礎。

三、優化客戶資本的估值計量

優化客戶資本估值計量旨在將財務學視角價值創造收益不能夠進行精確估值計量的客戶資本在會計報表表外進行客觀科學地披露反應。企業稀缺性戰略資源的客戶資本，由於能夠保障企業在激烈的市場競爭中獲取可持續的競爭優勢、提高企業現在和將來的收益盈利能力，從而奠定了企業可持續生存發展的戰略性資本基礎。因此，企業財務價值創造的決策應從單方面權衡顯性財務資本的價值創造貢獻度轉變為以客戶資本等隱性財務資本價值創造為導向，全面整合提升隱性財務資本和顯性財務資本的價值創造能力，在系統開發、全面維持營運客戶資本的過程中實現客戶資本的財務價值創造和增值。

優化客戶資本估值計量的財務會計學思路就是在系統分析客戶資本盈利能力大小基礎上促進客戶資本盈利增值能力的不斷提升。為此，必須基於客戶資本估值思路來進行能夠為企業創造最大價值的客戶消費者群體的篩選、細分和錨定。篩選客戶消費者群體應將客戶資本的歷史收益價值、現在收益價值和未來潛在收益價值相結合，選擇能夠實現這三種耦合價值的客戶消費者群體進行錨定，然後根據耦合價值和企業締結客戶消費關係時的投資資本相配比原則進一步將客戶消費者細分為重點關注客戶、普通維繫客戶和潛在淘汰客戶等不同類型。在此基礎上，借助收益成本對比率、客戶佔有率等定量指標，通過模糊層次分析法就基本上能夠確定客戶資本盈利增值能力了。

第七章　基於聲譽資本的財務價值決策

　　對聲譽的理解具有多樣性。可以從非商業性意義上的聲譽內涵和商業性意義上的聲譽內涵兩個視角進行較為粗糙的理解。非商業性視角的聲譽內涵就是一種名譽或聲望。《現代漢語辭典》將聲譽理解為名譽或聲望、并且基本上是指基於個體某些特質而形成的個體所特有的名譽或聲望。如《史記·三王世家》中聲譽的描述：「臣不作福⋯⋯以立聲譽，為四方所歸也」；《答員半千書》中描述聲譽：「而欲圖僥幸於權重之交，養聲譽於眾多之口」；《送吳振西北遊》詩中對聲譽的表述：「望實如君真不愧，即看聲譽動公卿」[①] 等中國古典文獻中涉及的聲譽就是個體名譽或聲望的代名詞。將聲譽和商業活動聯繫起來，其基本含義就是一種社會責任。這是聲譽就存在個體聲譽和組織聲譽之分別。Davis 在 1960 年提出的「責任鐵律」就區分了基於聲譽的個體社會責任和組織社會責任。他認為商人個體承擔的社會責任必須和賦予他們的社會權力相對稱；而企業的社會責任涉及對社會經濟的貢獻度和推進人類社會進步的雙重義務[②]。事實上，聲譽資本財務價值創造過程和企業社會責任的履行息息相關。企業社會責任的履行程度是提升其聲譽度、提升聲譽資本價值創造績效的關鍵驅動因素。企業聲譽和企業社會責任之間「一損俱損、一榮俱榮」的相關關係表明履行社會責任是提升聲譽資本財務價值創造的核心途徑。2008 年中國汶川大地震中國企和外企不同的社會責任行為導致短期內兩類企業不同的聲譽形象和利潤收益。在這次大地震中，國企積極迅速捐款捐物、直接參與地震救援的行為得到了社會公眾和新聞媒體的高度認同和普遍讚譽，迅速提升了國企的聲譽。其結果是基於聲譽提升的國企短期內獲得了巨大的聲譽資本收益，長期內提升了聲譽資本財務價值創造的能力。相反，面對在抗震救援中行動遲緩、表現不佳的著名外企，國內網民製作并發布了所謂的「國際鐵公鷄排行榜」，更有甚者，一部分國內網民發出了抵制外資品牌以支持民族品牌的行動倡議⋯⋯儘管這些知名外企在抗震救援中也慷慨解囊，積極履行其社會責任，但「國際鐵公鷄排行榜」導致其聲譽形象的下滑在短

---

① 好搜百科：http://baike.haosou.com/doc/6912423-7134283.html.
② 畢楠.基於聲譽資本的企業社會責任價值創造機理研究 [D].大連：東北財經大學，2012：10.

期內無疑會對其財務績效產生直接的負面影響①。無獨有偶，「3Q 事件」案例再一次證明了企業社會責任履行和企業聲譽資本價值創造之間的「一損俱損、一榮俱榮」關係：2010 年 9 月 27 日，殺毒軟件製造商奇虎 360 披露了騰訊 QQ 憑藉其掌握的技術私自掃描 QQ 用戶硬盤這一所謂的「窺私」事件，為吸引 QQ 用戶使用奇虎 360 軟件，奇虎 360 推出了所謂的隱私保護器。同年 9 月 28 日，騰訊 QQ 以 360 瀏覽器提供黃色視頻圖片為由發起反擊，9 月 30 日，騰訊 QQ 封殺 360 隱私保護器。這就是 2010 年 9 月發生在奇虎 360 和騰訊 QQ 之間的所謂的「口水之戰」。進入 10 月，「口水之戰」升級為「訴訟之戰」：10 月 15 日，騰訊 QQ 將奇虎 360 起訴到法院，10 月 27 日，雙方展開彈窗之戰，10 月 29 日奇虎 360 推出 QQ 保鏢，11 月 3 日騰訊封殺 360 的 QQ 保鏢，使得裝有 360 安全衛士的電腦無法正常運行騰訊 QQ。此時雙方彈窗之戰達到高潮。最後，雙方在工信部的通報批評下相互發布致歉聲明而草草收場。「3Q 事件」使得奇虎 360 和騰訊 QQ 兩敗俱傷：在使兩家軟件製造商聲譽嚴重受損的同時導致了其財務績效短期內的持續下滑②。

　　聲譽作為能夠降低市場交易成本的一種交易契約設計或製度安排，旨在解決市場交易過程中不同的買賣雙方交易者由於信息不對稱度的存在而導致的市場交易成本的高低。現代意義上的聲譽思想最早可追溯到古典經濟學中對勞動力市場上買賣雙方進行交易而締結的勞動契約。1980 年，Fama 將基於聲譽的勞動契約觀點引入新古典經濟學研究，此後，博弈論經濟學和信息經濟學將其引入核心研究領域并最終形成聲譽研究的市場交易聲譽觀、信息治理聲譽觀、組織激勵聲譽觀、網路聲譽觀等不同的理論流派。1982 年，Kreps 和 Wilson、Migrom 和 Roberts 基於不完全信息下有限重複博弈的「囚徒困境」模式共同提出并創立了經濟學意義上的關於聲譽作用機理、不同聲譽主體進行聲譽行為決策的 KWMR 研究模式，開現代經濟學意義上經典的聲譽研究之先河。1997 年，Fomhrnn 和 VanRiel 通過系統梳理不同學派的聲譽研究文獻，從市場營銷學視角、組織流程學視角、戰略管理學視角、經濟學視角、社會學視角、會計學視角等不同學派視角總結出現有聲譽研究文獻在界定聲譽概念內涵時的思想觀點和描述聲譽屬性特徵時的異質性差異。作為企業擁有或控制的能夠形成企業核心競爭力并能夠為企業取得可持續競爭優勢的一種戰略性無形資源要素，聲譽對企業財務價值創造的貢獻度是在聲譽資本化過程中實現并體現其巨大的價值創造重要性的。而聲譽資本化的過程就是企業不可或缺利益相關者在共同創造企業價值的各種商業行為中形成基於聲譽的價值創造鏈，并通過上下游聲譽價值創造鏈的相互影響和相互作用來實現聲譽資本財務價值創造、依據締結的財務分配契約分享聲譽創造出的財富的過程。這一過程也標誌著從工業經濟時代有形實體資本財務價值創造主導向知識經濟時代有形實體資本和無形聲譽資本通過有機結合

---

① 費顯政，李陳徵，等. 一損俱損還是因禍得福?——企業社會責任聲譽溢出效應研究［J］. 管理世界，2010（4）：74.

② 熊豔，李常青，等. 危機事件的溢出效應：同質混合還是異質共存?——來自「3Q 大戰」的實證研究［J］. 財經研究，2012（6）：41-42.

實現以無形聲譽資本主導的財務價值創造的轉變。這種財務價值創造導向的轉變既是提升企業可持續財務價值創造能力的必由途徑，也是發揮聲譽資本價值創造溢出效應的一種必然結果。

第一節　聲譽資本與財務價值創造決策

一、聲譽資本財務價值創造思路

聲譽資本是企業擁有的一種價值創造聲譽難以精確計量反應的戰略性財務要素資本。這種戰略性財務要素資本的價值就是相關評估機構對聲譽進行評估的過程中評估價圍繞市場價值變動并達到均衡狀態的一種均衡價值。這種均衡價值是企業內外部利益相關者在商業行為價值鏈中對聲譽這種特殊的資本進行動態交易時討價還價博弈的結果。因此，在對聲譽資本創造的財務價值進行估值時就體現出風險資本收益不確定性的共性特徵。就此意義而言，聲譽資本創造的財務價值是一種風險價值，聲譽資本的本質就是一種隱性財務資本。聲譽資本財務價值創造的作用機理就是由聲譽轉換為聲譽資本時內在的聲譽資本形成作用機理和外在的聲譽資本財務價值創造機理相互作用、相互耦合的過程。這一動態耦合過程既是企業內外部利益相關者進行財務價值創造、價值增值實現和對 EBIT 進行分配等各種財務價值決策的實施執行過程，也是動態實現企業憑藉擁有的聲譽資本進行財務戰略目標定位并反饋財務戰略目標實現程度的過程。基於企業擁有聲譽資本進行財務戰略目標設計、定位分析，是縱向的聲譽資本專用性投資財務戰略的設計制定、執行實施和橫向多元化財務戰略的設計制定、執行實施相互結合并優化配置的過程。縱向聲譽資本專用性投資財務戰略設計制定表明企業能夠向消費者生產質優價廉的產品和提供品質上乘的服務，而在執行實施過程中則向消費者傳遞著有利於提升聲譽資本創造財務價值的諸如企業產品服務的質量可靠、品質保障等利好聲譽信息。橫向多元化財務戰略的設計制定、執行實施則可能向消費者傳遞著不利於提升聲譽資本創造財務價值的負面信息，諸如企業主營業務收益的季節性反彈和不穩定、對企業主營業務成本管控不力而可能引發的企業財務狀況惡化等有損企業聲譽形象的負面信息。就參與聲譽資本財務價值創造的外部投資者而言，良好的企業聲譽能夠吸引投資者加大對聲譽資本的投資額，這無疑在降低企業聲譽資本融資成本的同時放大了聲譽資本的價值聲譽空間；就企業產品和服務的最終消費者客戶考察，良好的企業聲譽能夠增加現有消費者對企業產品和服務的一致認同度、持久滿意度和忠誠度，這些現有消費者群體在不同消費者之間對企業產品和服務的美譽傳播形成的「口碑效應」無疑能夠使企業低成本甚至無成本地在拓展產品服務的消費市場份額的同時強化企業聲譽資本創造財務價值的能力。

二、由聲譽到聲譽資本的形成機理

聲譽資本形成機理就是企業現有聲譽或企業在特定會計期間由於履行社會責任的良

好形象而可能形成的潛在聲譽內化為能夠創造價值的資本的過程機理。這一機理的作用過程就是企業擁有的戰略性聲譽資源要素首先形成企業的聲譽資產，聲譽資產在企業進行的商業行為價值鏈中通過影響聲譽資產價值鏈上利益相關者的動態博弈而體現出聲譽資產的資本化，進而實現聲譽資本財務價值的創造。也就是：戰略性聲譽資源要素形成聲譽資產→聲譽資產在企業價值創造鏈上的商業行為→聲譽資產資本化→聲譽資本創造財務價值。具體而言：

1. 由企業聲譽形成聲譽資產

無論企業規模大小和盈利多少，任何企業都會擁有其在生存發展過程中形成并累積的利好聲譽或負面聲譽。這些累積的影響不同的企業聲譽能夠在資本市場上向諸如企業所有者、生產經營者、不同層次員工、政府監管部門、消費者群體、價值鏈供應商、隸屬機構不同的新聞媒體等內外部利益相關者傳遞企業不同會計期間的財務狀況、經營成果和現金流量等涉及企業財務績效的利好信息或負面信息。這些利好信息或負面信息能夠影響企業內外部利益相關者對企業的態度認可反應和情感行為反應。內外部利益相關者已經形成的這些態度反應和行為反應過來就會形成資本市場上利益相關者從事商業行為時對企業累積聲譽的不同評價信息，反饋并作用於企業生產經營、并購重組等各種財務活動中，形成能夠影響企業本期聲譽形象和歷史期聲譽形象的各種不同要素。這些影響構成要素既可能包括諸如長短期財務戰略目標設計、財務風險大小與收益高低、財務資本結構與財務價值創造等財務要素，也可能包括諸如社會公眾對企業形象的反應認同度、各種監管機構對企業的曝光程度、企業社會責任履行的新聞宣傳度等非財務因素。企業在歷史時期形成的聲譽形象既可能影響到企業上一期的聲譽形象也可能影響到本期的企業聲譽形象。企業的上一期聲譽形象可能進一步影響到上一期的各種財務要素和非財務要素。本期的聲譽形象可能影響到企業本期的各種財務要素和不同非財務要素。本期和非本期各種不同的財務要素和非財務要素在動態結合中就會向資本市場傳遞能夠影響企業不可或缺的利益相關者對企業本期和非本期聲譽形象進行評估而形成的關於企業收益的各種利好信息或負面信息。利好信息有助於企業擁有的戰略性聲譽資源要素進行價值創造，相反，負面信息就會妨礙企業擁有的戰略性聲譽資源要素進行價值創造。其結果是在這種商業行為價值鏈上對企業聲譽反覆進行的動態博弈過程中實現了企業聲譽向聲譽資產的可能性轉變。

2. 聲譽資產資本化和聲譽資本財務價值創造實現

聲譽資產資本化就是聲譽資產轉換為聲譽資本并實現聲譽資本財務價值創造的過程。這一過程基於企業商業行為戰略博弈價值鏈，是參與聲譽資產動態博弈的各方在戰略博弈價值鏈上進行反覆多次動態博弈的結果。企業商業行為戰略博弈價值創造鏈是由企業營運價值鏈和盈利價值鏈在相互協調制約、相互支撐轉換的動態耦合過程中形成的戰略性時空立體鏈。其中，營運價值鏈保障了聲譽資本財務價值的具體實施創造，盈利價值鏈保障了聲譽資本財務利潤收益的具體實現。兩種價值鏈都以聲譽資產價值創造鏈為財務目標導向，通過戰略性設計謀劃保障了聲譽資產在轉化為聲譽資本的過程中財務價值創造的實現路徑和實現方向。戰略博弈價值創造鏈獨特的動態循環性和時空立體性

一方面能夠完成從存量聲譽資產轉變為增量聲譽資本時企業收益現金流的流入，另一方面也能夠實現聲譽資本財務價值創造的增值。戰略博弈價值創造鏈這種獨有的價值創造和價值實現特質既從時間上貫穿於聲譽資本財務價值創造的過去現在和未來，也從空間上保障了不同企業形成的戰略聯盟對聲譽資產資本化創造財務價值時的不同貢獻度。正因為戰略博弈價值創造鏈的特質，作為能夠為企業獲得可持續競爭優勢的戰略性聲譽資產，才能夠驅動企業外部利益相關者基於聲譽資本巨大的預期收益而不斷追加對聲譽資本的投資，才能夠驅動企業內部利益相關者對聲譽資產創造的財務價值進行估值。這樣，戰略博弈價值創造鏈上的企業內部利益相關者就會在對聲譽資產財務價值創造進行戰略性設計和規劃的基礎上進行具體的聲譽資產財務價值大小的估值，并在設計和規劃的財務戰略引導下進行能夠實現聲譽資產價值創造的營運價值鏈和盈利價值鏈的具體實施選擇。在此過程中，有助於聲譽資產資本化和聲譽資本財務價值創造實現的價值創造引導鏈、價值創造財務戰略鏈、價值創造營運鏈和財務價值實現收益盈利鏈在相互作用的優化組合過程中也完成了相互的高效結合對接，這一優化組合結合對接過程既完成了在聲譽資產資本化時企業可持續競爭優勢的不斷獲取，也實現了聲譽資本從低層次的防範化解財務危機功能向高層次的財務價值創造和增值實現功能的質的飛躍和轉變[①]。而聲譽資產資本化是和對價值創造引導鏈的設計并不斷優化、對價值創造財務戰略鏈的選擇并不斷優化、對價值創造營運鏈的打造并不斷優化、對財務價值實現收益盈利鏈的拓展并不斷優化息息相關、一脈相承的。

三、聲譽資本財務價值創造機理

1. 聲譽資本和智力資本共同構成企業戰略性核心競爭力要素，聲譽資本在驅動智力資本財務價值創造的同時也完成了自身財務價值的創造和實現

智力資本財務價值創造的機理就是在其核心構成要素，諸如人力資本、組織結構資本、客戶資本、關係資本的驅動下實現的。聲譽資本又是驅動人力資本財務價值創造和實現、組織結構資本財務價值創造和實現、客戶資本財務價值創造和實現、關係資本財務價值創造和實現的關鍵因素。聲譽資本和人力資本、組織結構資本、客戶資本、關係資本共同構成企業可持續競爭優勢的來源和可持續財務價值創造的戰略基礎。因此，聲譽資本財務價值創造機理和智力資本財務價值創造機理具有相關性。從企業商業行為戰略博弈價值創造鏈分析，企業財務價值創造鏈就是企業內部的組織層次結構鏈、組織之間互動鏈和外部的關係資本價值鏈、社會網路價值鏈在動態的相互嵌入、相互耦合過程中形成的一種時空矩陣立體鏈。構成這一時空矩陣立體鏈的各種內外部價值子鏈在相互制約和相互影響的合力作用下能夠影響企業內外部利益相關者對聲譽資本創造財務價值的心理預期；能夠在提高企業產品服務基於以銷定產戰略性銷售定價的同時有效影響消費者對企業產品服務的消費度和忠誠度；能夠有效激發消費者消費企業產品服務的心理預期和價值效應；能夠使企業產品服務的預期市場價格在大於其價值的前提下圍繞價

---

① 徐浩然，王晨. 品牌：企業價值創造系統中的聲譽資本 [J]. 現代經濟探討，2005（2）：33.

進行良性波動。其結果就會使企業能夠對其產品服務投入較低成本時獲取較高的銷售定價、在形成具有可持續競爭優勢的同時促進企業更多產品服務的邊際利潤和企業財務績效的提升。企業運行良好的時空矩陣價值創造鏈對企業外部利益相關者的反向激勵作用會進一步促進消費者對企業產品服務更大程度上的需求和投資者對企業產品服務更大範圍內的不斷投資，這無疑有助於企業對更多市場價值增值機會的捕捉和更大的市場增值空間的獲取。同時，時空矩陣價值創造鏈上的企業外部關係資本鏈資本要素和企業內部不同層次的組織結構鏈資本要素在相互整合影響的交互作用過程中就會形成影響企業財務價值創造的人力資本因素。企業內部不同層次的組織結構鏈上的資本要素和企業內部不同組織之間互動鏈上的資本要素在相互整合影響的交互作用過程中就會形成影響企業財務價值創造的組織結構資本因素。企業外部關係價值鏈上的資本要素和企業內部組織層結構鏈上的資本要素以及組織之間互動鏈上的資本要素在相互整合影響的交互作用過程中就會形成影響企業財務價值創造的客戶資本因素和關係資本因素。企業外部關係價值鏈上的資本要素、外部社會網路鏈上的資本要素和企業內部不同層次的組織結構鏈上的資本要素、內部不同組織之間互動鏈上的資本要素在相互整合影響的交互作用過程中就會形成影響企業財務價值創造的聲譽資本因素。這些影響聲譽資本財務價值創造不同因素的交互作用在不斷增加企業聲譽資本的沉澱累積的同時，能夠為企業吸引并爭取到更多高素質人才資本儲備，也有助於增強企業不可或缺利益相關者（諸如為企業提供物質資本的不同供應商、為企業財務收益實現貢獻消費利潤的客戶群體、為企業提供金融資本支撐的金融機構和企業戰略合作夥伴等）的相互信任、相互支持和相互的凝聚力。這在促進提高企業聲譽資本、關係資本等對企業財務價值貢獻度的同時，也可能會降低組織結構資本對企業財務價值的潛在侵蝕，從而大幅度提升企業聲譽資本財務價值創造績效。

2. 企業商業行為戰略博弈價值創造鏈在和價值創造營運鏈、財務戰略價值鏈、財務價值收益盈利鏈的交互中驅動著企業聲譽資本財務價值增值

就對財務戰略價值鏈的驅動而言，企業基於聲譽資本進行不同的財務戰略選擇設計和實施會和消費市場上企業產品服務對消費者進行消費的吸引度、消費者基於認同度進行購買的可能性和忠誠度相互對應起來。這種對應又和聲譽資本在不同類型和範圍的消費市場上創造的財務價值聯繫起來。這種相互對應和相互聯繫為分析企業獨特的競爭優勢進而基於這種獨特競爭優勢來設計并制定企業特有的聲譽資本財務戰略、分析聲譽資本與財務價值創造績效的協同關係提供了原則性的因素分析基礎。比如，理性消費者群體之所以側重於企業生產經營績效優劣，在於企業的生產經營績效和企業產品的售前質量高低、售後服務能否及時獲取正相關并傳遞著現實的或潛在的、短期或長期的消費導向和趨勢信息。企業經營管理者和所有者之所以側重於企業長短期持續盈利可能性、可持續獲利發展空間，和企業利益相關者價值最大化相匹配的實現經理人效用最大化、投入資本預期收益最大化的聲譽資本財務價值分配目標相趨同、相一致。而企業不同層面的員工在側重於企業生產經營績效的同時，更加關注企業財務聲譽績效的穩定性和持續性，則和短期薪酬福利待遇、長期職業發展升遷等自利的機會主義行為息息相關。上述

存在於消費者群體、企業經營管理者和所有者、企業員工等能夠影響聲譽資本財務價值創造的因素進一步制約并影響著聲譽資本財務戰略價值創造鏈的設計和優化。就對價值創造營運鏈的驅動考察，企業營運鏈能夠將聲譽資本無形創造的財務價值通過採購環節、生產環節、銷售環節的營運管理活動有形化，發揮著聲譽資本財務價值創造轉換器的功能，并通過和關係資本的有機結合進一步發揮聲譽資本財務價值創造的溢出效應，這樣就能夠吸引處於營運鏈上游的信用狀況良好的資本投資者、供應商群進行更多的資本投資和原材料供應，同時也能夠吸引處於營運鏈下游的消費者群體消費更多的企業產品服務。營運鏈上下游利益相關者的拓展就會為企業創造出更大的關係價值，關係價值通過具備溢出效應的營運鏈轉換器來最終實現聲譽資本財務價值創造的最優化和最大化。可見，價值創造營運鏈除了能夠保障企業在持續盈利基礎上不斷向消費市場提供質優價廉的產品服務外，還影響著聲譽資本具體創造財務價值的企業內部組織的基礎性結構和組織流程支撐系統（諸如組織流程結構、採購物流庫存等），這種對產品服務的保障作用和對企業內部組織結構的影響作用是營運鏈轉換器實現聲譽資本財務價值創造、發揮聲譽資本財務價值創造溢出效應的關鍵性基礎和前提。就對財務價值收益盈利鏈的驅動而言，財務價值收益盈利鏈在對企業生產產品的規模大小和服務質量高低發揮制約作用的過程中，間接影響到企業對產品服務進行定價時定價方法的選擇和定價策略的應用以及企業經營槓桿可能發揮的程度。企業對產品服務進行定價的方法和策略進一步影響到企業現金流的來源構成以及現金流量的大小，而經營槓桿的發揮程度在影響到企業資本結構能否優化的同時又進一步影響到聲譽資本的財務價值創造和實現。可見，財務價值收益盈利鏈直接影響并決定著企業長短期會計利潤的確認和企業財務淨現金流的獲取。企業良好的聲譽（現有的或潛在的）是企業產品服務吸引消費者群體持續穩定消費企業產品服務繼而維持其產品服務市場份額持續穩定的保障性基礎，在能夠確保企業產品服務市場份額規模擴張并實現產品服務的市場溢價基礎上保障了企業能夠持續穩定地獲取主營業務收益和營業利潤。財務價值收益盈利鏈的這種保障作用為聲譽資本創造的最大化財務價值向企業財務淨現金流入量的轉換提供了一種完整可支配產權意義上的製度安排。

第二節　聲譽資本與財務價值估值決策

聲譽理論研究視角的多樣性表明聲譽資本在估值決策實踐中應用的多維度性。1997年，聲譽理論研究的集大成者 Fomhrnn 和 VanRiel 系統梳理歸納了聲譽研究基於營銷學視角、組織學視角、戰略管理學視角、經濟學視角、社會學視角和會計學視角等不同的研究思路和各派的思想觀點，表明聲譽資本價值決策可能體現在市場營銷學、戰略管理學、經濟學、社會學、會計學等學科領域的應用中。聲譽資本價值決策之所以呈現出多學科領域的應用性，主要原因在於對聲譽資本價值創造進行研究時研究者的側重點不同。如營銷學側重於關注聲譽資本如何創造品牌形象價值的決策，戰略管理學側重於關

注聲譽資本如何創造出戰略性溢出效應價值的決策，經濟學側重於關注聲譽資本如何創造持續交易價值的決策，會計學側重於關注聲譽資本如何創造隱性財務價值決策等。儘管如此，聲譽資本價值創造是基於企業內外部利益相關者在動態博弈的價值創造鏈中進行價值創造并實現價值增值的觀點是不同研究學派達成的共識。因此，聲譽資本如何創造收益不確定的隱性財務價值決策無疑應成為其他相關價值創造決策的基礎。鑒於此，對隱性財務價值的測度估值管理自然就成為度量聲譽資本不同價值創造形態決策的前提。Fombrun 和 Riel（2004）的實證研究表明聲譽資本財務價值決策涉及的範圍主要包括企業內外部利益相關者基於聲譽資本進行的財務與非財務決策、財務價值創造和增值決策、聲譽資本市場估值決策等方面[1]。趙德武等（2004）認為聲譽資本創造的價值具有的難以準確計量屬性表明聲譽資本是一種風險資本，對聲譽資本價值進行科學估算和管理自然成為財務價值決策的核心[2]。

一、聲譽資本財務價值估值方法

聲譽資本估值就是基於各種理論模型或實踐方法對聲譽資本是否創造了財務價值以及所創造財務價值大小進行定量估算計量的財務決策過程。聲譽資本財務收益的不確定性和風險性決定了作為隱性財務資本構成部分的聲譽資本，其創造的財務價值大小通過科學適當的模型或方法進行定量估算計量後的結果要麼能夠以表內財務價值信息的形式通過財務報表進行有效披露，要麼只能以表外財務價值信息通過財務報表附註形式進行反應，也有可能同時以表內財務價值信息通過財務報表披露和以表外財務價值信息通過財務報表附註進行反應相結合的方式存在。通過系統梳理現有聲譽資本財務價值估值研究文獻，對聲譽資本財務價值估值的思路是沿著理論估值模型、實務量表排序估值法、實證檢驗方法三個相互聯繫和影響的方向拓展并進行具體估值的。

1. 理論估值模型

就現有聲譽資本財務價值理論估值模型分析，具有代表性并對聲譽資本財務價值估值實踐具有較大指導意義的估值模式有三個。它們分別是 1982 年學者 Kreps D、P Milgrom、J Roberts、R Wilson 提出的 KPJR 模型和 2000 年學者 Fombrun 提出的聲譽資本估值模型，以及 2004 年學者 Preston 提出的聲譽資本估值模型。為方便表述，將這三種經典的聲譽資本估值模型分別簡計為 1982-KPJR 模型[3]、2000-Fombrun 模型[4]和 2004-Preston 模型[5]。

---

[1] Fombrun, Riel. 聲譽與財富 [M]. 鄭亞卉，劉春霞，等，譯. 北京：中國人民大學出版社，2004.

[2] 趙德武，馬永強. 決策能力、風險偏好與風險資本 [J]. 會計研究，2004（4）：52-58.

[3] Kreps D, P Milgrom, J Roberts, R Wilson. Rational Cooperation in the Finitely Repeated Prisons Dilemma [J]. Journal of Economic Theory，1982（27）：245-252.

[4] Charles J. Fombrun, A. Naomi, Gardberg and Michael L. Barnett. Opportunity Platforms and Safety Nets: Corporate Citizenship and Reputational Risk [J]. Business and Society Review，2000（105）：85-106.

[5] Lee E Preston. Reputation As a Source of Corporate Social Capital [J]. Journal of General Management，2004（2）：43-49.

(1) 1982-KPJR 聲譽資本估值模型。這種估值模型假定在聲譽資本財務價值創造過程中，不可或缺利益相關者基於信息不完善、不對稱所進行的重複博弈次數和聲譽資本收益的損失之間相關聯。由於博弈各方的博弈方式僅僅表現為合作或者不合作，當這種重複博弈次數趨向於無窮大時，博弈各方的博弈方式（合作或者不合作）和長短期聲譽資本收益損失也相互關聯。一般而言，博弈各方如果採取不合作方式會導致聲譽資本非本期的長期收益損失有可能大於採取合作方式所形成的本期短期收益損失。如果博弈各方進行的是非囚徒困境型的重複博弈，以代理人聲譽資本為導向而締結的隱性財務契約客觀上存在的互利機制既可能會導致博弈各方本期聲譽資本財務收益較大影響到非本期財務收益，也可能會導致進行博弈各方聲譽資本所創造財務價值在會計期間表現出非一致性。即具有良好信譽聲望效應的博弈方，其本期聲譽資本創造出的財務價值收益可能會遞延到非本期而更多以非本期財務價值收益形式體現出來。其結果是由於社會輿論和新聞傳媒對沒有參與聲譽資本價值創造利益相關者的影響，導致非博弈利益相關者對進行博弈各方的聲譽資本形成「劣幣驅逐良幣」的收益效應，即當劣幣財務收益小於良幣財務收益時劣幣偽裝成良幣來進一步獲取良幣財務收益。事實上，不具有良好信譽聲望效應的博弈方出於獲取更多聲譽資本財務收益的自利動機，就會在博弈終止時進行各種形象設計和包裝後以具有良好信譽聲望效應的博弈方出現，以獲取更大的「良幣財務收益」。劣幣之所以能夠驅逐良幣、不具有良好信譽聲望效應的博弈方之所以偽裝成具有良好信譽聲望效應的博弈方，這顯然和利益相關者基於聲譽資本締結的隱性財務契約的不完備性相關聯。隱性財務契約的這種不完備性能夠使不具有良好信譽聲望效應的博弈方為獲取聲譽資本更大的財務收益而不惜以不履行隱性財務契約約定的義務為代價。

基於上述分析，1982-KPJR 聲譽資本估值模型將本期聲譽資本價值表示為非本期聲譽資本交易價值的損失額和本期違約財務利得的差。換言之，某企業聲譽資本在本期創造的財務價值就等於該企業進行聲譽資本交易時在非本期財務收益的損失額減去企業在本期由於違反隱性財務契約所獲取的本期聲譽資本財務收益。就應用 1982-KPJR 模型進行聲譽資本具體估值而言，由於該模型表示的聲譽資本財務價值涉及本期和非本期時間價值，因此 1982-KPJR 聲譽資本估值模型本質上是一種折現價值模型。因而，這一估值模型應用的核心就在於如何精準確定折現率和非本期聲譽資本交易價值的財務損失金額。事實上，聲譽資本具備的隱性財務資本屬性決定了確定這兩個核心估值要素的多樣性和困難性。多樣性表明了折現率的不唯一性，困難性表明了獲取非本期聲譽資本交易價值財務損失金額的數據的約束性。正因為如此，1982-KPJR 聲譽資本估值模型在具體估值實踐中表現出較大的應用局限性，這一應用局限性源自估值實踐中確定兩個核心估值要素的諸多約束性。

(2) 2000-Fombrun 聲譽資本估值模型。該模型借助無形智力資本估值思路來進行聲譽資本財務價值估值。其認為聲譽資本創造的財務價值由企業所擁有資本的市場價、所擁有資本的清算價和智力資本創造的財務價值所影響和決定。因此，聲譽資本財務價值形式上就是企業所擁有資本的市場價、所擁有資本的清算價和智力資本財務價值的函數，大小等於企業資本的市場價減去企業資本的清算價再減去智力資本財務價值後的差

值。即：聲譽資本財務價值＝企業擁有資本的市場價－企業擁有資本的清算價－智力資本財務價值。

上述公式表明，要估算聲譽資本的財務價值就必須首先確定企業擁有資本的市場價、企業擁有資本的清算價和智力資本財務價值等三個變量的具體數值。一般而言，企業擁有資本的市場價通常用資本市場上進行資本交易的各方在對資本進行的競爭性博弈價格達到均衡後的均衡價格來表示。也就是說企業擁有資本的市場價值本質上是一種均衡價格，是交易各方對企業資本經過價格的競爭性博弈達到交易各方認可的一種均衡價格。這種均衡價格通常用債權資本的市場價格折現值加上股權資本市場價格的折現值所形成的現金流來表示，或者用企業所擁有資本的盈利能力價值與潛在盈利機會價值的和來表示，或者用上市公司普通股每股市場價格乘以發行在外的普通股總數量來表示[1]。企業擁有資本的清算價是指當企業發生財務危機而處於非持續經營狀態時，企業所有者在處置企業不同形式資本時所能夠獲取的各種不同收益。這種處置收益出於會計報表數據計算需要一般以相對數形式表示的財務比率來估算。比如，用已使用固定資產比率來估算清算價，用有形資本與總資本比率來估算清算價，用無形資本的研發廣告費用比來估算清算價，用競爭對手超額現金持有比來估算清算價等[2]。從上述估算企業擁有資本的市場價和清算價來看，估算方法顯然具有多樣性特徵，由此導致的市場價和清算價數據可能是一組數據而不是一種數據，這顯然會導致憑藉 2000-Fombrun 聲譽資本估值模型進行估值實踐時得出的估值結果可能存在較大誤差，從而影響到該模型的實踐應用價值。事實上，形成 2000-Fombrun 聲譽資本估值模型估值實踐更大局限性的原因在於對智力資本財務價值的估算。智力資本和聲譽資本一樣都是一種隱性財務資本，其創造的財務價值同樣具有不確定性和不能夠精確測度等特徵。但按照 2000-Fombrun 聲譽資本估值模型，只有在確定智力資本創造的財務價值後才能估算聲譽資本財務價值，這樣從邏輯上分析就是用不確定數據來估算確定性結果，無疑會引發邏輯悖論。可見，對企業智力資本創造的財務價值進行估值所面臨的估值方法多樣性和估值結果較大誤差性是根本上制約 2000-Fombrun 聲譽資本估值模型實踐應用的根源。就智力資本估值實踐分析，國內外研究者提出了導航儀估值法、監測器估值法、無形資本價值估值法、市場價值比估值法、智力資本增值系數估值法（Value Added Intellectual Capital Model，VAICM）等眾多方法[3]。在這些眾多的智力資本估值方法中，智力資本增值系數估值法將智力資本創造的財務價值分解為人力資本增值系數、組織結構資本增值系數、客戶資本增值系數、附加值增值系數四種反應產出增值效益的系數與對應會計報表中相關具體數據的乘積，因此 VAICM 既能夠直接有效對接不同企業財務報表數據，解決計算時面臨的口徑不一致問題；也能夠使得獲取的財務報表數據和相關統計軟件形成估值的兼容性，從而

---

[1] 陳禮標，王曉蕾，等．企業市場價值研究綜述 [J]．現代管理科學，2007（5）：70-71．

[2] 石桂峰，施琪．清算價值、資本結構與債務期限結構 [R]．2006 年中國會計學會財務管理專業委員會會議論文：70-71．

[3] 劉曉民，於君．智力資本價值創造理論研究評述及未來研究 [J]．工業技術經濟，2010（5）：129-132．

解決數據處理過程中存在的龐大運算工作量問題。這兩個問題的解決有效提升了 VAICM 在估值實踐中的應用性，使得借助 VAICM 就可以簡便迅速地估算出智力資本創造的財務價值。正因為如此，VAICM 成為智力資本估值方法中被普遍採用的估值實踐方法。

（3）2004-Preston 聲譽資本估值模型。該模型將聲譽資本價值界定為聲譽資本在下限值和上限值之間波動而形成的一個區間值。其中聲譽資本下限值就是將企業受到損害的現有聲譽回覆到未毀損狀態時可能發生的計入財務費用科目的各種修復聲譽而支出費用的總和。聲譽資本上限值取決於企業聲譽受損的市場價值和企業兩種不同的財務現狀：企業持續經營和企業非持續經營。當企業現有聲譽受損但企業仍然處於持續經營現狀時，聲譽資本上限值就是企業聲譽未毀損前的市場價值和企業聲譽毀損後市場價值的函數，大小等於未毀損前的市場價值減去毀損後的市場價值；當企業現有聲譽受損但企業被兼并重組或宣布破產而處於非持續經營現狀時，聲譽資本上限值就是企業聲譽未毀損前的市場價值、企業聲譽毀損後的市場價值和未毀損前持續經營期帳面價值的函數，大小等於未毀損前的市場價值減去毀損後的市場價值再減去未毀損前持續經營期帳面價值。用公式可以將 2004-Preston 聲譽資本估值模型表述為：聲譽資本價值＝［聲譽資本下限值，聲譽資本上限值］＝［修復現有受損聲譽可能發生的各種財務費用總和，持續經營時未毀損前的市場價值-持續經營時毀損後的市場價值］＝［修復現有受損聲譽可能發生的各種財務費用總和，非持續經營時未毀損前的市場價值-非持續經營時毀損後的市場價值-未毀損前持續經營期帳面價值］。

可見，2004-Preston 聲譽資本估值模型是基於聲譽資本估值實踐中常常面臨的企業聲譽由於各種內外部因素使得現有聲譽受到損害而處於被修復狀態的現實來進行企業現有聲譽資本財務價值創造的估值的。企業聲譽受損可能是企業正常的聲譽營運過程中各種內外部短期性影響因素所導致，可能會使企業短期的財務狀況和現金流受到一定程度的影響，但聲譽營運是企業可持續期間的一種長期性財務行為，這就決定了 2004-Preston 聲譽資本估值模型的應用局限性。同樣，該估值模型將影響企業聲譽的各種因素歸結為內部因素（比如新聞媒體披露企業發生了財務醜聞或正處於法律訴訟狀態等）和外部因素（比如新聞媒體披露企業發生了財務醜聞或正處於法律訴訟狀態等信息對企業現有聲譽產生的負面影響效應）。雖然具有邏輯上的一致性，但引發內部因素和外部因素的不確定性和描述這些影響因素時的無法窮盡性（也就是無法列舉所有的內部因素或外部因素）同樣造成了 2004-Preston 聲譽資本估值模型的應用局限性。

2. 實務量表排序估值法

聲譽資本理論估值模型在具體估值實踐中表現出的局限性催生了實務估值者出於估值實踐中可行性考慮而提出了各種不同的基於市場調研數據而直接估算聲譽資本財務價值的方法，這些方法可以統稱為實務量表排序估值法。實務量表排序估值法是一種基於企業聲譽資本財務價值市場創造力或企業聲譽資本對企業盈利的貢獻度大小，通過設計企業聲譽定性調查表項目來定量獲取聲譽影響因子市場調研數據，並在分析和處理這些聲譽影響因子市場調研數據的基礎上直接進行企業聲譽排序進而估算聲譽資本財務價值市場創造力大小的一種直接估值方法。在全球範圍內基於量表排序估算聲譽資本財務價

值的方法中，影響力較大的量表排序估值法主要有 AMAC、GMAC 等方法①。AMAC、GMAC 是美國最受尊敬企業（American Most Admired Companies，AMAC）和全球最受尊敬企業（Global Most Admired Companies，GMAC）的簡稱，本質上是一種應用較為廣泛的實務量表排序估值法，由美國《財富》雜誌分別與 1983 年（AMAC）和 1997 年（GMAC）推出。

從聲譽資本估值實踐來看，借助 AMAC & GMAC 測度聲譽資本財務價值的機理具有相似性：兩種估值方法都首先依據估值的可行性進行調查對象（知名的跨國公司及其不同層次的高級管理人員）的確定，在此基礎上通過形式多樣的市場調研方法（比如進行發函問詢、直接電話採訪等）要求被調查對象客觀公正地就調查表所涉及的下列情況進行打分：①被調查對象長短期內所生產產品和提供服務已實現的績效質量；②被調查對象長期性資本投資所創造并實現的價值績效；③被調查對象有形實體資本和無形資本的價值創造能力及已實現的績效；④被調查對象財務狀況總體合理性；⑤被調查對象有形實體資本和無形資本的綜合創新能力；⑥被調查對象不同層次管理者整體管理水平的高低與所實現的財務績效大小；⑦被調查對象人力資本價值創造力和實現的財務價值績效；⑧被調查對象所在的區域環境對其資本價值創造能力的影響程度等。在完成上述①至⑧單項指標得分數據後，通過計算這些單項指標的算術平均數就可以確定被調查對象的聲譽綜合分。量表排序估值法認為聲譽綜合分既反應了被調查對象聲譽資本價值創造能力的強弱和所創造財務價值的大小，也是公布被調查對象在 AMAC & GMAC 中整體排名的最重要根據。換言之，被調查對象的聲譽綜合分高低和被調查對象在 AMAC & GMAC 中的整體排名既相互正相關又相互一一對應。

AMAC & GMAC 確定的被調查對象有較為嚴格的條件限制。AMAC 的限制性條件有：①必須是隸屬於不同行業的美國公司；②年主營業務收入必須超過 16 億美元；③必須位於美國「財富 100」公布的名單列表中；④必須是同時符合上述條件的內部高級管理人員。GMAC 的限制性條件有：①必須是全球範圍內由 GMAC 指定的 13 個不同國家的跨國公司；②年主營業務收入必須超過 120 億美元；③必須是隸屬於 24 個不同行業的 500 家企業。AMAC、GMAC 諸多的限制性條件在保障被調查對象聲譽綜合財務價值創造能力權威性的同時也保證了聲譽資本估值結果的客觀科學性和精確性。正因為如此，AMAC 所確定的「美國 100 強公司」排名和 GMAC 所確定的「世界 500 強公司」排名在全球範圍內產生了廣泛而深遠的影響。一方面推進了聲譽資本價值創造的量表排序估值法在全球範圍內的普及和推廣，另一方面也提升了「美國 100 強公司」和「世界 500 強公司」在全球範圍內的聲譽形象，為這些跨國公司在全球範圍內獲取更大的聲譽資本價值奠定了堅實的聲譽基礎。就聲譽資本價值創造的量表排序估值法在全球範圍內的普

---

① 郝雲宏等（2006）較為系統的歸納了比較有影響力的各種量表排序估值法。比如《金融時報》推出的全球（歐洲）最受尊敬公司評選排序法、《企業品牌 LLC》推出的企業品牌指數排序法、Asian Business 推出的亞洲最受尊敬企業評選排序法、Delahaye Medialink 推出的企業聲譽指數排序法等。參見郝雲宏，等. 持久的競爭優勢與戰略資源——企業聲譽理論研究綜述［J］. 江西社會科學，2006（4）：128-135.

及和推廣看，德國《管理人雜誌》公布的「德國 500 強公司排名」和中國的《經濟觀察報》公布的「中國 500 強公司排名」就是以 AMAC、GMAC 量表排序估值思想為基礎，通過對 AMAC & GMAC 具體估值實踐的借鑑吸收和適當的修正改造來分別進行「德國 500 強公司排名」和「中國 500 強公司排名」的。AMAC、GMAC 在全球範圍內的普及和推廣證明了量表排序估值法的成功和優勢，但量表排序估值法在估值實踐中也體現出一定的局限性。GMAC 雖然修正了 AMAC 將調查對象僅僅局限在美國的限制性條件，將調查對象的涵蓋範圍拓展到全球範圍內的 13 個不同國家，但這些不同國家的法律環境、社會習俗存在較大的差異性。忽視這些差異性和追求盈利的動機相結合必然導致 GMAC 排序結果的客觀科學性值得懷疑；同時選取帶有限制性條件的不同行業的不同公司的內部級管理人員為調查對象和過分側重財務分析指標的取向必然導致量表排序結果的以偏概全性和財務暈輪效應的產生。此外，對量表排序估值法進行的實證檢驗還發現這種估值方法設計的指標存在由於過於龐雜而失去指標應用的可操作性問題以及這些指標的設計沒有和聲譽的內涵完全吻合等問題。

全球範圍內應用較為廣泛的量表排序估值法除上述 AMAC、GMAC 外，還有 RCIM（聲譽綜合指數法）、CRFAM（企業聲譽公平估值法）、CRQM（企業聲譽商數法）、CRTDMM（企業聲譽二維測度法）。這些方法分別由德國《管理人雜誌》、Ross（1998）、Fombrun（1999）和 Manfred（2004）設計出并在全球企業聲譽資本估值實踐中得到了檢驗。上述方法在不斷豐富、完善量表排序估值法體系的同時，在估值實踐中也表現出一定的局限性；量表排序估值法認為企業聲譽資本之所以能夠創造財務價值是企業內外部不可或缺利益相關者共同驅動的結果。就此思路而言，要提升量表排序估值法估值結果的科學性和可信賴性就必須合理取捨選擇企業內外部不可或缺利益相關者時樣本，就必須能夠較為精確地估算出企業內外部不可或缺利益相關者在量表排序得分值中占比的大小。顯然，CRQM 和 CRTDMM 在選擇企業內外部不可或缺利益相關者樣本容量大小時通過對樣本數據的無量綱化處理修正了這一問題，但對企業內外部不可或缺利益相關者在量表排序得分值中占比的大小問題仍然沒有進行行之有效的修正。因此，和 AMAC、GMAC 一樣，在聲譽資本估值實踐中應用較為廣泛的 CRQM 和 CRTDMM，其估值結果和排序結果的科學性仍飽受質疑。

二、對聲譽資本財務價值估值決策方法的反思

無論是 1982-KPJR 模型或者 2000-Fombrun 模型，還是 2004-Preston 模型，這三種聲譽資本聲譽資本理論估值模型在實踐估值應用時都存在估值數據難以獲取、獲取的數據具有小樣本屬性和主觀因素性等局限性，而實務量表排序估值方法在實踐估值應用時同樣存在確定單向指標的量表得分值比例無法完全消除的人為主觀性等局限性。為克服理論估值模型和量表排序估值法後存在的上述局限性，後續研究者通過構建聲譽資本實證估值模型，試圖在修正上述局限性的同時拓展聲譽資本財務價值估值方法的新視野。即通過借鑑理論估值模型和量表排序估值法的合理內核思路和思想、整合兩類估值方法在具體估值實踐體現出的優勢，進而構建實證檢驗估值模型來增加不同聲譽資本估值方

法對聲譽資本價值創造的現實擬合度和對現實中聲譽資本價值創造機理的解釋力。典型的實證檢驗估值法主要集中表現為：

1. 對量表排序估值法的實證檢驗

1990 年，Fombrun 和 Shanley 抽取 157 家樣本公司對 AMAC 在當年度公布的被調查對象的聲譽綜合分結果和排名的科學性進行實證檢驗，結果表明 AMAC 對被調查對象的擬合度為 0.51，各種單向指標構成的財務因素因子的整體解釋能力為 84%，即 AMAC 估值結果和排名順序對總方差的解釋能力為 84%[①]。1997 年，Cordeiro 和 Schwalbach 同樣抽取 195 家樣本公司對 GMAC 在當年度公布的被調查對象的聲譽綜合分結果和排名的科學性進行實證檢驗，結果表明 GMAC 與被調查對象的高擬合度、相對穩定的均值分別對應標準差變化不大的上下限區間。這一方面揭示出 GMAC 針對不同國家和地區設計的不同類型指標區分度比較低，指標之間的相關性比較弱；另一方面聲譽綜合得分變量體現出國家和行業的差異性，會隨著被調查對象所在國家、所屬行業的不同而波動。上述結果表明 GMAC 估值指標設計的粗糙性，修正思路在於應使用根據被調查對象隸屬行業的區域細化的調查問卷表和估值評價指標。同時，當以被調查對象的聲譽綜合得分為因變量進行迴歸實證檢驗時，迴歸結果表明非財務指標從整體上表現出較低的擬合度以及較弱的解釋力，相反，聲譽資本長期投資價值創造因子從整體上表現出較高的擬合度以及較強的解釋力[②]。2000 年，Schwalbach 抽取了 100 家德國樣本公司對 RICM 在當年度公布的聲譽綜合分結果和排名的科學性進行實證檢驗，結果表明被調查對象規模大小和帳面淨資產大小與其聲譽資本創造的財務價值同向正相關，帳面淨資產大的被調查對象聲譽資本價值創造能力比較強，被調查對象加大聲譽資本投資有助於提高其淨資產的帳面價，但被調查對象對聲譽資本所有權和實際控製權的相對集中度和聲譽資本創造的財務價值負相關。

2. 非量表排序估值思路的實證檢驗

荊葉（2007）從企業內外部利益相關者參與聲譽資本財務價值創造思路出發，通過財務指標迴歸模型來實證檢驗聲譽資本財務價值的估值。結果表明：企業償債能力強弱形成的聲譽主因子、企業所在行業聲譽形象主因子、企業治理結構績效形成的聲譽主因子以及企業對聲譽資本的長期性投資形成的聲譽主因子等對全部變量的解釋能力為 70%。上述基於主成分迴歸分析提取的四個主因子和對企業內外部利益相關者的指標設計緊密相關。就企業不同管理者等內部利益相關者而言，企業可持續發展能力、董事會規模大小和全部董事會成員的占比、獨立董事數量和全部董事會成員的占比三個指標是企業內部利益相關者影響聲譽資本財務價值創造的主成分因素。從債權人、消費者等企業外部利益相關者分析，企業流動比率的高低、資產負債率的高低、ROA 和 ROE 的大

[①] Fombrun C., M. Shanley. What's in a Name? Reputation Building and Corporate Strategy [J]. Academy of Management Journal, 1990 (1): 233-258.

[②] Cordeiro James J., Sambharya Rakesh. Do Corporate Reputations Influence Security Analyst Earnings Forecasts? [J]. Corporate Reputation Review, 1997 (1): 94-98.

小、召開股東大會時大小股東出席率、會計師事務所發表的審計意見、主營業務收入在替代市場的大小、無形資本的價值對數七個指標是企業外部利益相關者影響聲譽資本財務價值創造的主成分因素[1]。趙錫鋒（2007）論證了財務估值實踐中普遍使用的收益現值法、現行市價法、重置成本法和聲譽資本價值估值之間的相互關係後，認為在上述方法中收益現值法具備估算聲譽資本財務價值的可行性。如果將企業聲譽資本理解為企業擁有的具有特殊價值創造能力的一種戰略性無形要素資本，借助設計的 AHP 指標通過迴歸方程，在預測獲取到企業持續經營期間聲譽資本的收益現值後并能夠確定聲譽資本預期可使用年限和 WACC 折現率後，通過現金流折現模型就可以估算出某一會計期間企業聲譽資本所創造的財務價值[2]。肖海蓮等（2007）將企業聲譽形象的好壞作為虛擬變量，基於上市公司大股東侵占聲譽資本創造的財務價值來實證企業聲譽資本和所創造的財務績效之間存在怎樣的關係。首先對企業聲譽形象的好壞進行如下假設：如果企業聲譽形象運行良好，在以前會計期間沒有發生過使企業聲譽受到損害的事件而沒有被相關監管部門進行任何形式的處罰，這時就假定企業聲譽虛擬變量的值為1；如果企業在以前會計期間只發生過一次使企業聲譽受到損害的事件并被相關監管部門進行過一次性處罰但相關新聞媒體沒有進行披露，這時就假定企業聲譽虛擬變量的值為0；如果企業在以前會計期間發生過多次使企業聲譽受到損害的事件并被相關監管部門進行過多次處罰，同時被相關新聞媒體進行過多次披露，這時就假定企業聲譽虛擬變量的值為-1。上述假定存在時企業聲譽資本與其財務績效明顯正相關[3]。馬志強等（2007）將企業的聲譽資本定義為企業內外部利益相關者參與財務價值創造過程形成的一種社會關係網路結構，社會公眾由於對會關係網路結構上企業形象的普遍認同而形成企業的一種核心競爭能力，并基於多級模糊綜合評價法設計的指標體系來估算企業聲譽資本創造的財務價值大小。在此基礎上設計并構建了基於多級模糊綜合評價法的企業聲譽資本財務價值創造的三層次估值指標體系。其中，一級指標體系由企業聲譽資本內部管理能力、聲譽資本盈利能力、聲譽資本獲取社會資源能力等構成，二級指標體系由企業聲譽資本獲取客戶能力等7個指標構成，三級指標體系由基於聲譽資本的客戶關係穩定程度等18個指標構成。在將設計評價集＝｜優秀、良好、中等、合格、較差｜無量綱化為具體的｜5、4、3、2、1｜數值後，應用 Delphi 法對各層次估值指標的權重進行賦值并構建相關估值矩陣，通過相關運算就可得到各層次估值指標的二級估值矩陣，將二級評價矩陣通過適當運算轉化為各層次估值指標的三級估值矩陣後，就能夠確定聲譽資本評價集的權數，對無量綱化的評價集權數進行加權平均運算後就可得到估算聲譽資本財務價值創造的評價值[4]。

我們認為立足於隱性財務資本價值創造估值思路視角，可以將上述聲譽資本理論估

---

[1] 荊葉. 中國上市公司聲譽評價及其影響研究 [D]. 大連：大連理工大學，2007.
[2] 趙錫鋒. 企業聲譽及其價值評估 [D]. 濟南：山東大學，2007.
[3] 肖海蓮，胡挺. 大股東侵占、公司聲譽與公司績效——基於中國上市公司的經驗證據 [J]. 財貿研究，2007（6）：108-114.
[4] 馬志強，朱永耀，等. 公司聲譽資本的多級模糊綜合評價 [J]. 統計與決策，2007（23）：162-164.

值模型的思路、聲譽資本實務量表排序估值法的思路和聲譽資本實證檢驗估值模型的思路歸納為間接量表排序估值法和直接實證檢驗估值法兩類。

在聲譽資本價值創造估值實務中被廣泛使用的量表排序估值法所涉及的各種估值方法，比如 AMAC、GMAC、RCIM、CRFAM、CRQM、CRTDMM 以及「英國最受尊敬企業」評選法、「中國最受尊敬企業」評選法等具體估值方法都可以將其歸納為間接量表排序估值法。間接量表排序估值法的本質共性在於基於組織行為學、戰略管理學、市場營銷學、社會學、心理學等不同學科對企業聲譽的界定理解來設計被調查企業聲譽資本財務價值創造能力的調查量表，然後依據這些設計的調查量表通過市場調研來獲取調查量表中各項指標的數據，通過篩選整理并分析已經獲取的這些數據來確定影響聲譽資本價值創造的相關因素，在此基礎上構建影響因素集合。然後，借助 Delphi 法等不同定性方法對影響因素集合進行主觀人為的賦值以確定不同層次估值指標的權重，對估值指標權重組合的加權平均運算就會得出聲譽資本價值創造的整體得分，最後依據整體得分進行被調查企業聲譽資本價值創造能力的綜合排序。儘管間接量表排序估值法基於企業聲譽資本利益相關者參與價值創造思路試圖通過設計定量的調查量表來定量測度聲譽資本創造的財務價值大小，但不同調查指標在確定其影響因素的權重值時是通過諸如 Delphi 法等不同的定性方法人為進行的，導致這類方法的估值結果存在較大的誤差。同時，研究者對聲譽概念定義的不同思想、對聲譽資本創造價值路徑機理的不同理解都會影響到調查量表的設計，使得調查量表的設計形式和具體應用範圍和研究者不同的研究動機對應起來。應用這些形式各異、應用範圍不同的調查量表進行具體的聲譽資本價值創造估值必然會導致估值結果缺乏相互比較性和相互稽核驗證性。這種相互比較性和相互稽核驗證性的缺乏源自設計估值指標時口徑的非一致性。而估值指標的口徑非一致性直接源自調查量表的異質性。更值得反思的是這些形式各異、應用範圍不同的調查量表有些經過了早期研究文獻的多次實證檢驗，是能夠承擔起聲譽資本的估值使命的，而有些調查量表僅僅是研究者在研究過程中自行設計而沒有經過實證驗證的量表。採用沒有被多次實證檢驗的調查量表進行聲譽資本財務價值估值其可能性結果就是一方面無法證偽隸屬於間接量表排序估值法下的各種不同估值方法的優劣和估值結果的對錯。另一方面，整個間接量表排序估值法體系是否科學可信、估值結果是否客觀公允也是無法證偽的。這可能是間接量表排序估值法在估值實踐中體現出的最大的局限性。

2004-Manfred 二維聲譽測度模型是直接實證檢驗估值法進行聲譽資本估值的直接理論思路和基礎[①]。其中，聲譽的兩個維度具體表現為情感影響能力維度和認知競爭能力維度。按照 Manfred（2004）的理解，企業聲譽資本價值創造的機理就是上述兩個動力維度結構驅動的結果。由於直接實證檢驗估值法將聲譽資本價值創造的影響因素和動力結構驅動要素有機結合起來來實證分析聲譽資本財務價值創造能力的強弱，因此該方法的應用領域側重於會計學、財務管理學、金融學等學科。直接實證檢驗估值法的基本思

[①] Manfred Schwaiger. Components and Parameters of Corporate Reputation: An Empirical Study [J]. Schmalenbach Business Review, 2004, 56 (1): 46-72.

路就是將聲譽看作是實證檢驗模型中的一個研究變量，用來實證聲譽變量和其他變量之間是否存在相互影響的定量關係以及這種定量相互影響關係的相關性方向和強弱，由此來對接企業不同會計期間的財務報表數據，以直接估算聲譽資本創造的財務價值大小。可見，直接實證檢驗估值法修正了間接量表排序估值法定義企業聲譽、聲譽資本概念時由於研究視角的多樣性而導致的非一致性以及對企業聲譽、聲譽資本本質、形成原因、影響因素的不同理解而產生的非統一性，使得直接實證檢驗估值法體現出更大的估值優勢。但是，直接實證檢驗估值法是基於精確數學的實證檢驗模型導向結合企業不同會計期間的財務報表數據信息進行聲譽資本財務價值估值的。這樣，財務報表數據信息的真實可靠性同樣制約著直接實證檢驗估值法的現實解釋能力而使其同樣體現出一定的局限性。使間接量表排序估值法和直接實證檢驗估值法各自估值優勢有機整合并加強對聲譽資本的定量決策管理可能是克服單一估值類型局限性的可行性途徑。

第三節　聲譽資本與財務價值管理決策

聲譽資本是企業在劇烈動盪的競爭性環境中謀求生存基礎上的可持續發展目標而必須取得可持續競爭優勢時必須擁有的一種戰略財務資源要素，也是企業在知識經濟時代，基於實現不可或缺利益相關者盈利價值最優化和最大化的財務目標，進行可持續財務價值創造和增值所必須擁有的一種長期性財務戰略資源要素。企業擁有或控製了這種長期性財務戰略資源要素就能夠為企業在知識經濟時代的不確定性競爭形成一種保障器和穩定器。這種保障器和穩定器對增強企業駕馭現代競爭的能力、提升處置突發危機事件的管理能力起到積極的推動和促進作用。而企業對聲譽資本財務價值的高效管理是形成并發揮這種保障器和穩定器功能的關鍵性前提。

一、聲譽資本財務價值管理內涵

進行聲譽資本財務價值高效管理的基礎在於界定并理解聲譽資本財務管理的內涵。美國學者戴維斯·揚在其名著《創建和維護企業的良好聲譽》中首次提出聲譽管理的概念并將聲譽管理定義為管理企業聲譽的一種現代方法。這種現代管理方法以企業聲譽為企業內外部利益相關者創造最大化財務價值為導向，在通過對企業聲譽進行動態博弈的投資交易過程中形成企業內外部利益相關者對聲譽資本財務價值創造的相互認同，而應用現有技術和方法對這種基於相互認同的聲譽資本創造的財務價值所進行估值和管理就是基於現代管理方法的聲譽資本財務價值管理[1]。崔英蘭（2011）將聲譽資本財務管理定義為基於現代企業管理學的六項基本管理職能在企業聲譽的形成、傳播過程中對聲譽

---

[1] 戴維斯·揚. 創建和維護企業的良好聲譽 [M]. 賴月竹, 譯. 上海：上海人民出版社, 1997.

資產的資本化形式創造的財務價值所進行的有效構建、維持和修復管理[1]。干勤（2001）將聲譽資本財務管理界定為聲譽資本的過程管理和聲譽資本的方法管理的有效結合。聲譽資本的過程管理旨在形成社會公眾和企業履行社會責任的形象之間建立起一種雙方的相互信任關係以提升企業的聲譽形象。這一過程反應在對企業聲譽形成、修復鞏固和擴張等環節的管理中。聲譽資本的方法管理就是為實現聲譽資本財務價值創造、估值的決策目標而優化聲譽資本交易管理方法、投資管理方法的過程[2]。干勤（2005）認為從現有聲譽資本管理的戴維斯·揚模型、水桶管理模型、動態管理模型、形象管理模型來看，聲譽資本管理是過程管理和方法管理的統一，是一種過程方法結合管理觀。聲譽資本管理的基本原則就是如何將這種過程方法結合管理具體實施到聲譽資本財務管理中去[3]。劉兵、羅宜美（2000）認為聲譽資本管理就是在聲譽資本價值創造最大化財務決策目標導向下基於社會公眾對企業聲譽的信任關係，在創建并維護企業聲譽資本實現財務決策目標過程中運用的一種現代管理方法[4]。高厚禮（2003）認為聲譽資本管理就是企業為適應知識經濟時代對聲譽資本創造財務價值的客觀需求所採用的各種競爭性管理手段的總稱。這些競爭性管理手段以塑造企業聲譽文化影響力、提升企業聲譽文化財務績效為目標，在不斷強化企業聲譽文化財務績效的長期性實踐累積過程中形成[5]。和薈琴（2008）認為聲譽資本管理的主體應該是企業內部利益相關者，因此聲譽資本管理就是企業的一種內部性管理活動。這一內部性管理活動起始於企業內部利益相關者的自我管理，通過有效整合聲譽資本內部管理要素在強化企業內外部利益相關者對企業聲譽形象認同的同時，提升企業聲譽資本核心競爭能力而為企業獲取可持續競爭優勢并實現聲譽資本的財務價值創造和增值[6]。

比較上述各種觀點，我們認為聲譽資本財務管理就是基於知識經濟時代聲譽資本能夠提升企業核心競爭力、能夠為企業獲得可持續競爭優勢的獨特功能作用，為實現企業聲譽資本財務價值創造最大化和財務估值最優化財務目標而對聲譽資本實施的構築維護、鞏固擴張、測度估值等特殊的管理活動。這一特殊管理活動的主體是企業內部現有的利益相關者，其本質是企業內部現有利益相關者在對企業聲譽資本進行投資交易活動中為吸引企業外部預期利益相關者或潛在利益相關者對企業聲譽資本的情感信任和認同，以提升企業聲譽資本財務價值創造績效而實施的各種不同管理途徑和方法。這些管理企業聲譽資本的不同途徑和方法具體體現在企業構建維護、鞏固擴張和對聲譽資本進行測度估值的管理過程中。這種特殊的管理活動一方面是從企業戰略層面對聲譽資本實施的動態全方位管理，另一方面也體現出和聲譽資本特徵相對應的管理原則。企業現有

---

[1] 崔英蘭.中國國有企業聲譽資本管理問題研究［D］.長春：吉林大學，2011：9.管理企業聲譽資本的六項具體職能分別是：計劃、組織、領導、控製、決策和創新。
[2] 干勤.國有工業企業聲譽管理存在的問題與對策［J］.數量經濟技術經濟研究，2001（5）：118-122.
[3] 干勤.國內外企業聲譽管理研究報告［J］.企業文明，2005（5）：11-15.
[4] 劉兵，羅宜美.論企業管理的新新階段——聲譽管理［J］.中國軟科學，2000（5）：96-98.
[5] 高厚禮.構建企業聲譽管理體系的對策研究［J］.華東經濟管理，2003（8）：75-76.
[6] 和薈琴.企業聲譽內部管理研究［D］.沈陽：遼寧大學，2008.

的聲譽形象會通過新聞媒體持續不斷地傳播，能夠向內外部利益相關者傳遞及時準確的有關企業戰略性價值願景、獨特的商業經營模式和性能優良的產品服務信息，這些信息對企業內外部利益相關者價值需求的整體覆蓋從戰略層面上體現出企業全方位動態管理聲譽資本的動機。同時，聲譽資本獨有的諸如管理過程持續性、職能發揮長期性、決策目標引導性、人員參與廣泛性和價值創造增值性等特徵決定了作為企業隱性財務資本的構成部分，聲譽資本的財務價值收益是一種聲譽租金。這種聲譽租金的實現和獲取必須以企業聲譽資本的製度設計和安排為保障，通過對聲譽資本的長期投資管理才能實現。換言之，聲譽租金和聲譽資本管理原則相對應。因此，打造企業聲譽資本的差異性、獨特性以提升企業聲譽的知名度，維持聲譽資本管理製度的時空一致性以提升聲譽資本管理的透明度，構建真實誠信的聲譽資本管理信息以提升聲譽資本管理績效等自然成為企業為獲取并實現更大聲譽租金而必須堅持的聲譽資本財務管理原則。

二、中國企業聲譽資本財務管理現狀和問題

1. 中國企業聲譽資本財務管理現狀

通過對1998—2014年中國學者研究企業聲譽和聲譽資本管理的現有研究文獻的歸納梳理發現，現有研究文獻就聲譽資本管理的研究領域涉及會計學、財務金融學、組織行為學、戰略管理學、市場營銷學、社會學、心理學、經濟學等不同學科；聲譽資本管理的研究內容主要包括聲譽理論和聲譽管理理論。聲譽理論具體涉及企業聲譽、產品品牌聲譽，聲譽製度及其博弈分析，企業家聲譽機制，聲譽與市場秩序等企業聲譽的形成理論、作用機理理論等方面。聲譽管理理論具體涉及國家聲譽管理和管理體系構建、地方聲譽管理和管理體系構建、聲譽資本行業聲譽管理和管理體系構建、聲譽管理與企業發展、聲譽管理條件和實施措施等聲譽管理理論。聲譽資本行業管理內容具體涉及中小企業聲譽管理、房地產企業聲譽管理、銀行業聲譽管理、醫院等非營利機構聲譽管理、網路聲譽管理、社會聲譽管理等方面[1]。同時，現有研究文獻也揭示出中國學者研究聲譽資本及其管理的現狀：

（1）逐步形成了和中國企業聲譽資本管理相適應的管理體系。這一適應性管理體系從管理內容上分析，實現了兩個特徵鮮明的轉變：國外聲譽管理理論國內化的轉變以及國內研究視角從宏觀向微觀的轉變。聲譽資本管理內容龐雜而多樣，自1997年美國學者Fombrun系統梳理聲譽研究的戰略管理學、市場營銷學、社會學、心理學、經濟學等學科思路并成立世界範圍內首個聲譽管理研究中心進行聲譽管理系統研究以來，逐漸興起全球範圍內對企業聲譽、企業聲譽資本管理的研究熱潮。不同思路的研究成果雨後春筍般出現在權威而專業的研究期刊《聲譽管理評論》中。面對中國聲譽理論研究比較落後的客觀現實和國有企業聲譽資本管理的現狀，國內研究者在引進消化國外聲譽研究理論和聲譽管理方法的同時聯繫中國當時經濟社會發展的宏觀形勢，緊密結合中國企業在

---

[1] 干勤. 國有工業企業聲譽管理存在的問題與對策［J］. 數量經濟技術經濟研究, 2001（5）: 118-122.
干勤. 國內外企業聲譽管理研究報告［J］. 企業文明, 2005（5）: 11-15.

聲譽資本微觀管理中出現的新情況、新問題，在推廣普及國外聲譽研究理論和聲譽管理方法的進程中深化了現代聲譽資本管理的研究內容，逐步形成適應中國企業聲譽逐步管理的管理體系。1998年，國內學者王新新在《經濟學動態》上發表了論文《聲譽管理理論及其發展》，開國內聲譽資本研究之先河。該論文對美國學者戴維斯·揚在其經典著作《創建和維護企業的良好聲譽》表達的相關聲譽形成機理和功能價值、聲譽資本管理的內涵和途徑的思想、觀點進行了系統闡述。之後，國內研究者將研究的重心轉向對《聲譽管理評論》上發表的最具影響力論文的系列引進介紹和消化吸收上。2001年，北京大學成立的國內第一個專業性聲譽研究機構聯合《經濟觀察報》進行「中國最受尊敬企業」「中國500強企業」的發布和排名，標誌著國內聲譽理論研究者和企業聲譽資本管理者攜手開始探索中國企業的聲譽資本管理問題。儘管國內這種排名一定程度上可以看作是對AMAC、GMAC的一種模仿，但畢竟開國內聲譽資本財務管理研究之先河。和「中國最受尊敬企業」「中國500強企業」的發布排名相呼應，國內理論研究者依據其所在研究領域學術專長，從理論層面深入開展對中國企業聲譽資本管理的探索。劉志剛（2005）從消費者視角分析了影響企業聲譽評價的諸如聲譽經營管理績效、客戶對企業聲譽的關注度等因素，構建了基於聲譽技術創新驅動程度、聲譽經營管理績效、客戶對聲譽的關注認同度、聲譽產品服務多元化經營相關性、社會責任履行貢獻度五個方面的相互動態影響的企業聲譽評價五因素模型。迴歸實證檢驗表明企業聲譽評價五因素模型具有較強的現實解釋能力①。潘琳（2007）通過對IT賣方市場上消費者之所以消費某企業某類產品服務的消費偏好，從消費者基於對企業聲譽的瞭解認同因素和情感歸屬因素兩方面進行瞭解釋，并基於消費者對企業聲譽的瞭解認同因素和情感歸屬因素來實證檢驗企業賣方市場上聲譽形象和企業財務績效是否相關聯。研究結果表明：企業提供產品服務的多樣性和質量高低、企業售後服務的及時性和響應度、企業在賣方市場上信譽形象好壞、企業社會責任履行程度等是影響消費者情感歸屬的主要因素并和情感歸屬顯著正相關。企業在隸屬行業中的影響力、賣方市場消費環境和銷售能力、企業聲譽的宣傳度、企業提供產品服務的多樣性和質量高低、企業售後服務的及時性和響應度、企業在賣方市場上信譽形象好壞、企業社會責任履行程度等是影響消費者瞭解認同的主要因素并和瞭解認同顯著正相關②。

（2）研究思路、視角從宏觀引進模仿到微觀拓展創新。儒家「諾則千金」「君子一言，駟馬難追」數千年的教化影響鑄就了中華文明禮儀大國對個體聲譽（信譽）、組織聲譽（信譽）的崇尚和操守。基於傳統聲譽文化影響，中國聲譽理論研究者在積極推進國外聲譽資本管理最前沿理論研究國內化的同時，也積極通過轉換研究視角來不斷拓展中國企業聲譽資本管理研究的深廣度。比如，將國外聲譽資本管理理論和中國企業聲譽

---

① 劉志剛. 消費者視角的企業聲譽定量評價模型研究——基於杭州飲料行業的分析 [D]. 杭州：浙江大學，2005.

② 潘琳. 基於消費者聲譽視角的賣場聲譽和績效關係研究——兩類IT賣場的比較 [D]. 杭州：浙江大學，2007.

管理的現實結合起來分析中國企業聲譽資本管理可行性條件和路徑，針對中國企業聲譽管理存在的突出問題提出提升聲譽管理的具體應對措施；將國外聲譽資本管理模型和中國企業資本估值實踐和管理實踐結合起來探討中國企業聲譽資本估值機制和分析如何分行業、分規模來構建中國企業聲譽資本的管理體系；拓展微觀企業聲譽管理研究視角，進一步分析國家聲譽管理體系的構建、地方政府聲譽管理體系的構建、行業聲譽資本管理體系的構建；在行業聲譽資本管理體系構建的研究中，對關係到民生計和保障社會經濟良性運行的行業聲譽資本管理體系的構建進行傾向性重點研究，如金融行業、房地產行業、醫療行業等。對中國企業聲譽資本價值創造及其管理的前沿性研究趨勢體現在與企業組織規模相對應的「宏微觀兩頭」，即國有中央企業聲譽資本價值創造和管理的研究、中小物流企業聲譽資本價值創造和管理的研究；中央企業聲譽資本財務管理信息披露體系的構建與完善以及中小物流企業聲譽資本財務管理信息披露體系的構建與完善等方面。

（3）研究方法從定性描述向定量實證的多樣性轉變。國內研究者在引進、消化國外聲譽理論和聲譽資本管理理論階段主要採用模仿性的定性闡釋和述評研究方法，在拓展創新研究階段逐步過渡到以定量實證研究為導向，側重於採用將定性理論框架構建與定量實證檢驗相結合的研究方法，從而修正了國內學者研究聲譽資本及其管理時研究方法體現出的定性分析偏多、定量檢驗居少的問題。以中國最早研究企業聲譽理論的王新新（1998）分析，其論文《聲譽管理理論及其發展》僅僅是對美國學者戴維斯·揚的力作《創建和維護企業的良好聲譽》所進行的作品介紹和述評。論文第一部分對《創建和維護企業的良好聲譽》涉及的諸如聲譽功能和管理價值、聲譽投資交易如何進行財務決策、聲譽對企業員工的激勵互動與企業聲譽資本激勵管理等核心內容進行定性闡釋；論文第二部分對《創建和維護企業的良好聲譽》從聲譽管理和公共關係管理的相互影響促進關係、聲譽管理對傳統管理理論的內容拓展等方面進行了定性述評。此後，國內學者研究企業聲譽及其管理時通常都沿著國外聲譽研究文獻述評和聲譽研究重要性、聲譽概念界定和分類、聲譽功能與價值這一定性研究套路進行分析研究。2000年後，由學院研究派倡導的定量實證研究方法開始在企業聲譽資本及其管理的研究中流行并普及起來。比如，徐金發（2004）基於國外企業聲譽測量方法的梳理而構築的企業聲譽價值實證測度檢驗模型[1]；繆榮、茅寧（2005）基於企業利益相關者價值網構築的企業聲譽三維測度檢驗模型[2]；鐘延添（2006）構築的電子商務企業聲譽資本價值創造測度模型[3]；劉與剛（2006）從IT行業職位追求者視角構建的測度IT行業聲譽和求職者之間的互動模型[4]；龔博（2009）從企業社會責任的履行程度對企業聲譽形象的影響出發，基於企業

---

[1] 徐金發, 劉靚. 企業聲譽定義及測量研究綜述 [J]. 外國經濟與管理, 2004 (9)：23-26.

[2] 繆榮, 等. 公司聲譽概念的三個維度——基於企業利益相關者價值網路的分析 [J]. 經濟管理, 2005 (3)：31-35.

[3] 鐘延添. 電子商務企業聲譽及其對顧客信任的影響：以B2C電子商務為例 [D]. 杭州：浙江大學, 2006.

[4] 劉與剛. 基於求職者視角的企業聲譽評價研究：以IT行業為例 [D]. 杭州：浙江大學, 2006.

員工視角構建的測度企業社會責任與企業聲譽的關係實證模型①。

2. 中國企業聲譽資本財務管理問題之所在

隨著中國經濟社會發展的變遷，中國企業組織形式在中國經濟社會發展不同階段所承擔的職能作用以及這些職能作用在這些不同發展階段的具體體現與實現是引發中國企業聲譽管理危機的根源。從新中國成立初期到改革開放前期，就中國企業法定的組織形式而言，不存在現代意義上的民營企業，國有企業和國營企業實際上等同國營企業。國營企業生產的產品和提供的服務以質優價廉、服務熱情、及時周到而在全社會普遍樹立起國營企業誠實守信生產經營的良好聲譽形象。因此，改革開放前中國企業基本上都是國營企業，國營企業不存在聲譽資本的管理問題。改革開放初期，在中國江浙沿海地區迅速出現了鄉鎮企業、個體企業和私營企業等民營企業。這些民營企業在迅速的成長發展過程中向社會公眾提供的產品和服務表現出質量假冒低劣、服務生硬滯後的特徵，因此在自毀這些民營企業聲譽的同時反而強化了社會公眾對國營企業產品和服務的信任度，提升了國營企業產品和服務在社會公眾中的聲譽。因此，改革開放初期中國國營企業也基本上不存在聲譽資本的管理問題。隨著國營企業抓大放小、兼并、重組等各項改革措施的深入推進和民營企業原始資本累積的初步完成以及客戶消費者群體消費理念、消費行為的日趨成熟，國家消費者權益保護法律、政策的不斷出抬、修訂完善，國營企業、民營企業、客戶消費群三方之間基於產品服務提供和消費的聲譽博弈行為發生逆轉從而也導致博弈結果發生了質的變化。民營企業在「消費者時代客戶是企業財務價值創造和增值的核心驅動因素」「消費者的口碑就是民營企業生存發展的生命線」等現代聲譽資本管理理論和理念的引導下，憑藉其已經累積起來的原始資本在加大對民營企業聲譽資本投入和構築維護過程中積極打造民營企業聲譽文化管理製度性理念，並積極培養民營企業聲譽資本管理高端人才，這些有利於民營企業聲譽資本管理措施的積極實施和民營企業技術創新驅動戰略的有機結合就使得民營企業能夠生產出品種多樣、質優價廉的高質量產品。同時民營企業不斷進行的廣告品牌宣傳和產品包裝創新進一步使得民營企業能夠向消費者群體提供品質一流、具有競爭性價格的產品和服務。這種三方博弈逆轉的結果形成中國企業聲譽管理的異象：發生在民營企業中的聲譽管理危機反過來引發了國有企業聲譽資本管理出現了問題。這些問題集中表現在：

（1）聲譽資本價值創造職能的弱化缺失和管理意識的模糊淡薄導致國有企業生產、提供的產品和服務品牌形象不佳、售後服務滯後。聲譽資本價值創造職能的弱化缺失表現在國有企業進行財務目標定位決策時首選短期的經營利潤最大化，而很少考慮到聲譽資本對財務價值創造的巨大貢獻度，進而影響對利益相關者聲譽資本財務價值最大化的戰略性財務目標進行設計定位和決策。其結果就是為實現短期經營利潤最大化目標，國有企業就會整合企業所有的人財物資源要素增強所生產產品和服務的產量和質量，對向消費市場上提供的產品和服務較少進行整體性廣告宣傳，對推向消費市場上的名牌產品

---

① 龔博. 基於員工視角的企業社會責任和企業聲譽關係實證研究：以長春零售業為例 [D]. 長春：吉林大學，2009.

和服務更是缺乏最基本的包裝推介。這樣，儘管企業為消費者提供具備競爭性價格、質量一流的產品和服務，但由於企業不善於媒體廣告宣傳，使得消費者無法形成對企業產品和服務的消費偏好，使得企業產品和服務高產量卻對應績效不佳的低銷售量。低銷售量導致企業整體盈利能力、發展能力的持續下降。

（2）聲譽管理專業人才培養斷層與流失導致的企業聲譽資本管理問題。就聲譽管理專業人才的培養看，聲譽管理應該隸屬於工商管理類專業。中國普通高校現行工商管理類專業都沒有聲譽及其管理的專業設置，在一級工商管理類專業隸屬的二級專業中都不開設聲譽管理核心課程，這樣從理論上必然形成聲譽管理專門人才培養的斷層。同時，國有企業經濟效益的不斷下滑加劇了國有企業職工下崗分流的力度和趨勢，這種分流力度和趨勢的蔓延勢必引發國有企業中的專業技術骨幹和經營管理能人不斷流向經濟效益不斷提升、薪酬福利待遇日益豐厚的民營企業，其結果進一步導致國有企業中具有競爭優勢的人力資本，包括專業的聲譽管理人力資本流失。國有企業聲譽管理人力資本的斷層、流失必然引發國有企業聲譽資本管理的惡性循環，形成國有企業聲譽資本創造財務價值商業機會的流失、管理聲譽資本核心技術的轉移和無形聲譽資本創造價值的減值，所有這一切都會引發企業內外部利益相關者對企業聲譽的信任危機。

（3）國有企業產權不清引發聲譽管理制度設計的先天性缺陷。現代企業製度的核心與精華就是所有權和經營權相互分離基礎上企業管理製度設計的產權明晰。儘管中國國有企業進行了長期的、艱苦卓絕的現代企業製度改革，但所有者缺失導致的內部人控製問題仍然是影響國有企業進行現代企業製度構建和設計的「硬傷」。在中國，國有企業所有者缺失存在兩種不同情況：所有者缺位和所有者錯位。國有企業所有者缺位就會引發內部人控製問題，給經營者配置了所有者權利卻不承擔所有者的責任義務，形成經營者既扮演「運動員」也扮演「裁判員」的雙重角色，但對經營者的監管卻流於形式。國有企業所有者錯位就會引發政企不分問題，使本應該由微觀市場對國有企業發揮的功能卻被政府的宏觀調控所取代。無論是所有者缺位引發的內部人控製問題或者所有者錯位引發的政企不分問題都會客觀上直接影響到國有企業的聲譽資本管理，都會導致國有企業進行聲譽資本管理的制度設計時無法繞開的製度性制約瓶頸。

三、完善中國企業聲譽資本財務管理基本思路

冰凍三尺非一日之寒，面對中國國有企業長期形成并積存的聲譽資本管理陋習，需要對症管理才有希望紓解乃至徹底破除。理性的基本管理思路在於：從製度安排設計層面構建長期性的有利於重塑國有企業聲譽資本形象的內外部管理環境，以積極發揮國有企業聲譽資本價值創造增值的蝴蝶效應職能，形成能夠正面引導國有企業內外部利益相關者參與國有企業聲譽資本價值創造管理的氛圍，以提升國有企業聲譽資本財務價值創造增值能力。

具體管理思路在於：培養國有企業誠實守信和公平交易的良好聲譽形象是管理國有企業聲譽資本的第一要義。市場經濟是公平交易基礎上的誠實守信經濟，解決國有企業聲譽資本管理存在問題的思路對策可能多種多樣，但基礎和出發點在於向國有企業內外

部利益相關者重塑國有企業誠實守信和公平交易的良好聲譽形象。這就要求企業不同決策者將誠實誠信、公正公平交易原則融入經營管理企業聲譽資本的戰略性設計和規劃中去，并在為企業不同層面的聲譽資本管理者樹立標杆榜樣的同時，一旦出現企業內部人存在有損企業聲譽的動機并具體實施這一動機的情況發生，而企業外部利益相關者無法監管時，就能夠依靠標杆榜樣的示範效應來預防、約束內部人有損企業聲譽的動機。進一步通過較為系統完善的製度設計把對國有企業聲譽資本管理的措施昇華到企業可持續發展的財務戰略層面，以形成通過管理企業聲譽資本為企業獲取可持續競爭優勢的良性互動機制。同時，面對商業危機頻繁發難以及時預期的現實，國有企業潛在的同行惡性競爭行為引發的經營管理不善，對市場經營信息捕捉不及時、獲取不足導致的經營風險都會使國有企業聲譽資本管理出現危機。可見，企業預防、應對并處置突發性危機事件的能力和企業管理聲譽危機水平的高低相對應。為此，必須以迅速處置并化解企業聲譽危機的管理理念來構建國有企業專業的聲譽危機管理團隊，借助企業聲譽危機內外部管理團隊設計、構建的聲譽危機預警管理系統進行聲譽資本的事前預警監控管理、事中應對化解管理、事後檢驗反饋管理是高效化解國有企業聲譽資本危機、提升國有企業整體聲譽資本管理能力的可行性思路和途徑。

第八章　基於專用投資資本的財務價值決策

專用投資資本與資產專用性或專用性資產、縱向一體化、不完全契約、經濟學中的交易成本理論緊密相關。要界定專用投資資本離不開縱向一體化。縱向一體化就是價值鏈上的企業在競爭性環境中為了獲取可持續競爭優勢和競爭性利潤而在產品服務生產和銷售過程中同時位於價值鏈上的兩個連續位置，能夠同時向前（向下）和向後（向上）延伸拓展的一種戰略性規劃和設計。價值鏈上的企業向前（向下）延伸拓展形成所謂的向前一體化戰略，向後（向上）延伸拓展形成所謂的向後一體化戰略。比如，某一農產品企業 ABC 如果自己全部或部分種植進行農產品深加工所需要的各種農產品原料，這時對於位於價值鏈上的 ABC 企業的而言，ABC 企業具有向後（向上）延伸拓展的可能性，具備實施向後（向上）一體化戰略的條件；反過來，某一農產品企業 ABC 如果自己全部不種植進行農產品深加工所需要的各種農產品原料，即 ABC 企業所有能夠銷售的農產品都是由不同的農產品供應商提供，ABC 企業在進行銷售前所從事的工作就是對這些農產品進行深加工後再進行銷售，這時對於位於價值鏈上的 ABC 企業的而言，ABC 企業具有向前（向下）延伸拓展的可能性，具備實施向前（向下）一體化戰略的條件。縱向　體化理論是西方產業組織經濟學和交易費用經濟學重點關注并努力解決的核心命題之一，因為縱向一體化理論所要回答并解決的就是稀缺性的經濟資源如何在不同的企業、不同的市場和不同組織形式之間進行合理配置并優化的問題[①]。基於專用投資資本的財務價值決策就是借助產業組織經濟學、交易費用經濟學對資產專用性或專用性資產不同研究思路和研究視角的描述，立足於財務學視角在規範專用投資資本內涵的基礎上，試圖對專用投資資本和財務價值創造、專用投資資本和財務價值估值以及專用投資資本和財務價值管理等一系列涉及財務價值決策的命題進行較為深入的分析探討，以期為專用投資資本和財務價值決策的進一步研究提供一個相對清晰和比較完善的分析思路和視角。

---

① John Eatwell, Murray Milgate, Peter Newman. The New Pal-grave: A Dictionary of Economics [M]. London: The Macmillan Press Limited, 1987.

第一節　專用投資資本與財務價值創造決策

一、專用投資資本的概念框架

1. 不同研究視角下的專用投資資本

Klein，Crawford 和 Alchian（1978）最早對資產專用性概念進行了描述：資產專用性是指某一資產的價值和這一資產使用價值的相關性。某一資產的價值體現在這一資產的特定效用方面，如果某一資產的價值和其特定的效用能夠實現有機結合，這時這一資產才體現出其應有的價值。如果某一資產的價值不能夠和這一資產特定效用完全對接，則其價值僵化表現出部分性以至於毀損這一資產的價值[1]。Williamson（1988）基於交易費用對資產專用性進行了正式界定，認為資產專用性是衡量某一資產的生產價值和使用途徑相關性的一種標誌。也就是在不毀損某一資產的生產價值的前提下，這一資產在多大程度上能夠改變這一資產的使用途徑。如果不能夠改變這一資產的使用途徑，或改變這一資產的使用途徑後，就會對這一資產的價值形成相應的損失，則表明這一資產就具有專用性。可見，根據 Williamson 的觀點，資產專用性和特定使用途徑、價值毀損息息相關。資產專用性就是資產在特定使用途徑上體現出的價值，改變特定使用途徑就會形成資產價值的毀損并且價值毀損程度和資產專用性正相關[2]。事實上，在 Williamson 正式界定資產專用性概念之前，Marshall（1948）、Marschak（1968）、Becker（1965）、Polanyi（2009）等都對資產專用性進行了富有意義的分析探討。如，Marshall（1948）對擁有專業知識的員工（人力資本）和企業之間博弈的分析：擁有專業知識的員工是企業非常稀缺的人力資本資源，這些稀缺人力資本的價值就體現在員工通過專業知識發揮使用途徑來為企業創造巨大的價值。如果員工離開所在企業，企業和員工的博弈結果就是：企業支付給員工的薪酬遠遠小於員工給企業創造的價值，員工在其他企業重新工作時獲取的薪酬收益也可能遠遠低於在原來企業工作時獲取的薪酬。這樣，員工資本體現出專用性[3]。Marschak（1968）認為企業資本，尤其是價值創造收益不能夠精確計量的企業資本一旦改變使用途徑就會引發這些特殊資本資源的價值毀損，是對這些特殊資本資源價值創造能力的貶抑。因此，這些特殊的資本資源具有排他的專用特徵[4]。Becker（1965）認為企業人力資本能夠在企業價值鏈上下游為企業獲取競爭性優勢和競爭性利潤收益，但是這些競爭性優勢和競爭性利潤收益很大程度上具有向後一體化延伸的特

---

[1] Benjamin Klein, Robert U. Crawford, Armen A. Alchian. Vertical integration, Appropriable Rents, and the Competitive Contracting Process [J]. Journal of Law and Economics, 1978, 21（2）: 297-326.

[2] Williamson O. Corporate Finance and Corporate Governance Journal of Finance 1988（43）: 567-591.

[3] Alfred Marshall. Principles of Economics [M]. New York: Macmillan, 1948.

[4] Marschak J. Economics of Inquiring、Communication、Deciding [J]. The American Economic Review, 1968, 58（2）: 1-18.

徵，這些一體化後延特徵體現出人力資本的專用性①。Polanyi（2009）在《心照不宣的維度》（或《默會維度》）一書中分析人類知識累積、傳播途徑時涉及所謂心照不宣知識（默會知識）（Tacit Knowledge，TK）具有隱性價值創造功能。他以企業產品生產流程上擁有豐富工藝技術的員工為例來說明這些「特別的員工」憑藉其擁有的獨一無二的技術優勢在為企業創造巨大財富。一旦將這些「特別的員工」配置在不能夠有效發揮其獨特技術的崗位上時，這些「特別的員工」價值創造能力和價值創造效應就會發生較大的逆轉，即由創造巨大財富轉換為毀損價值創造。因此，這些「特別的員工」擁有的獨一無二技術具有專用性②。

　　立足於縱向一體化研究資產的專用性，經濟學形成了兩個視角不同的研究範式。即，產業組織經濟學視域的資產專用性研究範式和交易費用經濟學視域的資產專用性研究範式。產業組織經濟學研究範式認為資產專用性本質上就是企業為適應競爭性環境而進行的一種產業結構佈局和調整，是企業的市場行為，是企業的市場結構和企業市場績效之間相互動態整合作用的結果。縱向一體化是企業適應市場競爭的一種自適性調整行為，取決於企業在產業市場上的結構佈局，而這種自適性調整行為反作用於產業結構佈局的結構就是形成企業產業市場的效用績效。由於企業生產技術上的相互關聯對接在降低企業產品生產空間佈局的基礎上節約了生產過程中的各種成本，因此，企業產品生產流程中的技術關聯共存性是導致企業縱向一體化組織戰略設計的驅動力。但是，企業通過剝離產品生產流程中不存在技術關聯性的業務單位也可以形成縱向一體化，基於進入壁壘和歧視性價格需求彈性的雙邊壟斷、基於不確定性產業週期規模約束也是導致企業實施縱向一體化戰略的驅動力。交易費用經濟學研究範式認為資產專用性是企業應對市場結構功能性失靈而採取的一種自適、自救行為。企業資產專用性、縱向一體化戰略的設計和實施和企業本質、企業和市場邊界密切相關。企業資產要體現專用性就必須設計縱向一體化戰略，而縱向一體化戰略在表明企業資產存在專用性的同時，實施程度決定著企業和市場的時空範圍與邊界③。為此，交易費用經濟學研究範式認為資產專用性是使得企業和市場進行相互替代的一個橋樑，是在企業擁有剩餘控製權時能夠獲取的一種可占用性準租④。

　　2. 專用投資資本的概念內涵

　　比較上述各種觀點的合理性後，我們認為專用投資資本是和通用投資資本相對應的概念，是一種存在特定投資對象或特定投資用途的資本。企業之所以投資與這一特定用途（對象），是為了剝離投資於其他用途（對象）時的機會成本。這一剝離機會成本的

---

① Gary S. Becker. Investment in Human Capital：A Theoretical Analysis [J]. Journal of Political Economy，1962，75（2）9-49.
② Michael Polanyi. The Tacit Dimension [M]. Chicago：The Vniversity of Chicago Press，2009.
③ 陳營. 企業製度和市場組織交易費用經濟學文選 [M]. 上海：上海三聯書店、上海人民出版社，1996：8.
④ 陳營. 企業製度和市場組織交易費用經濟學文選 [M]. 上海：上海三聯書店、上海人民出版社，1996：110-153.

屬性表明了專用投資資本和通用投資資本最基本的區別在於：通用投資資本的供求交易雙方能夠隨時自由變換資本交易對象，在終止原有資本交易對象而進行新一輪資本交易時，原有資本持有者不會設置昂貴的交易成本壓力來阻礙供求交易雙方進行的新一輪資本交易，新交易投資資本擁有者也不會因為改變投資資本的用途而毀損交易投資資本的價值創造功能。換言之，通用投資資本不存在「錨定」供求交易方的「鎖定效應」。這種「錨定」供求交易方的「鎖定效應」既是區分專用投資資本和通用投資資本的最基本標誌，也是專用投資資本具有的基本特徵。專用投資資本特有的「錨定」供求交易方的「鎖定效應」是專用資本供給方和專用資本需求方在追求投資交易資本共同收益最大化目標導向下相互妥協、相互「鎖定」的結果。就「鎖定」專用資本供給方而言，專用資本投資交易行為發生後，終止專用資本投資交易的損失遠遠大於終止投資交易獲取的機會成本收益，也就是說終止投資交易意味著巨大的交易成本支出、專用資本價值創造的削減和價值創造能力的毀損。為此，專用資本供給方必須創新這一專用資本投資交易。可見，對專用資本供給方的「鎖定效應」就是規避供給方收益遞減效應，對專用資本需求方的「鎖定效應」就是規避需求方成本遞增效應。收益遞減效應和成本遞增效應的有效整合構成完整意義上的專用投資資本「鎖定效應」：投資資本數量、「鎖定效應」作用強度、投資資本價值毀損度正相關并同向變化。專用投資資本金額越大，專用資本的「鎖定效應」作用強度就越強，專用資本價值毀損度就越高。反之亦然。

二、專用投資資本價值創造

專用投資資本創造的價值本質上是一種兼有壟斷性租金和資源稀缺性租金的可占用支配租金收益，這種可占用支配租金收益表現為專用資本需求方在具體營運專用資本過程中實現的價值收益差，數量上等於為不同專用資本需求方創造的最優價值收益和次優價值收益的差額[①]。而專用投資資本「鎖定效應」的作用強度決定了可占用支配租金收益的方向性，即由專用投資資本供給方和需求方兩者之中的任何一方所獨享，還是由供給方和需求方來共享。為此，試圖獨享可占用支配租金收益的專用投資資本需求方就會充分利用專用投資資本的不可逆轉性和供給方展開討價還價的博弈定價。在這一博弈定價過程中，需求方基於獨享可占用支配租金收益的自利動機就會千方百計壓低專用投資資本的支付價，專用投資資本的低支付價意味著專用投資資本供給方在博弈定價中就會獲取較少的可占用支配租金收益。即使如此，專用投資資本供給方也不會自行終止這一資本投資交易，原因是專用投資資本供給方單方面終止這一資本投資交易所支付的交易成本費用遠遠大於供給方壓低交易價而可能獲取的收益。為避免需求方對可占用支配租金收益的獨享，不同專用投資資本供給方締結收益聯盟是可行的共享方式。一般而言，這種可占用支配租金收益具體體現在專用投資資本和企業融資以及專用投資資本和資本結構兩個方面。

---

① 孫毅. 控製性股東專用性資產投資行為研究 [D]. 天津：南開大學，2013：7.

1. 專用投資資本和企業融資

專用投資資本和企業融資之間是否存在相關關係這一研究命題最早是由 Williamson 提出的。Williamson（1985）將投資資本交易市場上交易成本的大小和投資資本專用度結合起來，認為投資資本專用度高低能夠衡量交易成本大小，進而決定和交易成本大小相對應的企業的不同融資策略。由於投資資本的專用性是體現某一企業產品服務是否具有競爭性的標誌，交易市場上具有競爭性特質的企業產品服務一旦改變這種特定用途就會失去產品服務擁有的競爭性，使得二級交易市場難以對專用投資資本進行較為精確的價值創造估值。尤其是當企業進行破產清算時，專用投資資本的清算價值就會發生嚴重的貶值，從而引發專用投資資本供給方嚴重的補償價值損失[1]。這時，為避免甚至減少這種補償價值損失，專用投資資本供給方就會在締結專用融資資本契約時要求追加高利息收益以彌補可能面臨的專用投資資本營運高風險，或者通過對專用融資資本契約的逆向修訂來防範可能面臨的高風險。如果專用投資資本需求方繼續使用供給方提供的專用投資資本，高營運風險就會進一步提升專用投資資本的專用程度進而導致較高專用投資資本交易成本的存在和形成。作為企業所有者并對專用投資資本擁有剩餘追索權的股東，由於對專用投資資本營運信息完全對稱就可以憑藉專用投資資本營運信息對是否繼續進行專用投資資本、專用投資資本價值創造能力大小進行較為準確的預測決策；也出於從企業持續經營時獲取更大專用投資資本租金收益的自利動機，在營運風險可控時偏好於專用投資資本項目。可見，專用投資資本專用度高低和進行專用資本交易時債務融資交易成本的大小正相關。同時，股權融資方式在提升股東持股比例的同時為持股股東獲取了更多的剩餘控製權，能夠充分發揮基於剩餘控製權的治理機制效應。因此，當專用投資資本專用度不斷增加引發較高的債務融資交易成本時，採用股權融資方式進行專用投資資本融資是較為有效的途徑之一。這就是 Williamsno 提出的反應專用投資資本和企業融資關係的基本結論：專用投資資本的資本專用度和債務融資成本負相關，在專用投資資本營運風險可控製時和債權融資成本正相關[2]。Choate（1997）將交易費用經濟學中縱向一體化激勵效應的不確定性（價值鏈上上游企業供給產品服務信息不確定性和下游企業需求產品服務信息不確定性的整合）導入存在治理效應時的專用投資資本財務決策模型，以檢驗專用投資資本和企業融資方式之間的相互關係，結果證明了 Williamsno 基本結論的成立[3]。Vilasusoh 和 Minkler（2001）認為企業的融資方式是適應變遷的財務環境的產物。動態競爭性財務環境約束著企業的融資方式，而專用投資資本一定程度上反應了企業融資方式對動態競爭性財務環境的適應程度。基於代理人道德風險而進行逆向選擇的自利動機，構建了以專用投資資本和逆向選擇代理成本為控製變量

---

[1] Williamson, O. E. The economic institutions of capitalism: Firms、markets relational contracting [M]. New York: Free Press, 1985.

[2] Williamson, O. E. Strategizing, economizing and economic organization [J]. Strategic Management Journal, 1991（12）：75-94.

[3] Choate, M. G. The governance problem, asset specificity and corporate financing decisions [J]. Journal of Economic Behavior & Organization, 1997(33)：75-90.

的動態企業融資方式模型。實證檢驗表明企業融資方式中外源性債務融資比例隨專用投資資本專用度的增加而下降，兩者呈現反向變動關係；而內源性留存收益融資比例隨專用投資資本專用度的增加而增加，兩者呈現同向變動關係。在不改變融資方式和渠道時，企業目標資本結構中股權融資比例會隨專用投資資本專用度的增加而上升，這一結論和 Williamsno 基本結論相一致[1]。Dijnaa（2001）通過對美國製造企業專用投資資本和借款能力相互關係的實證檢驗表明，企業專用投資資本影響企業借款能力和借款能力存在相關性，這種相關性表現在專用投資資本的高專用度對應企業股權融資方式，低專用度對應企業借款融資方式[2]。但國內學者錢春海等（2002）[3]、王永海、範明（2004）[4]基於借助中國上市公司財務數據進行的實證檢驗得出專用投資資本專用度和企業股權融資方式負相關、和企業債務融資方式正相關的結論。這一結論和 Williamsno 基本結論相反。

我們認為得出上述截然相反結論的根源在於對專用投資資本進行交易時供求雙方締結交易契約時的完備程度，也就是所謂的交易契約歸屬於完備契約和不完備契約的類別問題。

基於代理成本視角，交易雙方在信息不完備、不對稱締結的交易契約就是一種完備契約。完備契約下，專用投資資本和企業融資方式的選擇既和專用投資資本的專用度高低相關聯，也和企業所在競爭性內外部財務環境的競爭激烈程度相關聯。一般而言，企業所在內外部財務環境的競爭激烈度和財務環境的動態穩定度反向相關；內外部財務環境競爭激烈度越高，動態穩定度就越低。將代理成本、財務環境動態穩定度、專用投資資本專用度、企業融資方式整合在一起，基於專用投資資本交易完備契約視角分析，以企業融資方式代理成本最小化為財務目標導向，我們認為財務環境動態穩定度、專用投資資本專用度和企業股權融資方式之間存在正相關關係。當企業所在財務環境的競爭越激烈，財務環境動態穩定度就越低，這時企業就會提高專用投資資本的專用度，相應地，企業應該提高股權資本在整個融資結構中的融資比例。相反，財務環境動態穩定度、專用投資資本專用度和企業債務融資方式之間存在負相關關係。當企業所在財務環境的競爭程度并不激烈，財務環境動態穩定度就會上升，這時企業如果提高專用投資資本的專用度，相應地，企業應該提高債務資本在整個融資結構中的融資比例。不完備契約的核心在於相機而擇剩餘控製權的配置和應用實施。認為締結交易契約雙方的有限理性使得締約雙方對契約未來的履行程度不可能進行較為準確的預測，因而專用投資資本供給方事前不可能設計并締結完善的交易契約來防範需求方不可預測的各種自利動機和

---

[1] Vilasusoh J., Minkler A. Agency costs、asset specificity and the capital structure of the firm [J]. Journal of Economic Behavior & Organization, 2001, (44): 55-69.

[2] Dijana M. Asset specificity and a firm's borrowing ability [J]. Journal of Economic Behavior and Organization, 2001 (45): 69-81.

[3] 錢春海、賀旭光、歐陽令南. 交易費用、資產專用性與企業融資決策 [J]. 上海管理科學, 2002 (2): 46-48.

[4] 王永海、範明. 資產專用性視角下的資本結構動態分析 [J]. 中國工業經濟, 2004 (6): 93-98.

機會主義行為。為此，防範專用投資資本需求方不確定自利動機和機會主義行為的有效方式就是給專用投資資本供給方通過配置相機而擇的剩餘控製權來約束專用投資資本需求方，使得兩者的目標需求函數存在一致性。由於剩餘控製權配置的多少和財務環境動態穩定度、專用投資資本專用度、企業股權融資方式之間同樣存在正相關關係，因此，就專用投資資本和企業融資方式關係而言，完備專用資本交易契約和不完備專用資本交易契約得出相一致的結論：企業所在內外部財務環境的競爭越激烈，財務環境就越不穩定，動態變遷程度就越大，這時企業專用投資資本專用度的提升對應股權資本在整個融資結構中融資比例的提升；反之，企業所在內外部財務環境的競爭越不激烈，財務環境就越穩定，動態變遷程度就越低，這時企業專用投資資本專用度的提升對應債務資本在整個融資結構中融資比例的提升。

2. 專用投資資本和資本結構

專用投資資本對資本結構的影響體現在專用投資資本影響到股權融資成本和債權融資成本，以及專用投資資本影響下的企業最優資本結構的存在和確定等方面。

（1）專用投資資本和債權融資成本。企業採用債權資本融資時，債權資本所有者和企業經營管理者之間存在的債權資本信息不對稱，使得雙方締結的債權債務契約是一種不完備的財務契約。儘管這種財務契約對企業經營管理者形成一種強有力的債務約束，能夠節約交易市場上雙方的交易成本，但債權資本轉移到企業後，債權所有者只能按照契約約定獲取相應的利息收益，并不能夠對債權資本的用途進行有效監管。這就決定了企業經營管理者可能改變債權用途進行機會主義投資行為的發生，當企業無法持續經營而陷入破產清算狀態時，債權人享有的優先剩餘追索權保障了企業生產經營者對償債義務的履行。因此，一定程度上，債權融資方式的治理效應有助於企業專用投資資本戰略的設計和實施。但是，債權專用投資資本的專用性在決定了這些債權專用投資資本無法改變其特殊用途而移作他用的同時，又影響到在二級市場上交易這些債權專用投資資本獲取的收益會遠小於債權專用投資資本的估值價。可見，隨著債權專用投資資本專用度的增加，債權資本所有者通過優先追索權獲取的剩餘收益會隨著債權專用投資資本營運風險的增加而減少。面對債權專用投資資本隨專用度增加而貶值的現實，債權資本所有者化解危機的可行思路就在於應用法律方式或修改債權專用投資資本債權債務契約方式。應用法律方式化解債權專用投資資本危機雖然可行，但持續時間週期較長且訴訟費用不菲，顯然不是行之有效的方式。為此，修改債權專用投資資本債權債務契約成為化解危機的有效方式，債權資本所有者會通過重新界定債權債務雙方應承擔的風險和獲取的收益來實施對企業的外部監管，其結果必然導致債權融資成本的上升。因此，債權專用投資資本專用度和債權融資成本正相關。企業債權專用投資資本營運環境的複雜多變和交易市場上競爭程度的增強也加大了企業進行專用投資資本融資的可能性。但債權專用投資資本的專用度又決定了專用投資資本融資的較大不確定性，這種不確定性增加了債權債務契約動態調整的頻繁性。在重新調整債權債務契約時，債權債務持續時間較長的討價還價談判和債權資本所有者追加專用投資資本時在財務契約中重新設立的諸多限制性條款都會進一步增加債權融資方式的成本。總體上，債權專用投資資本專用度和債

權融資成本同向正相關，債權專用投資資本專用度的上升意味著債權融資成本的不斷增加。

(2) 專用投資資本和股權融資成本。和債權融資方式相比較，企業股權融資方式儘管交易形式和交易程序都體現出一定的複雜多樣性，但不同形式的股權融資方式都和企業的持續經營期相對應而不存在規定的到期日，股利支付形式的發放率大小取決於企業經營成果績效評估後的股利支付政策。同時，公司治理機制賦予股權所有者的剩餘追索權是一種其後追索權，即對剩餘收益的追索獲取在債權資本所有者之後。而股權所有者通過股東大會對企業董事會的選舉設立和企業經營管理者的任免也決定了股權所有者和企業內部利益相關者在權利制衡前提下的控制權實施妥協。儘管作為股權資本所有者的大小股東對企業享有剩餘收益追索控製權，但這種收益和其持股比例密切相關。大小股東之所以進行專用資本投資是和股東能夠獲取專用投資資本的預期巨大收益相關聯的。企業進行專用資本投資就會憑藉專用投資資本的專用度而能夠在產品服務交易市場上獲取產品服務的競爭性價格和競爭性質量。這些競爭性價格和競爭性質量就是企業在交易市場上所具有的競爭優勢，這種競爭優勢保證了企業在交易市場上基於專用投資資本而創造並實現巨大收益的可能性。可見，專用投資資本的專用度、企業專用投資資本價值創造能力和股權資本所有者預期收益正相關。專用投資資本的專用度的提升意味著企業專用投資資本價值創造能力的提升和股權資本所有者預期收益的增加。同時，股權所有者享有的各種權利能夠使股權所有者對企業生產經營者可能存在的有損股權所有者利益的各種行為進行有效防範和規避，這對避免企業陷入財務困境、發生財務危機具有積極的現實意義。但是，這些基於股權的企業治理機制的良性運行以較大的股權融資成本為代價。因此，總體而言，股權投資資本專用度和股權融資成本同樣表現出同向正相關的關係，股權融資成本會隨著專用投資資本專用度的上升而增加。

(3) 專用投資資本和企業資本結構。上述分析表明，股權融資成本和債權融資成本都會隨著專用投資資本專用度的增加而不斷增加。股權融資成本曲線和債權融資成本曲線的交點就是專用投資資本專用度的無差別點。在專用投資資本專用度無差別點的左邊區間，債權融資成本曲線在股權融資成本曲線之下，邊際債權融資成本小於邊際股權融資成本。此時，隨著專用投資資本專用度的增加，企業會採用債權融資方式，企業的資本結構是典型的債權融資導向型結構；相反，在專用投資資本專用度無差別點的右邊區間，債權融資成本曲線在股權融資成本曲線之上，邊際債權融資成本大於邊際股權融資成本。此時，隨著專用投資資本專用度的增加，企業會採用股權融資方式，企業的資本結構是典型的股權融資導向型結構，在專用投資資本專用度無差別點，由於兩種融資方式的成本大小相等，因此，專用投資資本專用度無差別點就對應專用投資資本導向的企業最佳資本結構。

第二節　專用投資資本與財務價值估值決策

　　專用投資資本財務價值估值決策就是對專用投資資本可能創造并實現的可占用支配租金收益有針對性區別選擇各種估值技術和方法的決策過程以及採用各種估值技術和方法定量估算可占用支配租金收益大小的決策過程。這種可占用支配租金收益就是專用投資資本所有者憑藉專用投資資本實現并獲取的一種超值經濟利潤。就專用投資資本需求方分析，專用投資資本的獲取意味著競爭對手對專用投資資本進行次優獲取和使用的可能性。因此，企業在某一會計區間實現的利潤收益包括專用投資資本為企業創造并實現的可占用支配超值租金利潤。擁有專用投資資本的企業隨意改變專用投資資本的用途必然導致投資資本難以收回和可占用支配的超值租金利潤的毀損。儘管 Williamson（1985）對專用性資產進行了規範界定，并於 1991 年提出的衡量專用投資資本專用度的 K 值得出了專用投資資本和企業融資的基本結論，即專用投資資本的資本專用度和債務融資成本負相關，在專用投資資本營運風險可控製時和債權融資成本正相關，但是 Williamson 并沒有提出具體的估算專用投資資本可占用支配租金收益大小的估值公式或者估值技術和方法。後續研究者基於不同研究視角研究專用投資資本的估值問題時，各種實證模型也沒有形成相對統一的專用投資資本估值模型和技術。因此，截至目前，對專用投資資本的財務價值估值仍然處在不斷探索和完善的階段。鑒於此，我們從下邊兩方面對專用投資資本的財務價值估值進行相對清晰的描述：

一、專用投資資本財務價值估值原則

　　整體上，我們認為根據專用投資資本的專用度高低和強弱首先應將專用投資資本區分為高專用度專用投資資本、低專用度專用投資資本以及介於兩者之間的高低混合型專用投資資本①。對低專用度專用投資資本、高低混合型專用投資資本，資產估值的通用方法（比如市場估值法、收益估值法和成本估值法）的任何一種在符合相關約束條件時都可以對低專用度專用投資資本、高低混合型專用投資資本進行較為客觀精確的估值。但對高專用度專用投資資本而言，由於市場估值法的假定條件無法滿足，因此，收益估值法和成本估值法相對而言提供了一種估值的可能性思路，但必須符合如下的約束條件：

　　1. 對是否是高專用度專用投資資本的職業判斷

　　對是否是高專用度專用投資資本進行的職業判斷首先應立足於專用投資資本的基本信息，比如專用投資資本在資產負債表中的隸屬類型、專用投資資本的結構和使用形狀等；然後對擁有專用投資資本企業所在行業進行 SWOT 分析來判斷擁有專用投資資本的企業在行業價值鏈存在的優勢機會和可能面臨的競爭對手的競爭性威脅；最後進一步瞭

---

① 張建國. 專用性資產的價值評估 [J]. 中國資產評估，2005（1）：29-32.

解擁有專用投資資本企業的治理機制，尤其是剩餘控製權的配置情況等。在上述基礎上，通過專用投資的使用性質來進行是否是高專用度專用投資資本的判斷。一般而言，如果企業擁有的某一項或某一類資產具有特定的用途并且是從產業鏈上游的供應商那裡獲得的專用生產工具和機器設備，那麼這一項或這一類資產就是企業的專用性資產，投資於專用性資產的資本投資就是高專用度專用投資資本。如果企業擁有的某一項或某一類資產不具有特定用途，但企業在擁有這一項或這一類生產工具和機器設備等資產上能夠生產出體現企業特有技術或特有工藝流程等具有核心競爭能力的產品從而為企業獲取可持續競爭優勢，使得企業因掌握這些核心競爭能力而處於這類產品供產銷的壟斷地位，而且這一項或這一類資產生產工具和機器設備和企業特有的工藝流程密不可分，那麼也應該將這一項或這一類資產歸屬於企業的專用性資產，投資於這一項或這一類資產的資本投資就是高專用度專用投資資本。如果企業擁有的某一項或某一類資產不具有特定用途，從位於產業鏈不同供應商那裡都能夠獲得這些生產工具和機器設備，並且利用這些生產工具和機器設備能夠生產出不具有特有技術或特有工藝流程的普通客戶消費者消費的產品服務，那麼這一項或這一類資產就不應該歸屬於企業的專用性資產，而是企業擁有或控製的一項或一類通用性資產，投資於這一項或這一類資產的資本投資就不屬於高專用度專用投資資本、低專用度專用投資資本或高低混合型專用投資資本等三種類型中的任何一類，而僅僅是通用性資產資本投資。

2. 依據專用投資資本是否發生價值毀損選擇對應的估值方法

對專用投資資本的財務價值估值就是定量估算可占用支配租金收益的大小，因此應根據專用投資資本是否創造并實現了可占用支配租金收益這一標準來選擇適當的估值方法進行專用投資資本的財務估值。如果專用投資資本的使用用途在估值前後基本上沒有發生變化或發生了一些并不影響專用資產持續生產產品服務的變化；應用專用資產進行企業產品生產或服務提供的生產經營環境在估值前後基本上沒有發生變化或發生了一些并不影響專用資產持續生產產品服務的變化；基於專用資產生產的產品和提供的服務在消費市場上的核心競爭力在估值前後基本上沒有發生變化或發生了一些并不影響專用資產持續生產產品服務的變化等，上述各種情況的出現表明專用投資資本確實創造并實現了可占用支配租金收益並且可占用支配租金收益在估值前後沒有發生租金收益毀損，這時就可以應用收益估值法或成本估值法對專用投資資本的可占用支配租金收益大小進行估算。

如果企業實施了兼并重組、破產清算或轉讓出售等一系列并購戰略，這時無論專用投資資本的使用用途，還是應用專用資產進行企業產品生產或服務提供的生產經營環境等在估值前後都有可能發生重大變化，其顯著標誌就是專用投資資本市場上的各種專用資本市場交易會被迫停止交易或者無法反應在會計報表中只能依附在有形實體資本上的無形資本市場交易也會被迫停止交易。上述情況的出現意味著專用投資資本的可占用支配租金收益會發生毀損，這時用收益估值法進行專用投資資本的估值可能是比較理想的方法之一。需要注意的是這時應用收益估值法對專用投資資本的估值應該以并購戰略實施後專用投資資本的營運環境首先確定估值時必不可少的租金收益持續期間、持續期間

的預期收益和折現率等要素，同時必須剔除預期租金收益中沒有實現的那部分租金收益。此外，企業在實施一系列并購戰略後也可以應用成本估值法對專用投資資本的可占用支配租金收益進行估算，但對專用資產改變用途後可能發生的功能性可占用支配租金收益貶值的確定存在相當大的難度，直接影響到功能性可占用支配租金收益貶值數據的搜集獲取，這在一定程度上又制約了成本估值法的進一步應用。

二、專用投資資本財務價值估值思路

對專用投資資本進行財務價值估值的前提是合理區分專用投資資本的內容。對此，學術界一般沿用 Williamson 對專用投資資本進行的內容區分。1985 年，Williamson 將專用投資資本區分為專用人力資本、專用實物資本、專用場地資本、專用特定資本四類[1]。2001 年，Williamson 進一步將專用投資資本區分為專用人力資本、專用實物資本、專用場地資本、專用品牌資本、專用貢獻資本和專用暫時資本六類[2]。從現有專用投資資本估值文獻分析，對專用人力資本和專用實物資本已形成相對完善的估值思路。因此，下文重點對這兩類專用投資資本的估值思路進行分析。

1. 專用人力資本價值估值思路

對專用人力資本的投資可通過主動投資和被動投資兩者方式來進行[3]。主動投資就是要求人力資本脫離工作環境而實施的人力資本累積性投資，主動投資的典型特徵就是企業人力資本與其進行的生產經營活動的相互剝離，比如企業員工離職後進行的各種專業培訓。被動投資就是要求人力資本不脫離工作環境而實施的人力資本累積性投資，被動投資的典型特徵就是企業人力資本與其進行的生產經營活動的相互結合，比如企業員工不脫離工作崗位進行的各種專業培訓，通俗的理解就是所謂的「邊工作邊學習」。專用人力資本的估值思路就是沿著這兩種投資方式展開的。比較典型的專用人力資本估值思路有：①工作時間長短估值法。Wang 和 Mahoney 認為企業專用人力資本任期時間的長短影響到企業專用投資資本的財務績效，專用人力資本在企業工作時間長短可以作為估算專用投資資本租金收益大小的一個標準[4]。沿此估值思路，胡浩志（2010）基於國泰安數據庫 2008 年中國 1,216 個上市公司的財務數據，以銷售淨利率、淨資產收益率和每股收益三個指標為被解釋變量；以樣本企業總經理不少於兩年的任期為解釋變量；以樣本企業總經理文化程度、年齡大小和薪酬收益多少作為衡量企業總經理控制變量；以樣本企業規模大小、生命週期長短和公司治理機制運行作為企業的控制變量；以市場競爭度作為行業控制變量進行多元迴歸的實證檢驗，得出企業專用人力資本和企業財務績

---

[1] Williamson, O. E. The economic institutions of capitalism: Firms、markets relational contracting [M]. New York: Free Press, 1985.

[2] 威廉姆森. 治理機制 [M]. 胡國成, 譯. 北京: 中國社會科學出版社, 2001.

[3] 孟大虎. 專用性人力資本研究：理論及中國的經驗 [M]. 北京: 北京師範大學出版社, 2009.

[4] Heli C. Wang, Joseph T. Mahoney. Firm-Specific Knowledge Resources and Competitive Advantage: The Roles of Economic and Relationship-based Employee Governance Mechanisms [J]. Strategic Management Journal, 2009, 30 (1): 1265-1285.

效之間相關聯，兩者之間表現出 U 形關係的基本結論。企業財務績效依據對企業專用人力資本投資力度的加大表現出先減少後增加的變動趨勢。但通用人力資本和企業財務績效之間不存在明顯的統計相關性。基於上述實證結論，作者提出了通過延長總經理聘任期和崗前培訓來提升投資租金收益以及專用人力資本形成期等對策[1]。胡浩志（2010）基於國泰安數據庫 2008 年中國 1,540 個上市公司的財務數據，以企業會計報表中負債帳面價合計數和資產帳面價合計數的比值確定的企業資本結構為被解釋變量；以對企業總經理任期時間長短的自然對數確定的專用人力資本為解釋變量；通過計算企業會計報表中營業收入自然對數來衡量企業規模大小，通過計算企業會計報表中營業淨利率來衡量企業獲利能力強弱，通過計算企業會計報表中流動比率來衡量企業償債能力大小，通過計算企業會計報表中總經理持股數量占企業總股本數量的比例來衡量總經理持股份額，通過計算企業獨立董事和董事總數的比例來度量企業治理結構，以上述計算確定的衡量企業規模大小的五個指標為控製變量進行多元迴歸實證分析，結果表明企業專用人力資本和企業資本結構之間存在相關關係，表現出倒 U 形特徵。這種倒 U 形特徵表明隨著專用人力資本工作時間的拉長，企業資本結構呈現先下降後上升的變動趨勢，也表現出債權融資和股權融資兩種方式和專用人力資本工作時間之間的相互關係。在企業總經理任職伊始，面對挑戰性工作環境，企業總經理通常採用債權融資方式來獲取企業投資所需求的各種資本。這時，隨著總經理任職工作時間的拉長，債權導向的融資模式效應使得企業的長期債務資本占總資本的比例不斷上升，其結果導致企業資本結構中債權資本對股權資本的比例不斷上升，使得企業資本結構呈現出倒 U 形左半邊上升趨勢。當總經理任職工作時間拉長到一定程度，債權導向的融資模式效應越來越不能夠滿足企業投資資本的需求量，這時，企業總經理會採取股權融資模式。股權導向的融資模式效應使得企業的長期股權資本占總資本的比例不斷上升，其結果導致企業資本結構中債權資本對股權資本的比例不斷下降，使得企業資本結構呈現出倒 U 形右半邊下降趨勢[2]。②四變量估值法。四變量估值法就是以專用人力資本的任期時間長短、任期內是否進行各種培訓、專業技術職稱高低和管理職務層級高低四個指標來定量估算專用人力資本的流動性。其中，任期時間長短以 10 年為區間劃分為 10 年以下和 30 年以上四個區間段；任期內是否進行各種培訓是虛擬變量，如果參加了各種培訓賦值為 1，否則賦值為 0；專業技術職稱高低通常從沒有職稱到特高級職稱區分為五個檔次；管理職務層級高低通常從其他職務到企業負責人區分為七個不同層級。企業專用人力資本對就業流動的影響表現出促進、抑制雙重效應，專用人力資本自身的資本稟賦、專用人力資本企業所隸屬行業的市場化程度等都可能影響到專用人力資本的流動性。專用人力資本在企業內部流動時，專用人力資本表現出較強的抑製作用，這種抑製作用基本上不會受到企業所隸屬行業市場化程

---

[1] 胡浩志. 企業專用人力資本與企業資本結構——基於中國上市公司的實證研究 [J]. 商業經濟與管理，2010（11）：38-46.

[2] 胡浩志. 企業專用人力資本與企業資本結構——基於中國上市公司的實證研究 [J]. 北京工商大學學報：社會科學版，2011（2）：56-64.

度的影響①。

2. 專用實物資本價值估值思路

有形實物資本是工業經濟時代企業價值創造的源泉。各種具有專門生產用途的機器設備和生產加工工具都體現出獨特的產品生產流程專屬性，是專用度較高的專用投資資本。典型的專用實物資本價值估值思路有：①退出價值比例估值法。退出價值比例估值法就是假定企業處於破產清算等可能退出市場交易狀態時，通過對企業資產負債表中流動性強弱的流動性資產、持續時間長短的非流動性資產清算價值的估算和清算前流動性資產和非流動性資產的帳面價進行比較確定退出價值比例②，這一退出價值比例就是專用實物資本價值指數，根據退出價值比例度量專用實物資本價值指數進一步反應實物資本專用度大小的一種估值方法。一般而言，退出價值比例和專用實物資本價值指數正相關，和實物資本專用度負相關。退出價值比例越大，專用實物資本價值指數就越高，實物資本專用度反而越低。事實上，用退出價值比例估算實物資本專用度涉及兩個不同的方程模型：退出價值模型和清算價值模型。退出價值模型將企業專用實物資本的退出價值表示為某一會計期間會計報表中現金、有價證券、應收帳款、存貨和固定資產的函數，通過構建多元迴歸方程揭示出退出價值和實物資本專用度之間表現為負相關關係。清算價值模型將清算價值表示為企業某一會計期間會計報表中現金、有價證券、應收帳款、存貨等流動性資產的函數，通過構建多元迴歸方程揭示出清算價值和實物資本專用度之間表現為負相關關係。③ 退出價值模型和清算價值模型的整合反應出退出價值、清算價值和實物資本專用度負相關關係。②固定資產比例估值法。用固定資產比例度量實物資本專用度源自德姆塞茨。1999 年，德姆塞茨用企業固定資產年末數占企業總資產的比例來衡量企業資產是否具有專用性以及專用程度高低。④ 實證結果表明固定資產比例和實物資本專用度之間正相關，固定資產比例越大，實物資本專用度越高。事實上，用固定資產比例度量實物資本專用度必須滿足相關假定條件，比如，企業治理機制能否有效遏制代理成本引發的問題，實物資本所有者在交易完成後是否存在被要挾效應問題，實物資本經營管理者是否存在自利動機和機會主義行為等。這些假定條件直接影響著基於實物資本專用度的企業財務績效大小和企業融資模式契約設計、締結⑤。為消除單純用固定資產比例估算實物資本專用度可能存在的相關缺陷和有效對接企業財務報表數據估算實物資本專用度，可以考慮將固定資產指標進行細化分解。將固定資產分解為固定

---

① 李曉霞. 專用性人力資本與就業流動：行業要素的檢驗 [J]. 湖北社會科學，2011 (9)：97-100.

② W. W. Gushing Jr, D. E. McCarty. Asset Specificity and Corporate Governance: An Empirical Test [J]. Managerial Finance, 1996, 22 (2): 16-18.

③ 李青原，等. 產品市場競爭、資產專用性與資本結構——來自中國製造業上市公司的經驗證據 [J]. 金融研究，2007 (4)：100-112.

④ 哈羅德·德姆塞茨. 所有權、控製與企業：論經濟活動的組織 [M]. 段毅才，等，譯. 北京：經濟科學出版社，1999.

⑤ 雷新途. 中國企業資產專用性研究——來自製造業上市公司的經驗證據 [J]. 中南財經政法大學學報，2010 (1)：101-106.

資產淨值、在建工程、無形資產、長期待攤費用四個指標①，通過對企業財務報表中這四個指標的數據獲取匯總後再計算這四個指標占企業總資產的比例就可以修正固定資產比例估值法存在的缺陷，從而估算實物資本專用度的高低了。

整體上看，人們對專用投資資本的估值測度仍然處於不斷的探索進程中。截至目前還沒有形成相對統一、行之有效的普遍性估值測度技術或方法。導致這一狀態的原因可能源自對專用投資資本研究思路的多樣性、估值技術精確性和可行性的兩難選擇。就專用投資資本研究思路的多樣性分析，對專用投資資本的研究隸屬於不同的學科領域和研究範式。經濟學、管理學、心理學、社會學、法學等不同學科都可能基於不同思路研究專用投資資本。就同一學科，比如經濟學，可能存在產業組織研究範式、交易費用研究範式等。這樣，多學科視域、不同研究範式的獨立研究導致了龐大的專用投資資本研究視角，進而導致對專用投資資本估值測度的巨大難度。估值技術精確性和可行性的兩難選擇同樣導致了對專用投資資本估值測度的巨大難度，從理論上看，可以構建起相當複雜精確的模型來估算專用投資資本的價值，然而複雜精確的估值模型必須以可獲取的充分數據為支撐才能得出具有解釋能力的結論，但複雜精確的估值模型通常對應樣本容量偏低的小面板數據使得複雜精確的估值模型失去了實踐估值的可行性。

第三節　專用投資資本與財務價值管理決策

一、中國企業專用投資資本價值管理現狀

專用投資資本價值管理在中國企業的應用仍然處於探索階段。中國二元經濟體制的結構特徵表明在中國經濟轉軌的特定時期，經濟的迅速發展和資本市場發展的相對滯後性并存、企業內部人控制的產權機制和現代企業法制製度建設的滯後性同樣并存。資本市場發展的相對滯後性意味著專用投資資本市場交易的透明度難以實現透明、公開、公平和公正，專用投資資本的市場交易成本居高不下；內部人控制的產權機制和現代企業法制製度建設的滯後性意味著中國企業內部存在著由於經營管理者的道德風險、逆向選擇以及經營管理者和其他內部利益相關者由於目標函數不一致可能引發的各種矛盾衝突問題。比如，所有者和經營管理者之間產權不清晰、兩者財務目標函數不一致引發的股東與經營者之間的代理衝突問題；大中小股東之間由於持股比例高低不同形成的信息不對稱、股利分配的不公平可能引發的大股東掏空、侵害中小股東財務利益導致的大股東與中小股東之間的矛盾衝突問題；債權資本和股權資本由於控製權、追索權的配置不對等而可能導致的債權資本所有者和股權資本所有者之間的財務矛盾和衝突問題；除經營管理者外的內部利益相關者的利益訴求無法有效滿足而可能導致的經營管理者和其他內部利益相關者之間形成的財務矛盾和衝突問題等。上述這些財務矛盾和衝突的存在決定

---

① 程宏偉. 隱形契約、專用性投資與資本結構 [J]. 中國工業經濟, 2004 (8): 105-110.

了參與專用投資資本交易的不同企業主體出於專用投資資本交易後專用資本需求方可能存在的自利動機和可能發生的機會主義行為顧慮而減少參與專用投資資本的市場交易，形成中國企業專用投資資本專用度偏低的客觀現實。中國企業專用投資資本專用度偏低的客觀事實一方面表明中國資本市場上的資本交易呈現通用投資資本引導下的股權融資導向模式，另一方面也表明中國企業即使存在專用度較高的專用投資資本交易，也難以發揮并實現專用投資資本創造巨大財務利潤收益的價值效應。雷新途（2010）基於專用投資資本有助於提升企業財務績效的經濟價值、有助於股權融資導向融資契約設計的經濟價值假定，實證檢驗了中國企業專用投資資本的專用度，結果表明中國企業的專用投資資本無助於提升企業的財務績效，迴歸方程中固定資產迴歸係數存在顯著為正或不顯著兩種傾向，這兩種傾向在一定程度上證明了中國企業的長期性資產無助於財務融資契約的設計和優化，無助於當專用投資資本的專用度增加時增加企業資本結構中股權融資比例、減少資本結構中債權融資比例。因此，中國企業專用投資資本的專用度普遍偏低，專用投資資本提升企業財務績效和優化企業財務融資契約的經濟價值難以體現和發揮[①]。劉蒨（2005）針對中國企業專用投資資本和企業融資模式的研究表明，中國企業特有的存在於債權人與債務人之間的財務融資契約衝突、所有者和經營管理者之間的財務融資契約衝突導致了企業專用投資資本無法引導并形成良性運作的企業融資作用機制和企業融資結構的整合優化。債權債務人之間的財務融資契約衝突體現在中國上市公司的全民所有性質和證券市場發展的滯後性上，決定了中國上市公司融資的主要渠道就是通過國有商業銀行。全民所有企業和國有商業銀行的產權屬性一方面限制了作為企業債權人的國有商業銀行發揮規避和防範企業經營風險的功能，因為就國有商業銀行而言，規避并防範企業經營風險的有效措施就是對銀行貸款利率隨企業經營風險水平的高低而進行充分的適應性調整，但調整銀行貸款利率的權限屬於中國人民銀行；另一方面，中國企業和國有商業銀行都是產權歸國家所有的營利性組織，當企業經營管理不善而陷入財務困境、發生財務危機進行破產清算時，國有企業對國有商業銀行形成的債務只能作為銀行的壞帳、呆帳由國家予以處理，國有商業銀行對國有企業的破產清算無助於解決壞帳、呆帳。所有者和經營管理者之間的財務融資契約衝突表現在中國企業所有者缺位形成的內部人控制，一股獨大使得財務融資契約賦予所有者的財務控製權難以有效發揮，經營管理者等內部人側重於股權融資的偏好引發股東和經理人之間的財務衝突[②]。黃大鵬（2008）的研究表明中國企業的規模大小、企業的成長能力、專用投資資本專用度等都和企業的資本結構表現出較為顯著的正相關關係，企業債權融資能力、國有股占總流通股比率等都和企業的資本結構表現出較為顯著的負相關關係[③]。孫毅（2013）對控股股東進行專用資本投資的動機行為研究表明利益激勵和風險約束影響著控股股東進行

---

① 雷新途. 中國企業資產專用性研究——來自製造業上市公司的經驗證據[J]. 中南財經政法大學學報, 2010（1）：103.

② 劉蒨. 資產專用性視角下的融資結構研究[D]. 大連：大連理工大學, 2005：32.

③ 黃大鵬. 資產專用性對上市公司資本結構的影響研究[D]. 大連：大連理工大學, 2008：37.

專用資本投資，利益激勵促使控股股東存在進行專用資本投資的偏好，而風險約束會使得控股股東減少專用資本投資的可能性，控股股東進行專用資本投資有助於增加企業的市場價、企業治理機制完善度，控股股東專用投資資本專用度以及企業市場價之間存在正相關關係。企業較高的治理機制完善度對應控股股東專用投資資本較高的專用度和較大的企業市場價[①]。

上述分析表明轉軌期中國特有的二元經濟結構決定了中國現代企業製度建設的滯後性，使得西方經典的專用投資資本理論和實證檢驗思路并不完全適用於對中國企業專用投資資本的管理實踐進行理論分析和實證檢驗。這充分說明了中國企業專用投資資本的專用度不高，專用投資資本應有的價值創造功能不能夠充分發揮的客觀現實。

二、提升中國企業專用投資資本價值管理績效的思路

制約中國企業專用投資資本價值管理績效提升的主要原因在於專用投資資本促進企業財務績效提升的功能沒有充分體現出來，以及企業高效的融資機制沒有發揮應有的激勵約束效應。企業財務績效的提升和資本市場成熟度緊密相關，融資機制激勵約束效應的發揮依賴於企業治理機制的完善。因此，提升中國企業專用投資資本價值管理績效最基本的途徑在於在不斷推進中國資本市場尤其是證券市場不斷成熟完善的基礎上推進企業治理機制的優化。就資本市場尤其是證券市場的成熟完善而言，打破企業證券發行、企業證券利率定價的剛性約束條件，構建起開放流動的和證券高流通性、高風險轉移機制相對應的證券二級市場和衍生金融市場無疑是當務之急；就企業治理機制的優化而言，克服并消除內部人控製、一股獨大現象也無疑是最關鍵的破冰之舉。為此，應規範整頓國有股、法人股的流通上市問題，通過產權的合法轉讓和規範流通，循序漸進地實現國有股、法人股的流通上市以降低國非流通股本不應該佔有的比重；同時，構建新上市公司普通股全面流通交易機制和中小股東權益保障機制也是有效解決內部人控製、一股獨大問題的必由之路。

---

① 孫毅. 控製性股東專用性資產投資行為研究 [D]. 天津：南開大學，2013：144.

參考文獻

[1] 劉薇, 李桂萍. 國外資本結構理論在公司財務決策中的應用——國外資本結構理論調查研究述評 [J]. 財政研究, 2012 (11): 61-65.

[2] 沈藝峰. 資本結構理論史 [M]. 北京: 經濟科學出版社, 1999.

[3] 沈藝峰, 沈洪濤. 公司財務理論主流 [M]. 大連: 東北財經大學出版社, 2004.

[4] 毛付根, 林貽武. 會計大典（第9卷）：理財學 [M]. 北京: 中國財政經濟出版社, 1999.

[5] 夏天. 資本結構理論發展歷程述評 [J]. 商業時代, 2014 (9): 62-63.

[6] 劉丹青. 西方資本結構理論在中國的應用和發展——基於上市公司的研究綜述 [J]. 湖南農業大學學報: 社會科學版, 2005 (6): 26-29.

[7] 郭穎. 現代資本結構理論的發展綜述與評析 [J]. 經濟與管理, 2004 (5): 81-83.

[8] 羅韻軒, 王永海. 對西方資本結構理論在中國適用性的反思——製度適應與市場博弈的視角 [J]. 金融研究, 2007 (11): 67-82.

[9] 唐國正, 劉力. 公司資本結構理論——回顧與展望 [J]. 管理世界, 2006 (5): 158.

[10] 宮希魁. 論中國經濟中的隱性現象 [J]. 學習與探索, 1992 (3): 56-62.

[11] 宮希魁. 論中國經濟中的隱性現象 [J]. 學習與探索, 1992 (4): 1-6, 34.

[12] 宮希魁. 論中國經濟中的隱性現象 [J]. 學習與探索, 1992 (3): 56.

[13] 鄭傳海. 隱性成本：效益流失的漏洞 [J]. 經營管理者, 2006 (2): 48-49.

[14] 劉長義. 企業隱性成本成因及控製策略 [J]. 科技與管理, 2008 (7): 30-32.

[15] 林梅. 企業隱形成本剖析 [J]. 價值工程, 2003 (3): 48-50.

[16] 劉援. 企業隱性成本分析與控製 [J]. 西部財會, 2011 (8): 28-30.

[17] 徐翔. 淺析企業隱性成本管理 [J]. 經營管理者, 2011 (4): 120.

[18] 楊柳. 企業隱性成本控製問題淺析 [J]. 當代經濟, 2003 (5): 52-53.

[19] 張臻. 控製隱性成本 提高企業利潤 [J]. 鄭州航空工業管理學院學報: 社會科學版, 2004 (12): 156-157.

[20] 林森. 建築施工企業供應鏈隱性成本顯性化研究 [D]. 西安: 西安建築科技

大學,2013.

[21] 吳潔瓊.建築工程項目隱性成本顯性化研究[D].西安:西安建築科技大學,2011.

[22] 周潤臣.施工企業隱性成本管理績效評價[D].重慶:重慶大學,2012:9-10.

[23] 周潤臣.施工企業隱性成本管理績效評價[D].重慶:重慶大學,2012:19.

[24] 李陽陽.預期股權資本成本估算技術研究[D].北京:首都經濟貿易大學,2013:55.

[25] 閆甜.國企分紅製度中的資本成本估算研究[D].北京:首都經濟貿易大學,2008.

[26] 梁紅,楊宜,曲喜和.對資本成本和資金成本概念的思考[J].會計之友,2007(6):14.

[27] 中國社會科學院語言研究所辭典編輯室.現代漢語辭典[M].北京:商務印書館,1978:314.

[28] 黃賢濤,劉洋.創新驅動發展時代 知識產權資產化難題如何破解?[N].經濟日報,2012-12-21.

[29] 李浩,戴大雙.西方智力資本理論綜述[J].經濟經緯,2003(6):43-45.

[30] 羅蘭·拉特斯,等.駕馭顧客資產——如何利用顧客終身價值重塑企業戰略[M].北京:企業管理出版社,2001.

[31] 楊孝海.企業關係資本與價值創造關係研究[D].成都:西南財經大學,2010:39.

[32] 崔英蘭.中國國有企業聲譽資本管理問題研究[D].長春:吉林大學,2011:5.

[33] 畢楠.基於聲譽資本的企業社會責任價值創造機理研究[D].大連:東北財經大學,2012:22.

[34] 李向陽.企業信譽、企業行為與市場機制:日本企業製度模式研究[M].北京:經濟科學出版社,1999:11.

[35] 程宏偉.隱性契約與企業財務政策研究[D].成都:西南財經大學,2005:38.

[36] 程宏偉.隱性契約與企業財務政策研究[D].成都:西南財經大學,2005:44.

[37] 李光明.企業價值評估理論與方法研究[D].北京:中國農業大學,2005:16.

[38] 陳妍伶.基於剩餘收益模型的企業價值評估方法探討[D].南昌:江西財經大學,2010:13.

[39] 李光明.企業價值評估理論與方法研究[D].北京:中國農業大學,2005:26-27.

[40] 倪梅林.EVA企業價值評估研究[D].天津:天津財經大學,2009:16.

[41] 倪梅林.EVA企業價值評估研究[D].天津:天津財經大學,2009:17.

[42] 趙霞.企業財務可持續增長理論及應用[D].上海:華東交通大學,2008:15-18.

[43] 羅福凱,孫健強.資本理論學說的演進和發展研究[J].東方論壇,2002(2):90-98.

[44] 亞當·斯密.國民財富的性質和原因的研究[M].北京:人民出版社,1972.

[45] 大衛·李嘉圖. 政治經濟學及試稅原理 [M]. 北京：人民出版社，1972：17-18.

[46] 馬克思. 資本論：第1卷 [M]. 北京：人民出版社，1972：925-926.

[47] 馬克思. 資本論：第3卷 [M]. 北京：人民出版社，1972：177、834.

[48] 朱文莉. 基於資本運動矛盾與平衡的企業財務管理研究 [D]. 西安：西北農林科技大學，2012：8.

[49] 馬克思. 馬克思恩格斯全集：第1卷 [M]. 北京：人民出版社，1975：256.

[50] 朱文莉. 基於資本運動矛盾與平衡的企業財務管理研究 [D]. 西安：西北農林科技大學，2012：8.

[51] 龐巴維克. 資本實證論 [M]. 北京：商務印書館，1983：53-58.

[52] 保羅·薩謬爾森. 薩謬爾森辭典 [M]. 陳訊，譯. 北京：京華出版社，2001.

[53] 道格拉斯·格林斯沃爾德. 經濟學百科全書 [M]. 北京：中國社會科學出版社，1992.

[54] 夏書樂，姜强，等. 資本營運理論與實務 [M]. 大連：東北財經大學出版社，2000.

[55] 侯龍文，周朝琦. 企業資本經營 [M]. 成都：西南財經大學出版社，1998.

[56] 羅伯特·索洛. 資本理論及其收益率 [M]. 劉勇，譯. 北京：商務印書館，1992.

[57] 趙德武. 財務資本的所有權結構與公司理財效率 [J]. 會計師，2005（8）：24-28.

[58] 朱文莉. 基於資本運動矛盾與平衡的企業財務管理研究 [D]. 西安：西北農林科技大學，2012：18.

[59] 朱文莉. 對企業財務資本的重新審視與規定 [J]. 商業研究，2007（1）：55.

[60] 朱文莉. 基於資本運動矛盾與平衡的企業財務管理研究 [D]. 西安：西北農林科技大學，2012：18-19.

[61] 王家華，劉斌紅. 論資本成本理論的拓展 [J]. 華東經濟管理，2009（3）：41.

[62] 章軍榮. 資產與資本關係新探 [J]. 四川會計，1996（3）：20.

[63] 干勝道. 所有者財務論 [M]. 成都：西南財經大學出版社，1998：22-34.

[64] 羅福凱. 財務理論的內在邏輯與價值創造 [J]. 會計研究，2003（3）：25-26.

[65] 王斌、高晨. 論資本邏輯與社會邏輯——對未來企業及其財務管理的思索 [J]. 北京商學院學報，2001（1）：23，25-26.

[66] 朱文莉. 對企業財務資本的重新審視與規定 [J]. 商業研究，2007（1）：55.

[67] 袁春生. 新經濟下財務管理主題的轉變 [J]. 山西財經大學學報，2002（11）：46.

[68] 祝濤. 公司財務資本的重要地位及其累積問題 [J]. 財會月刊，2006（12）：56.

[69] 孫笑. 基於財務決策視角的企業內在價值評價方法研究 [D]. 長春：吉林大學，2013：9.

[70] 楊雄勝. 高級財務管理 [M]. 沈陽：東北財經大學出版社，2004：32-33.

［71］楊雄勝. 高級財務管理［M］. 瀋陽：東北財經大學出版社，2009：94-95.

［72］李心合. 公司價值取向及其演進趨勢［J］. 財經研究，2004（10）：33.

［73］鄧英. 企業內在價值界定新探［J］. 財會月刊，2005（9）：38-39.

［74］程廷福，池國華. 價值評估中企業價值的理論界定［J］. 財會月刊，2004（6）：8-9.

［75］姚曼琪. 企業價值評估的價值類型選擇問題研究［D］. 大連：東北財經大學，2007：8.

［76］吳虹雁. 農業上市公司價值評估與價值創造研究［D］. 南京：南京農業大學，2008：5.

［77］孫笑. 基於財務決策視角的企業內在價值評價方法研究［D］. 長春：吉林大學，2013：9-10.

［78］姚曼琪. 企業價值評估的價值類型選擇問題研究［D］. 大連：東北財經大學，2007：8-9.

［79］吳虹雁. 農業上市公司價值評估與價值創造研究［D］. 南京：南京農業大學，2008：5-7.

［80］程廷福，池國華. 價值評估中企業價值的理論界定［J］. 財會月刊，2004（6）：8-9.

［81］喬治·達伊. 市場驅動戰略［M］. 朱海鵬，等，譯. 北京：華夏出版社，2000：20.

［82］楊雄勝. 高級財務管理［M］. 瀋陽：東北財經大學出版社，2004：50-52.

［83］李心合. 公司價值取向及其演進趨勢［J］. 財經研究，2004（10）：34-35.

［84］吳世農，吳育輝. CEO財務分析與決策［M］. 北京：北京大學出版社，2008.

［85］郝梅瑞. 企業價值的分析、評價與培育［D］. 北京：首都經濟貿易大學，2003.

［86］王健康，周豔. 企業財務決策的剩餘收益法實證檢驗［J］. 稅務與經濟，2008（2）：38-41.

［87］任曙明. 企業價值導向的資本結構優化模型研究［D］. 大連：大連理工大學，2008：24.

［88］王永海，範明. 資產專用性視角下的資本結構動態分析［J］. 中國工業經濟，2004（1）：93-98.

［89］戴維·亨格，托馬斯·惠倫. 戰略管理精要［M］. 王毅，譯. 北京：電子工業出版社，2004.

［90］嚴志勇. 資本結構與公司治理的關係研究［D］. 合肥：中國科學技術大學，2003.

［91］童光榮，胡耀亭. 公司的成長機會、銀行債務與資本結構的選擇——來自中國上市公司的證據［J］. 南開管理評論，2005（4）：54-59.

［92］趙蒲，孫愛英. 資本結構與產業生命週期：基於中國上市公司的實證研究

[J]. 管理工程學報, 2005 (3): 42-46.

[93] 梯若爾. 公司金融理論 [M]. 王永欽, 等, 譯. 北京: 中國人民大學出版社, 2007.

[94] 崔浩. 企業利益相關者共同治理研究 [D]. 合肥: 中國科學技術大學, 2005.

[95] 陳宏輝, 賈生華. 企業利益相關者三維分類的實證分析 [J]. 經濟研究, 2004 (4): 80-90.

[96] 孫豔霞. 基於不同視角的企業價值創造研究綜述 [J]. 南開經濟研究, 2012 (1): 145-153.

[97] 王世權. 試論價值創造的本原性質、內在機理與治理要義——基於利益相關者治理視角 [J]. 外國經濟與管理, 2010 (8): 10-17.

[98] 李海艦、馮麗. 企業價值來源及其理論研究 [J]. 中國工業經濟, 2004 (3): 52-60.

[99] 湯世靜. 企業價值創造型財務管理模式研究 [D]. 天津: 天津財經大學, 2006.

[100] 毛海燕. 企業價值創造的驅動因素研究——基於財務學的分析視角 [D]. 北京: 首都經濟貿易大學, 2009.

[101] 楊依依. 企業價值與價值創造的理論研究 [D]. 武漢: 武漢理工大學, 2006.

[102] 葛運欣. 基於價值創造的企業財務戰略管理研究 [D]. 濟南: 山東大學, 2006.

[103] 張野. 企業價值創造模式選擇研究——一個分析框架及其具體應用指引 [D]. 南京: 南京大學, 2011.

[104] 何文章. 企業能力視角下產業價值鏈價值創造研究 [D]. 南昌: 江西財經大學, 2013.

[105] 楊孝海. 企業關係資本與價值創造關係研究 [D]. 成都: 西南財經大學, 2010.

[106] 胡大立. 基於價值網模型的企業競爭戰略研究 [J]. 中國工業經濟, 2006 (9): 87-93.

[107] 楊依依. 企業價值與價值創造的理論研究 [D]. 武漢: 武漢理工大學, 2006: 109-110.

[108] 譚三豔. 剩餘收益估價模型及其應用改進 [J]. 財會月刊, 2009 (9): 9.

[109] 湯世靜. 企業價值創造型財務管理模式研究 [D]. 天津: 天津財經大學, 2006: 4.

[110] 湯姆·科普蘭, 蒂姆·科勒, 傑克·默林. 價值評估——公司價值的衡量與管理 [M]. 3版. 高建, 等, 譯. 北京: 電子工業出版社, 2002 (7): 72.

[111] 阿爾弗洛德·拉帕波特. 創造股東價值 [M]. 於世豔, 鄭迎旭, 譯. 昆明: 雲南人民出版社, 2002 (10): 172.

[112] 湯谷良, 林長泉. 打造 VBM 框架下的價值型財務管理模式 [J]. 會計研究,

2003（12）：23-27．

[113] 林莉，周鵬飛．知識聯盟中知識學習、衝突管理與關係資本［J］．科學與科學技術管理，2004（4）：107-110．

[114] 寶貢敏，王慶喜．戰略聯盟關係資本的建立與維護［J］．研究與發展管理，2004，16（3）：9-14．

[115] 陳菲瓊．關係資本在企業知識聯盟中的作用［J］．科研管理，2003，24（5）：37-43．

[116] 夏雪花，譚明軍．關係資本財務：一個新的理論探討［J］．財經科學，2010（12）：100-106．

[117] 周黎明，樊治平．企業關係資本概念框架研究［J］．科技管理研究，2012（2）：170-173．

[118] 居延安．從美利堅走回中國的報告——關係管理［M］．上海：上海人民出版社，2003．

[119] 黃江泉．企業內部人際關係資本化研究［D］．武漢：華中農業大學，2009．

[120] 陳瑩，武志偉．企業關係資本理論的若干問題研究［J］．生產力研究，2009（7）：21．

[121] 楊孝海．企業關係資本與價值創造關係研究［D］．成都：西南財經大學，2010：44．

[122] 張項英．關係資本驅動企業績效有效性研究［D］．蘭州：蘭州商學院，2014．

[123] 向豔．關係資本及其價值的研究［D］．成都：西南財經大學，2007．

[124] 冉秋紅．智力資本管理會計研究［D］．武漢：武漢大學，2005：68．

[125] 楊孝海．企業關係資本與價值創造關係研究［D］．成都：西南財經大學，2010：55-56．

[126] 彭星呂，龍怒．關係資本——構建企業新的競爭優勢［J］．財貿研究，2004（5）：51-52．

[127] 杜勝利．平衡計分卡理論的發展演進［J］．經濟導刊，2007（12）：56．

[128] 羅伯特·卡普蘭，戴維·諾頓．平衡計分卡——化戰略為行動［M］．劉俊勇，孫薇，譯．廣州：廣東經濟出版社，2004．

[129] 冉秋紅．智力資本管理會計研究［D］．武漢：武漢大學，2005：62-69．

[130] 張項英．關係資本驅動企業績效有效性研究［D］．蘭州：蘭州商學院，2014：46．

[131] 李冬偉．智力資本與企業價值關係研究［D］．大連：大連理工大學，2010：1．

[132] 莊永南．知識經濟時代智力資本的重新定位——兼介紹智力資本評價的VA-IC法［J］．四川會計，2001（12）：1-3．

[133] 謝羽婷．智力資本增值能力與企業市場價值實證研究——來自中國企業的經驗研究［D］．廣州：暨南大學，2007：2，20．

[134] 趙罡，陳武，等．智力資本內涵及構成研究綜述［J］．科技進步與對策，2009

（4）：156-159.

[135] LEV B. 無形資產：管理、計量和呈報 [M]. 王志臺，等，譯. 北京：勞動社會保障出版社，2003.

[136] 沙利文. 智力資本管理——企業價值萃取的核心能力 [M]. 陳勁，等，譯. 北京：知識產權出版社，2006.

[137] 冉秋紅. 智力資本管理會計研究 [D]. 武漢：武漢大學，2005.

[138] 洪茹燕，吳曉波. 國外企業智力資本研究述評 [J]. 外國經濟與管理，2005（10）：43.

[139] 李冬琴. 智力資本與企業績效的關係研究 [D]. 杭州：浙江大學，2004.

[140] 傅傳銳. 基於智力資本的企業價值評估研究 [D]. 廈門：廈門大學，2009：11.

[141] 原毅軍，等. 智力資本的價值創造潛力 [J]. 科學技術與工程，2007（8）：524-528.

[142] 傅傳銳. 智力資本對企業競爭優勢的影響——來自中國IT上市公司的證據 [J]. 當代財經，2007（4）：68-74.

[143] 林妙雀，等. 智力資本與創新測量對組織績效影響研究——以赴大陸投資之臺商電子諮詢業加以證實 [C]. 科技整合管理國際研討會，2004（22）：949-970.

[144] 郭彥廷. 智力資本與企業價值的關係研究 [D]. 西安：西安建築科技大學，2013：16-19.

[145] 陳增輝. 基於上市公司智力資本的企業價值創造實證研 [D]. 武漢：中南大學，2011：20.

[146] 趙秀芳. 智力資本評價方法的比較與分析 [J]. 財會研究，2006（10）：18-19.

[147] 戚嘯豔，胡明，等. 西方知識資本計量理論評述 [J]. 東南大學學報：哲學社會科學版，2005（6）：42-45.

[148] 黃惠琴，劉劍民. 智力資本計量模型的構建 [J]. 當代財經，2005（5）：122-127.

[149] 鄭濤，朱軍才. 智力資本計量模型比較與啟示 [J]. 華東交通大學學報，2007（12）：1-4.

[150] 李經路. 關於智力資本測度的探討 [J]. 統計與決策，2012（7）：170-172.

[151] 徐程興，柯大鋼. 關於智力資本價值計量方法的探討 [J]. 南開管理評論，2003（5）：20-51.

[152] 王曉文，何金生. 基於ANP的智力資本計量研究 [J]. 科學與科學技術管理，2007（7）：162-165.

[153] 曾潔瓊. 企業智力資本計量問題研究 [J]. 中國工業經濟，2006（3）：107-114.

[154] 安妮·布魯金. 第三資源智力資本及其管理 [M]. 趙潔平，譯. 大連：東北財經大學出版社，1998.

[155] 王濤. 基於績效的智力資本管理研究 [D]. 武漢：武漢理工大學，2006：13.

[156] 李中斌, 吴元民. 智力資本管理研究述評 [J]. 重慶工學院學報: 社會科學, 2008 (5): 44.

[157] 侯劍華. 智力資本管理的科學定位及其發展趨勢探析 [J]. 情報科學, 2006 (6): 835-838.

[158] 馮勇. 試論企業智力資本管理體系的構成 [J]. 商業時代, 2010 (14): 66-67.

[159] 程提. 企業人力資源管理中智力資本的開發與管理研究 [D]. 天津: 天津理工大學, 2006: 13.

[160] 張曉峰. 戰略視角的企業智力資本管理方法研究 [D]. 大連: 大連理工大學, 2007: 36-37.

[161] 馮勇. 知識經濟下企業智力資本管理與績效關係的實證研究 [D]. 上海: 復旦大學, 2009: 13-14.

[162] 袁慶宏. 企業智力資本管理 [M]. 北京: 經濟管理出版社, 2001.

[163] 王磊. 客戶資產價值與客戶會計的理論及實證研究 [D]. 西安: 西安理工大學, 2007: 6.

[164] 於森. 客戶關係管理核心思想淺析 [J]. 商業研究, 2003 (12): 168.

[165] 王海洲. 客戶資源價值與管理 [J]. IT 經理世界, 2001 (8): 82-85.

[166] 楊永恒. 客戶關係管理——價值導向及使能技術 [M]. 大連: 東北財經大學出版社, 2002.

[167] 鄭玉香. 客戶資本價值管理 [M]. 北京: 中國經濟出版社, 2005.

[168] 羅杰·卡特懷特. 掌握客戶關係 [M]. 桂林: 廣西師範大學出版社, 2001: 125-129.

[169] RUST ROLAND T, ZEITHAML VALARIE A, LEMON KATHERINE N. 駕馭客戶資產 [M]. 張平淡, 譯. 北京: 企業管理出版社, 2001: 214-216.

[170] 劉英姿, 姚蘭. 幾種客戶資產計算方法的比較分析 [J]. 工業工程與管理, 2003 (5): 49-52.

[171] 陳靜宇. 客戶價值與客戶關係價值 [J]. 中國流通經濟, 2002 (3): 37-39.

[172] 羅伯特·韋蘭, 保羅·科爾. 走進客戶的心 [M]. 賀新立, 譯. 北京: 經濟日報出版社, 1998.

[173] 畢楠. 基於聲譽資本的企業社會責任價值創造機理研究 [D]. 大連: 東北財經大學, 2012: 10.

[174] 費顯政, 李陳徹, 等. 一損俱損還是因禍得福?——企業社會責任聲譽溢出效應研究 [J]. 管理世界, 2010 (4): 74.

[175] 熊豔, 李常青, 等. 危機事件的溢出效應: 同質混合還是異質共存?——來自「3Q 大戰」的實證研究 [J]. 財經研究, 2012 (6): 41-42.

[176] 徐浩然, 王晨. 品牌: 企業價值創造系統中的聲譽資本 [J]. 現代經濟探討, 2005 (2): 33.

[177] FOMBRUN, RIEL. 聲譽與財富 [M]. 鄭亞卉, 劉春霞, 等, 譯. 北京: 中

國人民大學出版社，2004.

［178］趙德武，馬永強. 決策能力、風險偏好與風險資本［J］. 會計研究，2004（4）：52-58.

［179］陳禮標，王曉靈，等. 企業市場價值研究綜述［J］. 現代管理科學，2007（5）：70-71.

［180］石桂峰，施琪. 清算價值、資本結構與債務期限結構［R］. 2006年中國會計學會財務管理專業委員會會議論文：70-71.

［181］劉曉民，於君. 智力資本價值創造理論研究評述及未來研究［J］. 工業技術經濟，2010（5）：129-132.

［182］郝雲宏，張蕾蕾. 持久的競爭優勢與戰略資源——企業聲譽理論研究綜述［J］. 江西社會科學，2006（4）：128-135.

［183］荊葉. 中國上市公司聲譽評價及其影響研究［D］. 大連：大連理工大學，2007.

［184］趙錫鋒. 企業聲譽及其價值評估［D］. 濟南：山東大學，2007.

［185］肖海蓮，胡挺. 大股東侵占、公司聲譽與公司績效——基於中國上市公司的經驗證據［J］. 財貿研究，2007（6）：108-114.

［186］馬志強，朱永躍，等. 公司聲譽資本的多級模糊綜合評價［J］. 統計與決策，2007（23）：162-164.

［187］戴維斯·揚. 創建和維護企業的良好聲譽［M］. 賴月竹，譯. 上海：上海人民出版社，1997.

［188］干勤. 國有工業企業聲譽管理存在的問題與對策［J］. 數量經濟技術經濟研究，2001（5）：11-15，118-122.

［189］劉兵，羅宜美. 論企業管理的嶄新階段——聲譽管理［J］. 中國軟科學，2000（5）：96-98.

［190］高厚禮. 構建企業聲譽管理體系的對策研究［J］. 華東經濟管理，2003（8）：75-76.

［191］和蔞琴. 企業聲譽內部管理研究［D］. 沈陽：遼寧大學，2008.

［192］劉志剛. 消費者視角的企業聲譽定量評價模型研究——基於杭州飲料行業的分析［D］. 杭州：浙江大學，2005.

［193］潘琳. 基於消費者聲譽視角的賣場聲譽和績效關係研究——兩類IT賣場的比較［D］. 杭州：浙江大學，2007.

［194］徐金發，劉靚. 企業聲譽定義及測量研究綜述［J］. 外國經濟與管理，2004（9）：23-26.

［195］繆榮，等. 公司聲譽概念的三個維度——基於企業利益相關者價值網路的分析［J］. 經濟管理，2005（3）：31-35.

［196］鐘延添. 電子商務企業聲譽及其對顧客信任的影響：以B2C電子商務為例［D］. 杭州：浙江大學，2006.

［197］劉興剛. 基於求職者視角的企業聲譽評價研究：以 IT 行業為例［D］. 杭州：浙江大學，2006.

［198］龔博. 基於員工視角的企業社會責任和企業聲譽關係實證研究：以長春零售業為例［D］. 長春：吉林大學，2009.

［199］陳鬱. 企業製度和市場組織交易費用經濟學文選［M］. 上海：上海三聯書店、上海人民出版社，1996：8.

［200］孫毅. 控製性股東專用性資產投資行為研究［D］. 天津：南開大學，2013：7.

［201］錢春海，賀旭光，歐陽令南. 交易費用、資產專用性與企業融資決策［J］. 上海管理科學，2002（2）：46-48.

［202］王永海，範明. 資產專用性視角下的資本結構動態分析［J］. 中國工業經濟，2004（6）：93-98.

［203］張建國. 專用性資產的價值評估［J］. 中國資產評估，2005（1）：29-32.

［204］威廉姆森. 治理機制［M］. 北京：中國社會科學出版社，2001.

［205］孟大虎. 專用性人力資本研究：理論及中國的經驗［M］. 北京：北京師範大學出版社，2009.

［206］胡浩志. 企業專用人力資本與企業資本結構——基於中國上市公司的實證研究［J］. 商業經濟與管理，2010（11）：38-46、56-64.

［207］李曉霞. 專用性人力資本與就業流動：行業要素的檢驗［J］. 湖北社會科學，2011（9）：97-100.

［208］李青原，等. 產品市場競爭、資產專用性與資本結構——來自中國製造業上市公司的經驗證據［J］. 金融研究，2007（4）：100-112.

［209］哈羅德·德姆塞茨. 所有權、控製與企業論經濟活動組織［M］. 段毅才，等，譯. 北京：經濟科學出版社，1999.

［210］許新途. 中國企業資產專用性研究——來自製造業上市公司的經驗證據［J］. 中南則經政法大學學報，2010（1）：101-106.

［211］程宏偉. 隱形契約、專用性投資與資本結構［J］. 中國工業經濟，2004（8）：105-110.

［212］劉蒨. 資產專用性視角下的融資結構研究［D］. 大連：大連理工大學，2005：32.

［213］黃大鵬. 資產專用性對上市公司資本結構的影響研究［D］. 大連：大連理工大學，2008：37.

［214］孫毅. 控製性股東專用性資產投資行為研究［D］. 天津：南開大學，2013：144.

［215］STEWART C. Myers. The Capital Structure Puzzle［J］. the journal of finance，1984（6）：575

［216］HARRIS M，RAVIV A. Capital Structure and the Informational Role of Debt［J］. Journal of Finance，1990（45）：321-349.

［217］BAXTER N. Leverage, Risk of Ruin and the Cost of Capital［J］. Journal of Finance, 1967 (22).

[218] BULL C. The Existence of Self-enforcing Implicit Contracts [J]. Quarterly Journal of Economics, 1987, 102 (1): 147-159..

[219] CORNELL, BRADFORD, ALAN C. Shapiro. Corporate Stakeholders and Corporate Finance [J]. Financial Management, 1987 (Spring): 5-14..

[220] AGHION P, BOLTON P. An Incomplete Contracts Approach to Financial Contracting [J]. Review of Economic Studies, 1992 (59): 473-494.

[221] BERGLOF ERIK, ERNST-LUDWIG VON THDADEN. Short-Term Versus Long-Term Interests: Capital Structure with Multiple Investors [J]. The Quarterly Journal of Economics, 1994 (109): 1055-1084.

[222] IRVING FISHER. The rate of Interest: Its Nature, Determination and Relation to Economic Phenomena [M]. New York: The Macmillan co, 1907, 420-476.

[223] MYERS STEWART C. Determinants of corporate borrowing [J]. Journal of Financial Economics, 1977 (5): 147-175.

[224] KESTER CARL W. Today options for tomorrow's growth [J]. Harvard Business Review, 1984 (62): 1051-1075; Pindyck Robert S. Irreversible investment capacity choice and the value of the firm [J]. American Economic Review, 1988 (78): 969-985.

[225] LARRY E GREINER. Evolution and revolution as organizations [J]. Harvard Business Review, 1972, 50 (4): 37-46.

[226] ADIZES ICHAK. Organizational passages-diagnosing and treating lifecycle problems of Organizations [J]. Organizational Dynamics, 1979, 8 (1): 3-25.

[227] PENMAN STEPHEN H, THEODORE SOUGIANNIS. A comparison of dividend、cash flow and earnings approaches to equity valuation [J]. Contemporary Accounting Research, 1998 (15): 343-383.

[228] PEIXOTO S. Economic value added: an application to Portuguese public companies [R]. Working Paper (Moderna University of Porto), 2002.

[229] FAMA, FRENCH. Disappearing dividends: changing firm characteristics or increased reluctance to pay [J]. Journal of Financial Economics, 2001 (60): 3-43.

[230] ABOODY D, BARTH M E, KASZNIK R. Revaluation of fixed assets and future firm performance evidence from the UK [J]. Journal of Accounting and Economics, 2006, 26 (1): 149-178.

[231] STEFAN HRONEC, BEATA MERICKOVA, ZUZANA MARCINEKOVA. The Medicine Education Investment Evaluation Methods [J]. Economic Management, 2011 (2): 89-99.

[232] WILLIAMSON E. Corporate finance and corporate governance [J]. Journal of Finance, 1988, 43 (3): 567-591..

[233] FREEMAN R E, MCVEA J. A stakeholder approach to strategic management

[M]. Blackwell Handbook of Strategic Management, 2001: 189-207.

[234] CLARKSON M E. A stakeholder framework for analyzing and evaluating corporate social performance [J]. Academy of Management Review., 1995, 20 (1): 92-117.

[235] PHILIP KOTLER. Marketing Management [M]. New York: Prentice Hall Inc, 1997.

[236] VALARIE A ZEITHAML. Consumer Perception of Price, Quality and Value: A Means-End Model and Synthesis of Evidence [J]. The Journal of Marketing, 1998, 52 (3): 2-22.

[237] MORRIS B HOLBROOK, TAKEO KUWAHARA. Probing Explorations、Deep Displays、Virtual Reality and Profound Insights: The Four Faces of Stereographic Three-Dimensional Images in Marketing and Consumer Research [J]. Advances in Consumer Research, 1999 (26): 50-240.

[238] IRVING FISHER. The rate of Interest: Its Nature, Determination and Relation to Economic Phenomena [M]. New York: The Macmillan co, 1907, 420-476.

[239] MYERS STEWART C. Determinants of corporate borrowing [J]. Journal of Financial Economics, 1977 (5): 147-175.

[240] KESTER CARL W. Today options for tomorrow's growth [J]. Harvard Business Review, 1984 (62): 1051-1075.

[241] PINDYCK ROBERT S. Irreversible investment capacity choice and the value of the firm [J]. American Economic Review, 1988 (78): 969-985.

[242] GORDON J. MYRON, SHAPIRO ELI. Capital equipment analysis: the required rate of rate of profit [J]. Management Science, 1956, 3 (1): 102-110.

[243] MALKIEL G BURTON. Equity yields, growth, and the structure of share prices. American [J]. Economic Review. 1963, 53 (5): 1004-1031.

[244] FULLER J RUSSELL, CHI-CHENG HSIA. A simplified common stock valuation model [J]. Financial Analysts Journal, 1984, 40 (5): 49-56.

[245] CHAMBERS R DONALD, HARRIS S ROBERT, PRINGLE J JOHN. Treatment of financing mix analyzing investment opportunities [J]. Financial Management, 1982, 11 (2): 24-41.

[246] JEFFREY M BACIDONE, JOHN A BOQUIST. The search for the best financial performance measure [J]. Financial Analysts Journal, 1997 (53): 10-11.

[247] BRUCE W MORGAN. Relationship capital and the theory of the firm [J]. International Advances in Economic Research, 1996 (Springer): 197.

[248] BRUCE W MORGAN. Strategy and Enterprise Value in the Relationship Economy [M]. International Thomson Publishing House, 1998.

[249] BONTIS N. There's a price On your head: Managing intellectual capital strategically [J]. Ivey Business Journal, 1996 (Summer): 40-47.

[250] G ROOS, J ROOS. Measuring your company's intellectual performance [J]. Long Range Planning, 1997 (6): 413-426.

[251] BONTIS N. Intellectual capital: an exploratory study that develops methods and models [J]. Management Decision, 1998, 3 (2).

[252] EDVINSSON J, ROOS L, G ROOS. Intellectual Capital: Navigating in the New Business Landscape [M]. New York University Press, 1998.

[253] LYNN. Culture and intellectual capital management: a key factor in successful ICM implementation [J]. International Journal of Technology Management, 1999 (18): 590-603.

[254] MOHAN, et al. Placing social capital [J]. Progress in human geography, 2002.

[255] JOHNSON JONATHAN L, ELLSTRAND, ALAN E. Number of directors and financial performance [J]. The Academy of Management Journal, 1999, 42 (6).

[256] JOHN H DUNNING, et al. Alliance capitalism and corporate management: entrepreneurial cooperation in knowledge based economics [M]. Edward Elgar Publishing, 2003.

[257] DYER, et al. The Relationship View Cooperative Strategy and Sources of Interorganizational Competitive Advantage [J]. The Academy Management View, 1998 (10): 660-679.

[258] SARKA, et al. The Influence of Complementarily, Compatibility and Relationship Capital On Alliance Performance [J]. Journal of the Academy of Marketing Science, 2001 (29): 358-373.

[259] KALE, et al. Learning and protection of proprietary assets in strategic alliances: building relational capital [J]. Strategic Management Journal, 2000 (3): 207-217.

[260] PAUL D COUSINS, ROBERT B HANDFIELD, BENN LAWSON, et al. Creating supply chain relational capital: The impact of formal and informal socialization processes [J]. Journal of Operations Management, 2006 (24): 851-863.

[261] DE CLERCQ D, SAPIENZA H J. Effects of relational capital and commitment on venture Capitalists: perception of portfolio company performance [J]. Journal of Business Venturing, 2006, 21 (3): 326-347.

[262] GULATI R, M GARGIULO. Where do inter-organizational networks come from? [J]. American Journal of Sociology, 1999 (3): 177-231.

[263] HUANG JUN, LI JI, ZHANG PENGCHENG, et al. Symbiotic Marketing and Trust-Related Issues: Empirical Evidence From an Emerging Economy [J]. Jour-nal of Global Marketing, 2011, 24 (5): 417-432.

[264] SULLIVAN. Developing a Model for Managing Intellectual Capital [J]. European Management Journal, 1996, 14 (4): 356-364.

[265] SVEIBY K E. The organizational Wealth: Managing and measuring Knowledge-based Assets [M]. San Franeiseo: Berrett-Koehler, 1997.

[266] STEWART T A. Intellectual Capital: the New Wealth of Organization [M]. New York: Doubleday, 1997.

[267] H ITAMI. Mobilizing Invisible Assets [M]. First Harvard University Press paperback edition, 1991.

[268] DANIEL ANDRIESSEN. on the metaphorical nature of intellectual capital: a textual analysis [J]. Journal of Intellectual Capital, 2006, 7 (1): 93-110.

[269] HALL R. The strategic analysis of intangible resources [J]. Strategic Management Journal, 1992, 13 (2): 135-144.

[270] ROOS, EDVINSSON, DRAGONETTI. Intellectual Capital: Negeting in the new business landscape [M]. New York University Press, 1998.

[271] MOURITSEN J, BUKH P N, LARSEN H T. Developing and managing knowledge through intellectual capital statements [J]. Journal of Intellectual Capital, 2002, 3(1): 10-29.

[272] KAPLAN R S, NORTON D P. Translating Strategy into Action: The Balanced Scorecard [M]. Harvard Business School Press, Boston, MA. 1996.

[273] HEISIG P, VORBEEK J, NIEBUBR J. Intellectual Capital in Mertins, Knowledge Management-Best Practice in Europe [M]. Springer, Berlin, 2001: 57-73.

[274] FASB. Getting a grip on intangible assets-What they are、why they matter and who should be managing them in your organization [J]. Harvard Management Update, 2001, 6 (2):6-8.

[275] I NONAKA, R TOYAMA, N KONNO. SECI, ba and leadership: A unified model of dynamic knowledge creation [J]. Long Range Planning, 2000 (33): 5-34.

[276] NAHAPIET J, GHOSHAL S. Social capital, intellectual capital and the organizational advantage [J]. Academy of Management Review, 1998, 23 (2): 242-266.

[277] BONTIS N. Intellectual capital: an exploratory study that develops measures and models [J]. Management Decision, 1998. 36 (2): 63-76.

[278] MARR B, ADAMS C. The balanced scorecard and intangible assets: similar ideas、unaligned concepts [J]. Measuring Business Excellence, 2004, 8 (3): 18-27.

[279] HALL R. A framework linking intangible resources and capabilities to sustainable competitive advantage [J]. Strategic Management Journal, 1993 (14): 7-18.

[280] R G EEELES, S C MAVRINAC. Improving the corporate disclosure process [J]. Sloan Management Review, 1995 (Summer): 11-24.

[281] SANJOY BOSE, KEITH THOMAS. Valuation of intellectual capital in knowledge-based firms [J]. Management decision, 2007 (45): 1484-1496.

[282] S BOSE, K B OH. Measuring stratefic value-drivers for managing [J]. intellectual capital the learning organization, 2004 (11): 347-356.

[283] ANNIE GREEN, JULIE J C H RYAN. A Framwork of intangible valuation areas [J]. Journal of Intellectual Capital, 2005 (6): 43-52.

[284] PAMELA COHEN KALAFUT, JONATHAN LOW. The value creation index [J]. Strategy& Leadership, 2001 (5): 9-15.

[285] EDVINSSON SULLIVAN. Developing a Model for Management of intellectual capital [J]. European Management Journal, 1996 (4): 358-364.

[286] THOMAS A. Stewart, Intellectual Capital: The New Wealth of Organizations [M]. New York: Doubleday Dell Publishing Group. Inc, 1997.

[287] PATRICIA B SEYBOLD, RONNI T MARSHAK, JEFFREY M LEWIS. The Customer revolution: How to thrive When customers are in control [M]. Crown Publishing Group, March 2001.

[288] SHAPIRO, BENSON P. SVIOKLA, JOHN J. Seeking Customers [M]. Harvard Business School Press Books; Apr1993.

[289] REICHHELD, FREDERICK F. Loyalty Effect: The Hidden Force Behind Growth、Profits and Lasting Value [M]. Harvard Business School Press, 1996.

[290] KELLY D CONWAY, JULIE M FITZPATRICK. The Customer Relationship Revolution Amethodology for Creating Golden Customers. http://www.eloyaltyco.com.

[291] WOLFGANG ULAGA. Customer Value in Business Markets: An Agenda for Inquiry [J]. Industrial Marketing Management 315-319 Volume: 30, Issue: 4 May, 2001.

[292] JACKSON, BARBARA BUND. Build customer relationships that last [J]. Harvard Business Review, 1985, 63 (6): 120.

[293] FREDERICKF REICHHELD. The Loyalty Effect: The Hidden Force Behind Growth、Profies and Lasting Value [M]. Harvard Business School Press, 1996: 39.

[294] DIPAK JAIN SIDDHARTHA S. Singh: Customer lifetime value Research in marketing: A review and future directions [J]. Journal of interactive marketing, 2002 (16): 34-46.

[295] BLATTBERG ROBERT C, DEIGHTON JOHN. Manage Marketing by the Customer Equity [J]. Harvard Business Review, 1996 (7-8): 136-144.

[296] BIRGITTA FORSSTROM. A Conceptual Exploration into「Value Co-Creation」in the Context of Industrial Buyer-Seller Relationships [R]. Industrial Marketing and Purchasing Group Conference Papers, 2004, 25.

[297] RICHARD LEE MILLER, WILLIAM F LEWIS. A Stakeholder Approach to Marketing Management Using the Value Exchange Models [J]. European Journal of Marketing, 1991 (25): 55-68.

[298] KEITH BLOIS. Using value equations to analyze exchanges in business to business markets [R]. Industrial Marketing and Purchasing Group Conference Papers, 2005, 18-19.

[299] ADRIAN PAYNE, SUE HOLT E. Relationship Value Management: Exploring the Integration of Employee, Customer and Shareholder Value and Enterprise Performance Models [J]. Journal of Marketing Management, 2001 (17): 785-817.

[300] WALTER A, RITTER T, GEMUNDEN H G. Value creation in buyer-seller relationships [J]. industrial Marketing Management, 2001 (30): 365-377.

[301] KREPS D, P MILGROM, J ROBERTS, et al. Rational Cooperation in the Finitely Repeated Prisons Dilemma [J]. Journal of Economic Theory, 1982 (27): 245-252.

[302] CHARLES J FOMBRUN, A NAOMI, GARDBERG, et al. Barnett. Opportunity Platforms and Safety Nets: Corporate Citizenship and Reputational Risk [J]. Business and Society Review, 2000 (105): 85-106.

[303] LEE E PRESTON. Reputation As a Source of Corporate Social Capital [J]. Journal of General Management, 2004 (2): 43-49.

[304] FOMBRUN C, M SHANLEY. What's in a Name? Reputation Building and Corporate Strategy [J]. Academy of Management Journal, 1990 (1): 233-258.

[305] CORDEIRO JAMES J, SAMBHARYA RAKESH. Do Corporate Reputations Influence Security Analyst Earnings Forecasts? [J]. Corporate Reputation Review, 1997 (1): 94-98.

[306] MANFRED SCHWAIGER. Components and Parameters of Corporate Reputation: An Empirical Study [J]. Schmalenbach Business Review, 2004, 56 (1): 46-72.

[307] JOHN EATWELL, MURRAY MILGATE, PETER NEWMAN. The New Palgrave: A Dictionary of Economics [M]. London: The Macmillan Press Limited, 1987.

[308] BENJAMIN KLCIN, ROBERT U CRAWFORD, ARMEN A ALCHIAN. Vertical integration, Appropriable Rents, and the Competitive Contracting Process [J]. Journal of Law and Economics, 1978, 21 (2): 297-326.

[309] WILLIAMSON O. Corporate Finance and Corporate Governance Journal of Finance 1988 (43): 567-591.

[310] ALFRED MARSHALL. Principles of Economics [M]. New York: Macmillan, 1948.

[311] MARSCHAK J. Economics of Inquiring, Communication, Deciding [J]. The American Economic Review, 1968, 58 (2): 1-18.

[312] GARY S BECKER. Investment in Human Capital: A Theoretical Analysis [J]. Journal of Political Economy, 1962, 75 (2) 9-49.

[313] MICHAEL POLANYI. The Tacit Dimension [M]. Chicago: The Vniversity of Chicago Press, 2009.

[314] WILLIAMSON O E. Strategizing, economizing and economic organization [J]. Strategic Management Journal, 1991 (12): 75-94.

[315] CHOATE M G. The governance problem, asset specificity and corporate financing decisions [J]. Journal of Economic Behavior & Organization, 1997 (33): 75-90.

[316] VILASUSOH J, MINKLER A. Agency costs, asset specificity and the capital structure of the firm [J]. Journal of Economic Behavior & Organization, 2001, (44): 55-69.

[317] DIJANA M. Asset specificity and a firm's borrowing ability [J]. Journal of Economic Behavior and Organization, 2001 (45): 69-81.

[318] WILLIAMSON O E. The economic institutions of capitalism: Firms, markets relational contracting [M]. New York: Free Press, 1985.

[319] HELI C WANG, JOSEPH T MAHONEY. Firm-Specific Knowledge Resources and Competitive Advantage: The Roles of Economic and Relationship-based Employee Governance Mechanisms [J]. Strategic Management Journal, 2009, 30 (1): 1265-1285.

[320] W W GUSHING JR, D E MCCARTY. Asset Specificity and Corporate Governance: An Empirical Test [J]. Managerial Finance, 1996, 22 (2): 16-18.

後　記

　　本專著是在恩師干勝道先生嘔心瀝血的指導和無私奉獻的幫助下實現的！從專著思想的湧現到思路、觀點的形成深化都深深蘊含著先生辛勤的耕耘、無私的奉獻！同時，衷心感謝恩師干勝道先生賦予我們彌足難得的讀博平臺和機會！讀博期間，恩師從不計任何回報地指導愚笨頑劣的我們。從讀博第一學期研究態度、方法培養伊始，恩師除親自為弟子們宣講博大精深的經典巨著、引領我們在學術殿堂深入探索創新外，還以其在財會界隆厚的學術影響力，通過不斷將業界最優秀的專家學者請到我們身邊，在與我們一次次頭腦風暴的交流中逐步拓展我們的研究視域和整合創新的研究能力。更讓弟子們終身感恩銘記的是恩師從激發每位弟子深層次的學術研究才能和個人成長的內心潛能出發而給予我們的最大啟迪和激勵！這種啟迪和激勵事無鉅細，深深融入在恩師宗師風範的言傳身教中，深深融入在恩師為弟子們嘔心瀝血、辛勤耕耘的無私奉獻中！借此，衷心祝福恩師學術魅力永存、生命之樹常青！衷心祝福干門事業興旺發達、鼎盛鴻泰！衷心祝福干門英才濟濟、賢才倍出！

　　本專著在恩師干勝道先生的親切指導、啟發下，由鄧小軍、李小華、劉慶齡、呂飛共同完成初稿寫作并由四位作者反覆多次斟酌、商討後確定。其中第二章、第七章共計6.4萬字由李小華負責寫作；第三章、第六章共計5.8萬字由劉慶齡負責寫作；第四章、第五章共計5.7萬字由呂飛負責寫作；第一章、第八章共計7.1萬字由鄧小軍負責寫作。最後在恩師干勝道先生閱覽把關後由鄧小軍負責統稿修訂。

　　在本書即將付梓之際，我們深知本書寫作奠定在尊重、參考前人勞動成果基礎之上，并受他們思想和觀點啟發，形成對相關問題的新思考。故在此對那些給本書提供「養分」的國內外專著、教材、文章的原作者表示深深的敬意與謝意！同時，由於所閱讀文獻不夠廣泛、理解不夠深刻，加之研究水平、力度上的欠缺，書中可能存在疏漏與不足之處，懇請各位專家學者、同行和讀者指教并多提寶貴意見。

鄧小軍、李小華、劉慶齡、呂飛

國家圖書館出版品預行編目(CIP)資料

基於隱性財務資本的財物價值決策研究 /
鄧小軍、李小華、劉慶齡、呂飛 著. -- 第一版.
-- 臺北市：崧燁文化, 2018.08

　面　;　　公分

ISBN 978-957-681-449-5(平裝)

1.財務管理

494.7　　　　107012456

書　名：基於隱性財務資本的財物價值決策研究
作　者：鄧小軍、李小華、劉慶齡、呂飛 著
發行人：黃振庭
出版者：崧燁文化事業有限公司
發行者：崧燁文化事業有限公司
E-mail：sonbookservice@gmail.com
粉絲頁　　　　　　網　址：
地　址：台北市中正區重慶南路一段六十一號八樓815室
8F.-815, No.61, Sec. 1, Chongqing S. Rd., Zhongzheng Dist., Taipei City 100, Taiwan (R.O.C.)
電　話：(02)2370-3310　傳　真：(02) 2370-3210
總經銷：紅螞蟻圖書有限公司
地　址：台北市內湖區舊宗路二段 121 巷 19 號
電　話：02-2795-3656　傳真:02-2795-4100　網址：
印　刷：京峯彩色印刷有限公司（京峰數位）

　　本書版權為西南財經大學出版社所有授權崧博出版事業股份有限公司獨家發行電子書繁體字版。若有其他相關權利需授權請與西南財經大學出版社聯繫，經本公司授權後方得行使相關權利。

定價：400 元

發行日期：2018 年 8 月第一版

◎ 本書以POD印製發行